U0224650

51单片机
C语言程序设计教程

王云 编著

人民邮电出版社
北 京

图书在版编目（CIP）数据

51单片机C语言程序设计教程 / 王云编著. -- 北京：
人民邮电出版社，2018.11（2023.3重印）
ISBN 978-7-115-48692-9

Ⅰ. ①5… Ⅱ. ①王… Ⅲ. ①单片微型计算机－C语言
－程序设计－教材 Ⅳ. ①TP368.1②TP312.8

中国版本图书馆CIP数据核字(2018)第137856号

内 容 提 要

本书遵循由浅入深、循序渐进的原则，讲解单片机开发的必备知识以及开发经典案例。本书以
YL51单片机开发板为平台，通过案例逐个讲解开发板上各个器件模块的使用及其编程方法，包括单
片机最小系统、数码管显示原理、中断与定时器、数模\模数转换工作原理、LCD液晶显示、串行口
通信、步进电机驱动原理、PWM脉宽调制与直流电机等内容。

本书适合单片机初学者阅读，也可作为大专院校、大学生电子设计竞赛培训教材，对工程技术
人员也有一定的参考价值。

◆ 编　著　王　云
　　责任编辑　武晓燕
　　责任印制　焦志炜
◆ 人民邮电出版社出版发行　　北京市丰台区成寿寺路 11 号
　　邮编　100164　　电子邮件　315@ptpress.com.cn
　　网址　http://www.ptpress.com.cn
　　北京九州迅驰传媒文化有限公司印刷
◆ 开本：787×1092　1/16
　　印张：19.75　　　　　　　　　　2018 年 11 月第 1 版
　　字数：493 千字　　　　　　　　2023 年 3 月北京第 21 次印刷

定价：69.00 元

读者服务热线：(010)81055410　印装质量热线：(010)81055316
反盗版热线：(010)81055315
广告经营许可证：京东市监广登字 20170147 号

前　言

目前以及今后相当长的一段时间内，在单片机应用领域中，51 单片机仍将占据着大量市场。51 单片机是基础入门中应用广泛的一款单片机。51 单片机也是学习 ARM、DSP、FPGA 等高端应用的基础。51 单片机的品种繁多，但它们都采用了 8051 内核，因此只要学好一种单片机机型的原理和编程方法，就可以达到"一通百通"的学习效果。

本书的内容和组织结构

- 从开发的角度讲起，从零开始手把手地带领读者学习单片机技术。
- 基于单片机最小系统，介绍了单片机的基础知识以及单片机 C 语言的基础知识。
- 以单片机应用开发为主导，循序渐进地逐个讲解单片机的常用模块及编程方法。
- 通过实践理解数字电路的概念、C 语言的基本应用以及如何将 C 语言应用于实际电路中。
- 讲解单片机应用的扩展知识及编程技巧，讲授单片机项目开发的流程及方法。
- 提供配套视频、课件和书中的实例代码。

本书特色

本书巧妙地将对单片机原理的讲述与硬件实验设备结合起来，列举了大量有趣易懂的小例子，深入浅出地用实操案例来讲述单片机的工作原理。

本书提供有配套课件，方便进行 PPT 教学；书中提供完整实例代码和课后作业参考例程，所有程序代码都可以在 Keil 编程软件上通过调试，并在 YL51 开发板上验证，方便读者参考并动手实践，很多代码都可以直接移植到自己的开发项目中使用。

本书提供了大量的配套教学视频，读者用微信扫描书中的二维码可以看到视频。

本书配套视频介绍

本书配套 19 讲教学视频分别对应本书的第 1～19 章。

51 单片机视频教程内容简介

讲　次	内　　容	描　　述
第 1 讲	如何学好单片机	单片机能做什么，学习单片机需要什么，如何学好单片机技术
第 2 讲	预备知识：点亮一个发光二极管	认识单片机的由来及内部结构，单片机最小工作单元组成；单片机开发软件操作（如 Keil 软件开发环境认识、单片机烧录软件使用）
第 3 讲	预备知识：C51 基础知识及流水灯设计	简单的延时程序、子程序调用、流水灯设计
第 4 讲	数码管显示原理及静态显示	共阳、共阴数码管显示原理、带参数子程序设计

续表

讲　次	内　容	描　述
第5讲	中断与定时器原理	定时器工作方式介绍，重点讲述工作方式2、中断概念及中断函数写法、定时器中断应用
第6讲	数码管的动态显示原理及应用	主要介绍数码管的动态显示基本原理，及结合定时器讲述动态显示的实现过程
第7讲	按键学习：独立按键和矩阵按键	键盘检测、消抖、键盘编码、带返回值函数写法及应用
第8讲	数模转换（D/A）工作原理及应用	讲述数字信号转换成模拟信号的基本原理、如何使用DAC0832的实现D/A转换
第9讲	模数转换（A/D）工作原理及应用	讲述模拟信号转换成数字信号的基本原理、如何使用ADC0804的实现D/A转换
第10讲	1602液晶显示原理及应用	讲述1602液晶的显示原理，及如何对1602液晶进行程序操作
第11讲	串行口原理及应用	讲述串行口通信基本原理、重点讲述常用的串行口方式1的应用、波特率概念及如何根据波特率计算定时器初值
第12讲	I²C总线原理和模块化编程方法	I²C总线工作原理及项目开发模块化编程方法
第13讲	红外通信原理及应用	以红外遥控为代表，具体讲解红外通信的具体过程
第14讲	DS18B20温度传感器的原理及应用	以DS18B20为代表，具体讲解单总线通信原理，从而掌握单总线器件的用法
第15讲	步进电机原理及应用	以28BYJ-48步进电机为代表，具体讲解步进电机的驱动原理及使用方法，从而掌握步进电机的相关知识
第16讲	LED点阵原理及取模软件应用	具体讲解LED点阵的驱动原理及编程方法；怎样使用点阵取模软件来处理相关数据，从而简化程序设计工作量
第17讲	DS1302实时时钟与SPI接口通信原理	以DS1302为代表，具体讲解SPI总线通信原理及日历时钟的应用
第18讲	蜂鸣器与继电器驱动原理及应用	蜂鸣器与继电器驱动原理及应用。比如用红外遥控器实现对继电器进行吸合或断开控制，同时蜂鸣器发出按键提示音
第19讲	PWM基础知识与直流电机调速	PWM脉冲宽度调制原理与PWM直流电机调速应用

　　视频教程的后续更新以及书中所用到的单片机开发板，大家可以到云龙科技网站了解最新详情。

　　最后，特别感谢对我们有所帮助的各位同事和朋友，由于作者水平有限，错误与不妥之处在所难免，不足之处请广大读者批评指正。

王云
2018年1月

资源与支持

本书由异步社区出品，社区（https://www.epubit.com/）为您提供相关资源和后续服务。

配套资源

本书提供如下资源：
- 本书源代码；
- 课件及课后习题答案；
- 配套视频。

要获得以上配套资源，请在异步社区本书页面中点击 配套资源 ，跳转到下载界面，按提示进行操作即可。注意：为保证购书读者的权益，该操作会给出相关提示，要求输入提取码进行验证。

提交勘误

作者和编辑尽最大努力来确保书中内容的准确性，但难免会存在疏漏。欢迎您将发现的问题反馈给我们，帮助我们提升图书的质量。

当您发现错误时，请登录异步社区，按书名搜索，进入本书页面，点击"提交勘误"，输入勘误信息，点击"提交"按钮即可。本书的作者和编辑会对您提交的勘误进行审核，确认并接受后，您将获赠异步社区的 100 积分。积分可用于在异步社区兑换优惠券、样书或奖品。

扫码关注本书

扫描下方二维码，您将会在异步社区微信服务号中看到本书信息及相关的服务提示。

与我们联系

我们的联系邮箱是 contact@epubit.com.cn。

如果您对本书有任何疑问或建议，请您发邮件给我们，并请在邮件标题中注明本书书名，以便我们更高效地做出反馈。

如果您有兴趣出版图书、录制教学视频，或者参与图书翻译、技术审校等工作，可以发邮件给我们；有意出版图书的作者也可以到异步社区在线提交投稿（直接访问www.epubit.com/selfpublish/submission 即可）。

如果您是学校、培训机构或企业，想批量购买本书或异步社区出版的其他图书，也可以发邮件给我们。

如果您在网上发现有针对异步社区出品图书的各种形式的盗版行为，包括对图书全部或部分内容的非授权传播，请您将怀疑有侵权行为的链接发邮件给我们。您的这一举动是对作者权益的保护，也是我们持续为您提供有价值的内容的动力之源。

关于异步社区和异步图书

"异步社区"是人民邮电出版社旗下 IT 专业图书社区，致力于出版精品 IT 技术图书和相关学习产品，为作译者提供优质出版服务。异步社区创办于 2015 年 8 月，提供大量精品 IT 技术图书和电子书，以及高品质技术文章和视频课程。更多详情请访问异步社区官网https://www.epubit.com。

"异步图书"是由异步社区编辑团队策划出版的精品 IT 专业图书的品牌，依托于人民邮电出版社近 30 年的计算机图书出版积累和专业编辑团队，相关图书在封面上印有异步图书的LOGO。异步图书的出版领域包括软件开发、大数据、AI、测试、前端、网络技术等。

异步社区

微信服务号

目 录

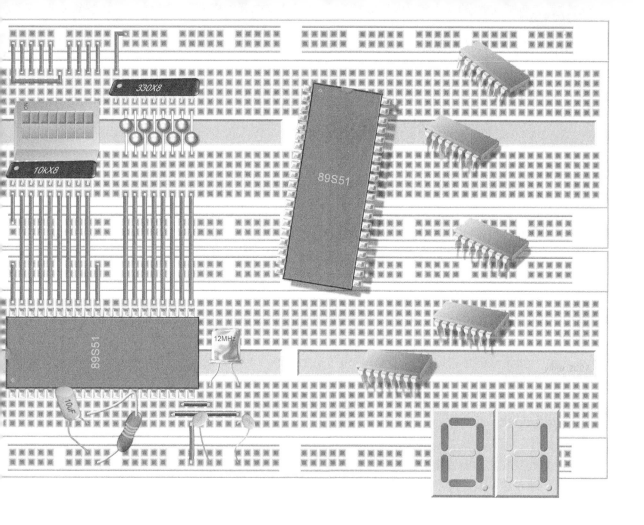

第1章　初步认识单片机

本章主要讲解常见的单片机以及初学者常常会遇到的一些问题。

如何学好单片机

1.1 单片机的特点及应用

单片机以其高可靠性、高性价比、低电压、低功耗等一系列优点，得到了迅猛的发展和大范围的应用。小到玩具车、马路上的交通灯，大到航天器、机器人，无论是数据采集、工业控制还是智能化仪器仪表及通信设备，到处都有单片机的身影。其主要的应用领域如下。

（1）在测控系统中的应用。单片机可以用于各种工业控制系统、自适应控制系统、数据采集系统等。例如，工业上的锅炉控制、电机控制、车辆检测系统、水闸自动控制、数控机床及军事上的兵器装备等。

（2）在智能化仪器仪表中的应用。单片机应用于仪器仪表设备中促使仪器仪表向数字化、智能化、多功能化和综合化等方向发展。单片机的软件编程技术使长期以来测量仪表中的误差修正、线性化的处理等问题迎刃而解。

（3）在机电一体化中的应用。单片机与传统的机械产品结合使传统的机械产品结构简化、控制走向智能化，让传统的产品向新一代的机电一体化产品转变，这是机械工业发展的方向。

（4）在智能接口中的应用。计算机系统，特别是较大型的工业测控系统采用单片机进行接口的控制管理，单片机与主机并行工作，可大大提高系统的运行速度。例如，在大型数据采集系统中，用单片机对模/数转换接口进行控制不仅可提高采集速度，还可以对数据进行预处理，如数字滤波、误差修正、线性化处理等。

科技越发达，智能化的东西就会越多。单片机的应用已是社会发展的必然需求。它的应用非常广泛，已成为电子工程师的必修课。

1.2 应该学什么样的单片机

本书将会以一种全新的方式来讲述单片机，就是将单片机实际开发流程作为教程。本书给出了诸多项目开发示例。通过阅读本书，读者可以掌握多种单片机的使用方法。

本书使用的是 51 系列的单片机。51 系列单片机是新手学习的最佳选择之一，该系列的单片机相关的学习资料比较多，网上也比较好找。51 系列单片机在当前市场份额比较大，在很多产品中都能找到它的身影。同时，51 系列单片机也是学习 ARM、DSP、FPGA 等高端应用的基础知识。

1.3 如何学好单片机

对于单片机的学习，可以总结为以下 3 点。

（1）要领就是实践，从实践中发现问题解决问题，在实践中成长。单片机属于硬件，只有亲自操作才会有深刻的体会。学习单片机，最有效的方法是理论与实践并重，实践先行。

（2）学习总是从模仿开始。在实际操作中，大家可能会遇到很多细节的问题，不知道如何处理。刚开始可以模仿本书，随着本书来了解单片机。

（3）举一反三。完成课后作业，并可以实现原理相似的其他功能。

1.4　学前准备和单片机学习开发环境的建立

除了必备的计算机、开发板和学习资料外，学习单片机还需要用到 2 个软件，一个是编程软件，一个是下载软件。本书用到的编程软件是 Keil C51，也就是 Keil 的 51 版本；下载软件是 STC-ISP 下载软件。

1.　Keil C51 编程软件

Keil C51 是美国 Keil Software 公司出品的 51 系列兼容单片机 C 语言软件开发系统。与汇编语言相比，C 语言在功能、结构性、可读性、可维护性上有明显的优势。Keil 提供了包括 C 编译器、宏汇编、连接器、库管理和一个功能强大的仿真调试器等在内的完整开发方案，通过一个集成开发环境（uVision）将这些部分组合在一起。Keil 软件可以在 Windows XP、Win7、Win8、Win10 等操作系统上运行。

2.　STC-ISP 下载软件

在 Keil 软件上将程序代码编写完整后，通过编译可以得到一个 HEX 文件（烧录文件）。然后使用 STC-ISP 下载软件把 HEX 文件下载到单片机芯片上运行，去实现某一功能，从而做出理想的电路及产品。Keil C51 软件和 STC-ISP 下载软件如何使用，第 2 章将作详细介绍。

1.5　课后作业

安装 Keil C51 软件和 STC-ISP 下载软件。

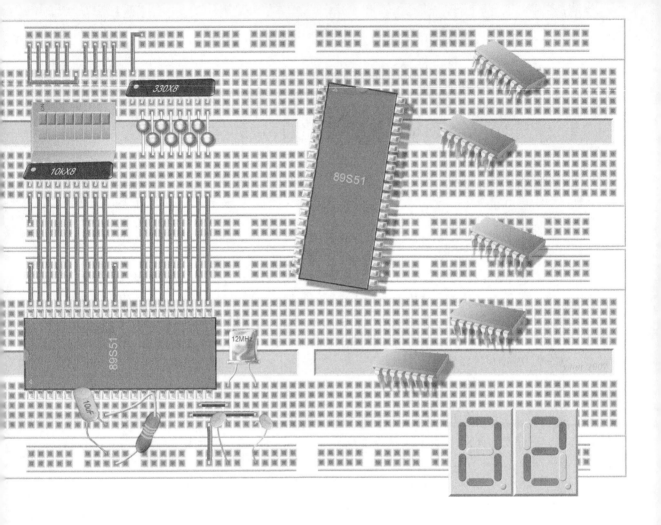

第 2 章　单片机最小系统及 Keil 软件介绍

　　第 1 章主要是介绍单片机的学习方法，从第 2 章开始正式讲解单片机。本章通过讲解如何点亮一个发光二极管来介绍单片机的一些基本知识。通过本章的学习，大家会对单片机有一个直观的认识，并了解单片机的整个开发过程。

点亮一个发光
二极管

2.1 单片机概述

在一片集成电路芯片上集成微处理器、存储器、I/O 接口电路，从而构成单芯片微型计算机，该单芯片微型计算机简称单片机。

单片机和其他专用芯片相比，有什么不同？大部分芯片在出厂的时候功能已经定型了，不可以再更改；而单片机不同，同样是一块芯片，它所实现的功能是由使用者输入的程序代码所决定的，并且可以修改。单片机通过不同的程序实现不同的功能，单片机是典型的嵌入式微控制器。

我们通常将以 8051 为核心的单片机统称为 MCS51 单片机，也就是 51 单片机。

8051 是美国 intel 公司生产的一系列单片机中最早、最典型的产品，8031、8751、8032、8052、8752 等该系列的其他单片机都是在 8051 的基础上进行功能的增、减而来的。后来 intel 公司将 8051 的核心技术授权给了很多其他公司进行生产开发。

2.1.1 各大公司 MCS51 单片机简介

单片机制造厂商很多，市面上的单片机种类也非常多，不同厂商推出了很多不同型号的单片机，下面给大家简单地列举一些 MCS51 单片机。

（1）Atmel 公司的 MCS51 单片机典型产品有 AT89C51、AT89C52、AT89C53、AT89C55、AT89LV52、AT89S51、AT89S52、AT89LS51、AT89LS52 等。

（2）Philips 公司的 MCS51 单片机有 P80C51、P80C52、P80C54、P80C58、P87C54、P87C58、P89C51、P89C52、P89C58 等。

（3）Winbond 公司的 MCS51 单片机有 W77C51、W78C51、W78C52、W78C54、W78E51、W78E52、W78E54、W78E58 等。

（4）SST 公司的 MCS51 单片机有 SST89C54、SST89C58、SST89F54、SST89F58、SST89E58、SST89E516 等。

（5）宏晶公司的 MCS51 单片机有 STC89C51、STC89C52、STC89C54、STC89C58、STC90C51、STC90C52、STC90C54、STC90C516RD 等。

由于厂商和芯片型号太多，我们不能一一列举，以上这些单片机都是采用 8051 的核心技术开发出来的，所以它们内部资源分布、功能定义、指令代码编写基本上是一样的。本书中的程序对于它们都是通用的，不需要做任何修改，也就是说只要你学会了其中一种 51 单片机的操作，这些单片机便全都会操作了。学完本书后，再操作任何一个其他的单片机，都会比较容易上手。

2.1.2 单片机标号信息及封装类型

1. 标号信息

下面我们来介绍单片机芯片上的标注信息，希望大家可以对单片机芯片有一个比较全面的了解。现在以 YL51 单片机开发板上使用的 STC89C52RC 单片机为例给大家进行介绍，图

2.1 和图 2.2 是两种不同封装的实物图。

图 2.1　STC89C52RC-DIP　　　　　　图 2.2　STC89C52RC-LQFP

接下来对 STC89C52RC 单片机芯片上的标注信息做简单介绍。第一个芯片上的全部标号为 STC89C52RC、40I-PDIP40、1428HBS967.C90C。

标识解释如下所示。

STC——芯片的生产公司，STC 表示宏晶公司。这个前缀常见的有 AT、P、W、SST 等。其中 AT 表示 Atmel 公司，P 表示 Philips 公司，W 表示 Winbond 公司，SST 代表 SST 公司。

8——该芯片是 8051 内核芯片。

9——芯片内部含有 Flash EEPROM 存储器。其他如 80C51 中的 0 表示内部含有掩膜存储器（Mask ROM），87C51 中的 7 表示内部含有紫外线可擦除 ROM（EPROM）。

C——该器件为 CMOS 产品。其他如 89LE52、89LV52、89LS52，其中的 LE、LV、LS 表示低电压产品（通常它们的工作电压为 3.3V），89S52 中的 S 表示该系列的芯片带有 ISP 在线编程功能。

5——固定不变。

2——该芯片的内部程序存储空间的大小。1 为 4 KB，2 为 8 KB，3 为 12 KB，也就是该数乘以 4 KB 就是该芯片内部程序存储空间的大小。空间越大能装入的程序代码就越多。当然，空间越大芯片的价格也会越高。因此在选择芯片时，要根据我们的需求进行合理选择，够用就可以。这个空间的大小跟单片机的其他性能不产生关联，不影响单片机的功能。

RC——STC 单片机内部 RAM 为 512 B，RD+表示内部 RAM 为 1280 B。

40——芯片外部晶振最高可接入 40 MHz。像 Atmel 的单片机这个数值一般是 24，表示外部最高晶振是 24 MHz。

I——产品级别。I 表示工业级，温度范围为-40～85℃。其他如 C 表示商业级，温度范围为 0～70℃；A 表示汽车级，温度范围为-40～125℃；M 为军用级，温度范围为-55～150℃。

PDIP——产品封装型号。PDIP 为双列直插式。其他如 PLCC 为带引线的塑料芯片封装；QFP 为塑料方型扁平式封装；PFP 为塑料扁平组件式封装；PGA 为插针网格阵列封装；BGA 为球栅阵列封装。

40——引脚个数。

1428——本批芯片的生产日期是 2014 年的第 28 周。

2. 芯片封装常见类型

（1）TO 晶体管外形封装。

TO（Transistor Out-line）的中文意思是晶体管外形。这是早期的封装规格，例如 TO-92、TO-220、TO-247 等都是插入式封装设计。近年来表面贴装的市场需求量增大，TO 封装也进展到表面贴装式封装，如图 2.3 所示。

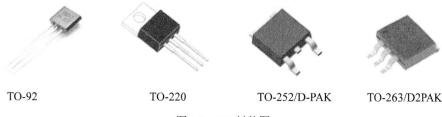

TO-92   TO-220   TO-252/D-PAK   TO-263/D2PAK

图 2.3   TO 封装图

TO-252 和 TO-263 就是表面贴装封装。其中 TO-252 又称为 D-PAK，TO-263 又称为 D2PAK。

D-PAK 封装的 MOSFET 有 3 个电极，栅极（G）、漏极（D）、源极（S）。其中漏极（D）的引脚被剪断不用，而是使用背面的散热板作漏极（D），直接焊接在印刷电路板（PCB）上，一方面用于输出大电流，一方面通过 PCB 散热。所以 PCB 的 D-PAK 焊盘有 3 处，漏极（D）焊盘较大。

（2）DIP 双列直插式封装。

DIP（Dual Inline-pin Package）是指采用双列直插形式封装的集成电路芯片，绝大多数的小规模集成电路（IC）均采用这种封装形式，其引脚数一般不超过 100 个。采用 DIP 封装的 CPU 芯片有两排引脚，需要插入到具有 DIP 结构的芯片插座上。当然，也可以直接插在有相同焊孔数和几何排列的电路板上进行焊接。DIP 封装的芯片在从芯片插座上插拔时应特别小心，以免损坏引脚。其封装外形如图 2.4 所示。

DIP 封装的特点如下。

① 适合在 PCB 上穿孔焊接，操作方便。

② 封装面积与芯片面积之间的比值较大，故体积也较大。

（3）QFP 塑料方型扁平式封装。

QFP（Plastic Quad Flat Package）技术实现的 CPU 芯片引脚之间距离很小，管脚很细。一般大规模或超大规模集成电路采用这种封装形式，其引脚数一般都在 100 以上。基材有陶瓷、金属和塑料 3 种。引脚中心距有 1.0 mm、0.8 mm、0.65 mm、0.5 mm、0.4 mm、0.3 mm 等多种规格。其封装外形如图 2.5 所示。

LQFP 也就是薄型 QFP（Low-profile Quad Flat Package），指封装本体厚度为 1.4 mm 的 QFP，是日本电子机械工业会根据制定的新 QFP 外形规格所用的名称。其封装外形如图 2.6 所示。

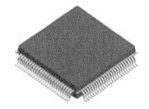

图 2.4   DIP 封装   图 2.5   QFP 封装   图 2.6   LQFP 封装

QFP 的特点如下。

① 用 SMT 表面安装技术在 PCB 上安装布线。

② 封装外形尺寸小，寄生参数减小，适合高频应用。以 0.5 mm 焊区中心距、208 根 I/O 引脚 QFP 封装的 CPU 为例，如果外形尺寸为 28 mm×28 mm，芯片尺寸为 10 mm×10 mm，则芯片面积:封装面积=(10×10) : (28×28)=1:7.8，由此可见 QFP 封装比 DIP 封装的尺寸大大减小。

③ 封装 CPU 操作方便、可靠性高。

QFP 的缺点是：当引脚中心距小于 0.65 mm 时，引脚容易弯曲。为了防止引脚变形，现已出现了几种改进的 QFP 品种，如封装的 4 个角带有树指缓冲垫的 BQFP；带树脂保护环覆盖引脚前端的 GQFP；在封装本体里设置测试凸点、放在防止引脚变形的专用夹具里就可进行测试的 TPQFP。

QFP 不仅用于微处理器（Intel 公司的 80386 处理器就采用塑料四边引出扁平封装）、门陈列等数字逻辑 LSI 电路，而且也用于 VTR 信号处理、音响信号处理等模拟 LSI 电路。

（4）SOP 小尺寸封装。

SOP 器件又称为 SOIC（Small Outline Integrated Circuit），是 DIP 的缩小形式，引线中心距为 1.27 mm，材料有塑料和陶瓷两种，如图 2.7 所示。SOP 也叫 SOL 和 DFP。SOP 封装标准有 SOP-8、SOP-16、SOP-20、SOP-28 等。SOP 后面的数字表示引脚数，业界往往把 "P" 省略，叫 SO（Small Out-Line）。还派生出 J 形引脚小外形封装（SOJ）、薄小外形封装（TSOP）、甚小外形封装（VSOP）、缩小形 SOP（SSOP）、薄的缩小形 SOP（TSSOP）及小外形晶体管（SOT）、小外形集成电路（SOIC）等。

（5）PLCC 有引线的塑封芯片封装。

PLCC（Plastic Leaded Chip Carrier）的引线中心距为 1.27 mm，引线呈 J 形，向器件下方弯曲，有矩形、方形两种，如图 2.8 所示。

图 2.7　SOP 封装　　　　　图 2.8　PLCC 封装

PLCC 器件的特点如下。

① 组装面积小，引线强度高，不易变形。

② 多根引线保证了良好的共面性，使焊点的一致性得以改善。

③ 因 J 形引线向下弯曲，检修有些不便。

现在大部分主板的 BIOS 都是采用 PLCC 封装形式。

（6）PGA 插针网格阵列封装。

PGA（Pin Grid Array Package）芯片封装形式在芯片的内外有多个方阵形的插针，每个方阵形插针沿芯片的四周间隔一定距离排列，根据引脚数目的多少，可以围成 2～5 圈，如图 2.9 所示。安装时，将芯片插入专门的 PGA 插座。为使 CPU 能够更方便地安装和拆卸，从 486 芯片开始，出现了一种名为 ZIF 的 CPU 插座，专门用来满足 PGA 封装的 CPU 在安装和拆卸上的要求。

ZIF（Zero Inser tion Force Socket）是指零插拔力的插座。把这种插座上的扳手轻轻抬起，

CPU 就可轻松地插入插座中。然后将扳手压回原处，利用插座本身特殊结构生成的挤压力让 CPU 的引脚与插座牢牢地接触，绝对不存在接触不良的问题。而拆卸 CPU 芯片只需将插座的扳手轻轻抬起，则压力解除，CPU 芯片即可轻松取出。

PGA 封装具有以下特点。

① 插拔操作更方便，可靠性高。

② 可适应更高的频率。

实例：intel 系列 CPU 中，80486 和 Pentium、Pentium Pro 均采用这种封装形式。

（7）BGA 球栅阵列封装。

随着集成电路技术的发展，集成电路对封装的要求更加严格。这是因为封装技术关系到产品的功能。当 IC 的频率超过 100 MHz 时，传统封装方式可能会产生所谓的"CrossTalk"现象，而且当 IC 的引脚数大于 208 Pin 时，传统的封装方式实现有困难。因此，除使用 QFP 封装方式外，现今大多数的高脚数芯片（如图形芯片与芯片组等）皆转而使用 BGA（Ball Grid Array Package）封装技术，如图 2.10 所示。

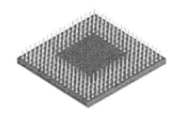
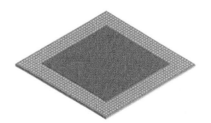

图 2.9　PGA 封装　　　　　　　　图 2.10　BGA 封装

BGA 一出现便成为 CPU、主板、南/北桥芯片等高密度、高性能、多引脚封装的最佳选择。BGA 封装技术可详分为以下 5 大类。

① PBGA（Plasric BGA）基板，它是最普遍的 BGA 封装类型，其载体为普通的印制板基材，如 FR—4 等。

② CBGA（Ceramic BGA）基板，即陶瓷基板。

③ FCBGA（Filp Chip BGA）基板是硬质多层基板。

④ TBGA（Tape BGA）基板。基板为带状软质的 1～2 层 PCB 电路板。

⑤ CDPBGA（Carity Down PBGA）基板，其封装中央有方型低陷的芯片区（又称空腔区）。

以上是最常见的几种封装类型，芯片的封装类型众多，在这里就不给大家一一列举了。其他类型的封装资料，大家可以自行查看资料。

2.1.3　单片机引脚功能介绍

图 2.11～图 2.16 是基于 8051 内核的 AT89C52 单片机实物图和对应的封装引脚图（图中 NC 对应的引脚表示留空，在使用时没有电路连接）。

在介绍引脚功能之前，我们先说明一下，对于 8051 内核的单片机而言，如果它的引脚个数是一样的，或者封装是一样的，那么它们的引脚功能就是一样的。也就是说我们编写的程序代码，不需修改就可以直接使用。其中最常见的是 DIP 双列直插封装，如 AT89C52 是 40 脚的，有些单片机也有 8 脚、16 脚、20 脚、28 脚、32 脚等，但 40 脚是最典型的。

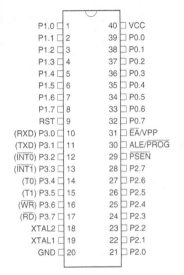

图 2.11 DIP 封装引脚图

图 2.12 AT89C52 实物图

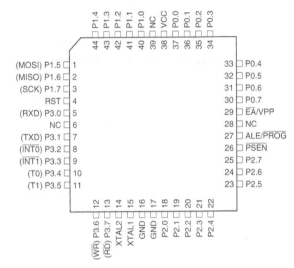

图 2.13 PQFP/TQFP 封装引脚图

图 2.14 PQFP/TQFP 封装实物图

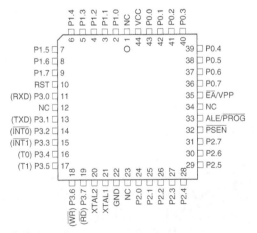

图 2.15 PLCC/LCC 封装引脚图

图 2.16 PLCC/LCC 封装实物（正反两面）

1. 芯片引脚序号识别

芯片的第 1 脚，一般会在芯片上标记出来，有的是一个小圆坑或是一个圆点，有的是整个芯片起始脚边的标记。找到第 1 脚后，其他引脚的序号，是按照俯视图从第 1 脚开始，逆时针方向顺序递增来进行编号的。在自行焊接或装插芯片时，大家一定要注意引脚序号，装错了会导致电路异常甚至把芯片烧损。

2. 8051 单片机引脚功能介绍

下面以图 2.11 DIP 封装引脚图为例，来介绍单片机的引脚功能。单片机的 40 个引脚大致可分为 4 类。

① 电源引脚：VCC、GND。

② 时钟引脚：XTAL1、XTAL2。

③ 控制引脚：RST、$\overline{\text{PSEN}}$、ALE/$\overline{\text{PROG}}$、$\overline{\text{EA}}$/VPP。

④ I/O 引脚：8051 共有 4 个 8 位并行 I/O 端口，为 P0、P1、P2、P3 口，共 32 个引脚。各引脚含义如下。

VCC（40 脚）：单片机电源正极，不同类型单片机的接入电源电压会有不同，通常为+5V，如果是低压为+3.3V。大家在使用前，请查看单片机对应的数据手册。

GND（20 脚）：单片机电源负极，接地端。

XTAL1（19 脚）、XTAL2（18 脚）：时钟电路引脚。XTAL1 接外部晶振和微调电容的一端，在片内它是振荡器反相放大器和时钟发生器的输入端。若使用外部时钟，该引脚必须接地。XTAL2 接外部晶振和微调电容的另一端，在片内它是振荡器反相放大器的输出端。若使用外部时钟，该引脚接外部时钟的输入端。

RST（9 脚）：单片机复位引脚，持续时间超过两个机器周期的高电平引起系统复位。也就是说程序将从头开始运行。

$\overline{\text{PSEN}}$（29 脚）：外部程序存储器选通信号输出引脚，在读外部 ROM 时 $\overline{\text{PSEN}}$ 低电平有效，以实现外部 ROM 单元的读操作。随着技术的发展，单片机的内部存储 ROM 越做越大，已经能满足使用需求，基本没人再去扩展外部 ROM。在设计电路时，该引脚一般悬空，不作使用。

① 内部 ROM 读取时，$\overline{\text{PSEN}}$ 不动作；

② 外部 ROM 读取时，在每个机器周期会动作两次；

③ 外部 RAM 读取时，跳过两个 $\overline{\text{PSEN}}$ 脉冲不会输出；

④ 外接 ROM 时，与 ROM 的 OE 脚相接。

ALE/$\overline{\text{PROG}}$（30 脚）：具有两种功能，可以作为地址锁存使能端和编程脉冲输入端。下面分别进行介绍。

当作为地址锁存使能端时为 ALE。当单片机访问外部程序存储器时，ALE 的负跳变将低 8 位地址打入锁存。当访问外部数据存储器时，例如执行 MOVX 类指令，ALE 引脚会跳过一个脉冲。当单片机没有访问外部程序存储器时，ALE 引脚将有一个 1/6 振荡频率的正脉冲信号输出，该信号可以用于外部计数或电路其他部分的时钟信号。

当作为编程脉冲输入端时为 $\overline{\text{PROG}}$，在进行程序下载时使用。现在很多单片机在烧录程序时已不需要编程脉冲引脚往内部写程序。比如我们使用的 STC 单片机，它是通过串行口烧录的，使用更为简便。

现在的单片机已带有丰富的 RAM 和更为简便的程序烧录方式，因此 ALE/$\overline{\text{PROG}}$ 这个引脚已很少用到，我们了解即可。在设计电路时一般悬空，不作使用。

$\overline{\text{EA}}$/VPP（31 脚）：具有两种功能。

$\overline{\text{EA}}$：程序存储器选择。$\overline{\text{EA}}$ =1 时，单片机执行内部程序存储器的程序，当扩展有外部程序存储器时，在执行完内部程序存储器的部分程序后，自动执行外部程序存储器的程序。$\overline{\text{EA}}$ =0，单片机执行外部程序存储器的程序。

VPP：在内部程序存储器擦除和写入时提供编程脉冲。

现在的单片机一般内部的 ROM 已经足够大，能满足我们的程序存储需求，所以 VPP 的功能一般不用。因此一般在设计电路时，此引脚始终给它接上高电平即可。

I/O 引脚：80C51 共有 4 个 8 位并行 I/O 端口，分别为 P0、P1、P2、P3 口，共 32 个引脚。

P0 口（39 脚～32 脚）：P0 口是一个 8 位漏极开路的双向端口，分别为 P0.0～P0.7 口，可独立控制。P0 口在作为低 8 位地址/数据总线使用时不需接上拉电阻；作为一般的 I/O 口使用时，由于内部没有上拉电阻，在使用时需要接上拉电阻。一般选用 10kΩ 电阻作为上拉电阻。

P1 口（1 脚～8 脚）：P1 口是一个带上拉电阻的 8 位准双向端口，分别为 P1.0～P1.7 口，可独立控制，也可做输入或输出口使用。

P2 口（21 脚～28 脚）：P2 是一个带上拉电阻的 8 位准双向端口，分别为 P2.0～P2.7 口，可独立控制，可做输入或输出使用，功能和 P1 口相似。

P3 口（10 脚～17 脚）：P3 是一个带上拉电阻的 8 位准双向端口，分别为 P3.0～P3.7 口，可独立控制。是一个双用途端口，可做输入或输出口使用，功能和 P1 口相似。它还具有第二功能，具体如表 2.1 所示。

表 2.1   P3 口各引脚第二功能定义列表

I/O 口	引　　脚	第　二　功　能	说　　　明
P3.0	10	RXD	串行口输入端
P3.1	11	TXD	串行口输出端
P3.2	12	$\overline{\text{INT0}}$	外部中断 0 请求输入端
P3.3	13	$\overline{\text{INT1}}$	外部中断 1 请求输入端
P3.4	14	T0	定时/计数器 0 外部信号输入端
P3.5	15	T1	定时/计数器 1 外部信号输入端
P3.6	16	$\overline{\text{WR}}$	外部 RAM 写控制信号输出端
P3.7	17	$\overline{\text{RD}}$	外部 RAM 读控制信号输出端

2.2　单片机最小系统

什么是单片机最小系统？单片机最小系统，也称为最小应用系统，是指用最少的元件组成的可以工作的单片机系统。对 51 系列单片机来说，最小系统一般包括单片机、电源电路、时钟振荡电路、复位电路，如图 2.17 所示（大家在看电路图时要注意，**相同标号的引脚表示**

电气连接。如图中标出的 3 个 VCC 表示它们是连在一起的，电路是相通的）。31 脚是内部程序存储器和外部程序存储器选择端。它为高电平时，访问内部程序存储器；为低电平时，则访问外部程序存储器。

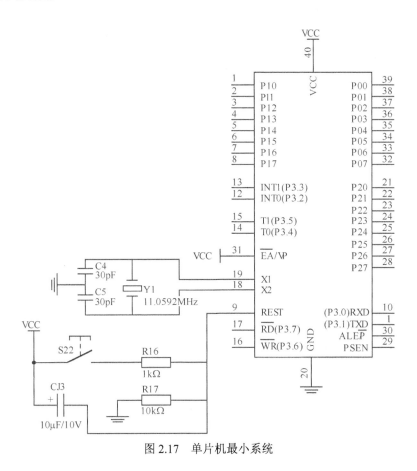

图 2.17 单片机最小系统

注意：本书中的电路图大部分节选自 YL51 开发板原理图，但也有部分与 YL51 开发板无关，而是用来说明一些具体问题。读者可自行对照 YL51 开发板原理图，以下不再做特别声明。

2.2.1 电源电路

对于一个完整的电子设计来讲，首要问题就是为整个系统提供电源，稳定可靠的电源是系统平稳运行的前提和基础。主流单片机工作电压有 5 V 和 3.3 V 两个标准，当然也有低于 3.3 V 的或者是宽电压工作的，详见芯片使用手册。YL51 开发板上带的 STC89C52RC 采用 5 V 的工作电压。从图 2.17 中我们可以看到，40 脚（VCC）接到电源的正极，为 5 V 电压输入，20 脚（GND）接到电源的负极。

2.2.2 时钟振荡电路

单片机系统里都有晶振，全称是晶体振荡器。它结合单片机内部电路产生单片机所需的时钟频率，为系统提供基本的时钟信号，以决定单片机的执行速度。它类似于单片机的心脏，给单片机提供工作节拍的。

在 YL51 开发板上，我们使用 11.059 2 MHz 的晶体振荡器作为振荡源，分别接到 STC89C52RC 单片机的 18 脚和 19 脚。由于单片机内部带有振荡电路，所以外部只要连接一个晶振和两个电容即可，电容容量一般在 15～50 pF。在图 2.17 中，时钟振荡电路由 Y1、C4 和 C5 组成。

晶振频率越高，单片机的运行速度就越快。STC89C52 单片机它能支持的最高晶振频率是 80 MHz。单片机的工作速度越快，功耗也越大，越容易受干扰。

2.2.3　复位电路

单片机复位操作一般有 3 种方式：上电复位、手动复位和程序自动复位。复位的作用就是让系统重新从头开始执行程序，也就是让程序指针复位，回到 0000H 的位置。

（1）上电复位：目的是在电路通电时马上进行复位操作，让单片机进入正常工作状态。51 系列单片机为高电平复位，通常在复位引脚 RST 上连接一个电容到 VCC，再连接一个电阻到 GND，由此形成一个 RC 充放电回路。来保证单片机在上电时 RST 脚上有持续时间超过两个时钟周期的高电平进行复位，随后回归到低电平进入正常工作状态。这个电阻和电容的典型值为 10 kΩ 和 10 μF，如图 2.17 中的 CJ3 和 R17 组成的上电复位电路。

（2）手动复位：目的是在必要时可以手动操作，就像计算机的重启按钮。如图 2.17 所示，复位按键 S22 一端接电源 VCC，另一端通过电阻 R16 接到 RST 引脚，当按键按下持续时间超过两个时钟周期的高电平时进行复位，松手后通过 R17 放电回归到低电平进入正常工作状态。

（3）程序自动复位：当单片机里的程序受到外界的干扰跑飞的时候，单片机系统往往会有一套自动复位机制。比如看门狗电路。当程序长时间失去响应的时候，看门狗会自动复位单片机，让它重新工作起来。

小结：有了电源电路、时钟振荡电路和复位电路这 3 个基本单元，单片机就可以运行起来了。在这个最小系统里，再去扩展其他外部设备，就可以实现各种各样的功能。比如可以接上发光二极管、数码管、1602 液晶等，去实现想要的功能。

2.3　　如何点亮一个发光二极管

2.3.1　硬件电路构成

首先来介绍一下发光二极管。发光二极管也称为 LED，它是半导体二极管的一种，可以把电能转换成光能。发光二极管种类很多，不同类型的工作参数也不一样。在 YL51 开发板上使用的是最普通的一种发光二极管，图 2.18 中的一排都是发光二极管。

还有一种直插式发光二极管也是比较常见的，如图 2.19 所示。这类发光二极管工作时正极和负极两端产生的压降在 1.6 V 到 2.4 V 之间，不同厂家生产的发光二极管或者是不同型号的发光二极管，工作电压会有不同，我们大体上知道就可以。YL51 开发板用的发光二极管的工作电压是 1.7 V。

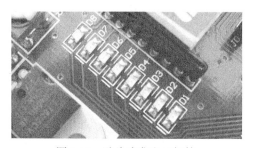

图 2.18　贴片式发光二极管

图 2.19　直插式发光二极管

当发光二极管的正极到负极有一定电流通过时（一般在 2～20 mA），它就会亮起来。大家要注意，发光亮度与电流不是成线性关系，在 2～5 mA 亮度有所变化，5～20 mA 亮度基本没有变化，当电流超过 20 mA 会很容易把发光二极管烧坏。若电流小于 2 mA，可能它不工作，但它不会被烧坏。

接着来介绍发光二极管在电路中的应用。上面讲过通过发光二极管的电流是有要求的，那么在使用时一般就会串联一个电阻起到限流的作用，从而为发光二极管提供合适的工作电流。

如图 2.20 所示，+5 V 为电源 VCC，RES 为限流电阻，LED 是发光二极管，然后接 GND。如果想让发光二极管亮起来（电流在 3 mA～20 mA 都可以点亮，假设为 3.3 mA），那么 RES 电阻的取值，就可以很简单地计算出来。

图 2.20　发光二极管小电路

$$R=(VCC-V_{LED})/\,I$$

注意：VCC 为电源电压 5 V，V_{LED} 为发光二极管工作电压（1.7 V），I 为发光二极管工作电流。

那么 R=（5 V–1.7 V）/3.3 mA，计算结果 R=1 kΩ。也就是说当 RES 等于 1 kΩ时，通过发光二极管的电流为 3.3 mA，此时发光二极管就会亮起。

下面把图 2.20 的电路改造一下，把右侧的 GND 去掉，然后把这一端接到单片机其中的一个 I/O 口，比如 P1.0 口，如图 2.21 所示。

当控制单片机 P1.0 口输出一个高电平或者是低电平时，就可以控制发光二极管的亮与灭。当单片机输出高电平时（即输出 5 V），加在发光二极管两端上的电压都是 5 V，没有电压差，就不会产生电流，所以发光二极管不亮。当单片机输出一个低电平时（即 0 V），相当于接地，就和直接接 GND 是一个效果了，发光二极管就会被点亮。单片机的控制功能就体现出来了。接下来用 C 语言编写点亮一个发光二极管的程序。

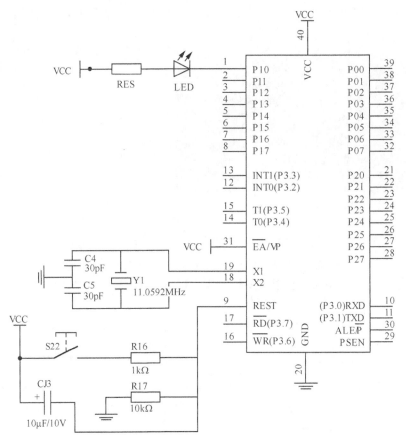

图 2.21   发光二极管控制电路

2.3.2   Keil 建立工程文件

首先打开 Keil 软件，如果是一个空工程的话，打开后如图 2.22 所示。

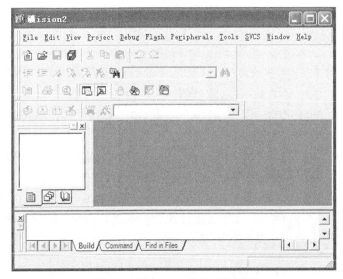

图 2.22   进入 Keil 软件后的界面

左边白色的框显示工程的目录，右边是一个灰色的框，下边是一个信息输出窗口。在这里要提醒一下大家，最好不要去汉化这个软件，汉化后有可能会出现很多预想不到的问题。

Keil 工程的建立

打开 Keil 软件之后，首先要新建一个工程来管理编写的程序。

（1）单击【Project】菜单中的【New Project...】选项，如图 2.23 所示。

图 2.23 新建一个工程

（2）此时会出现一个图 2.24 所示的对话框，该对话框用以选择工程要保存的位置和工程名称。Keil 的工程通常会包含很多其他小文件，为了方便管理，通常将一个工程单独放在一个文件夹下。比如把它放在 led_1 文件夹下，工程的名字为 led_1，然后单击【保存】，此时软件会自动加上扩展名.uv2，工程名会自动变为 led_1.uv2 文件。下次如果你要打开这个工程，双击 led_1.uv2 文件即可。

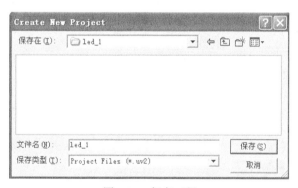

图 2.24 保存工程

（3）保存工程后，会弹出一个图 2.25 所示的对话框，让用户选择所需的单片机型号，由于列表中预置的单片机型号不全，YL51 开发板上的 STC89C52 在上面找不到。没有关系，因为 51 内核单片机是具有通用性的，选择任何一款 89C52 都是一样的，它们都是通用的。在这里我们选择 Atmel 的 89C52。选中 AT89C52 之后，右侧的【Description】栏会显示该单片机的基本介绍。然后单击【确定】即可。

（4）随后会弹出图 2.26 所示的对话框，询问用户是否复制 8051 标准启动代码到项目文件夹并将文件加入项目。这是跳入 C 函数之前执行的一段汇编代码，不加就用默认的启动代码，加了但没修改这段代码，那还是相当于使用默认的启动代码。在这里就不用加了，单击【否】就可以了。

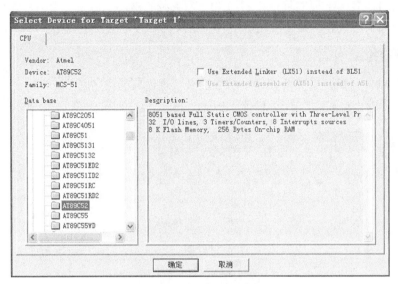

图 2.25 单片机型号选择

图 2.26 启动代码选择

（5）完成上一步骤后，Keil 软件会出现如图 2.27 所示的界面，到这里工程就建好了。

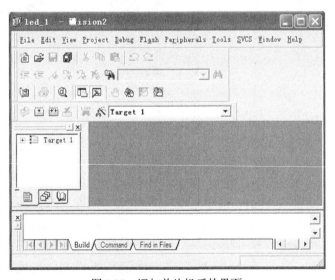

图 2.27 添加单片机后的界面

（6）建好工程后，还要新建一个文件来编写程序代码，单击【File】菜单中的【New】选项，如图 2.28 所示，或单击快捷图标 📄 。

图 2.28　新建文件

此时在原来的右侧灰色部分会出现一个文本框，并有光标在编辑窗口闪烁，如图 2.29 所示。

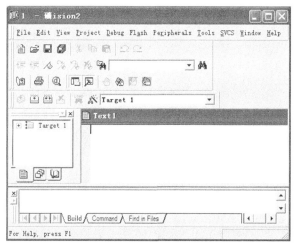

图 2.29　新建文件后的界面

接着保存文件，单击【File】菜单中的【Save】选项，或单击快捷图标 ，会出现一个如图 2.30 所示的对话框。在【文件名】编辑框中输入文件名和扩展名，需要注意的是如果用 C 语言编写程序，扩展名为.c。其中文件名是可以由用户随意填写的，当然最好能用具有一定含义的字符来写，比如我们这里就填入 led_1.c，然后单击【保存】。

（7）此时，新建的文件与工程还没有直接联系，接下来把该文件添加到工程中。在编辑界面，单击【Target 1】前面的"+"号，然后右击【Source Group 1】进入其快捷菜单，如图 2.31 所示。

图 2.30　保存文件

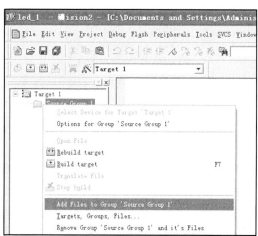

图 2.31　Source Group 1 右键快捷菜单

单击【Add Files to Group 'Source Group 1'】，出现如图 2.32 所示的对话框。

选中【led_1.c】文件，单击【Add】加入，然后单击【Close】关闭对话框。这时【Sourse Group 1】前面会多了一个"+"号，单击展开，如图 2.33 所示。

建立的每一个代码文件都要加入到工程当中，这样代码文件和工程才会发生联系。经过（1）～（7）步骤，我们就成功地在 Keil 软件上新建了一个工程。

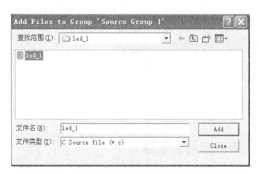

图 2.32　选中添加文件的对话框

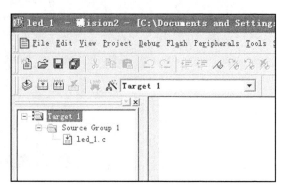

图 2.33　已将文件加入到工程当中的界面

2.3.3　编写点亮一个发光二极管的 C 程序代码

前期的准备完成后，接下来就可以编写程序代码了。由于这是第一次编写程序，有些细节的地方会说得比较详细，大家一定要有耐心，不能操之过急。

在写代码之前有两点需要注意。

（1）一定要调整好输入法，要在英文半角状态下输入，不然你写出的代码看上去和书本上的一样，但其实是错了。

（2）写入的字母有大小写之分；标点符号要区分清楚。

【例 2.1】　程序代码，点亮第一个发光二极管。

```
#include<reg52.h>      //包含 52 系列单片机头文件
sbit LED=P1^0;         //位地址声明，sbit 必须小写，P 为大写
void main()            //主函数，它是整个程序开始执行的入口
{                      //花括号是整对出现的，括号内的语句为该函数所有
    LED=0;             //点亮第一个发光二极管
    while(1);          //程序停止
}
```

如果你还不能理解上面语句的意思，不要急，先照着上面的语句一个字一个字地往 Keil 软件上抄。先学会编译及错误处理，然后再详细了解代码的含义。在输入程序的时候，Keil 会自动识别关键字（前提是该文件要先保存），它会通过显示不同的颜色给用户提示，使用户在输入错误时能得以及时发现并改正。程序抄写完成后，界面如图 2.34 所示。

接下来创建 HEX 文件输出，单击【Project】菜单中的【Options for Target 'Target1'】或者快捷图标 。在弹出如图 2.35 所示的对话框中，选中【Output】选项卡，选中【Create HEX File】，此选项的含义是在编译程序时，会产生烧录用的 HEX 文件输出，供烧录到单片机上运行程序，然后单击【确定】。

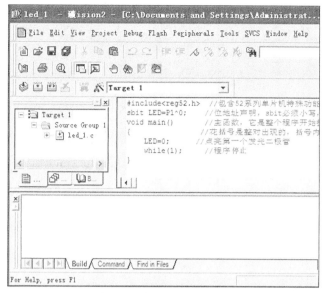

图 2.34 输入代码后的界面

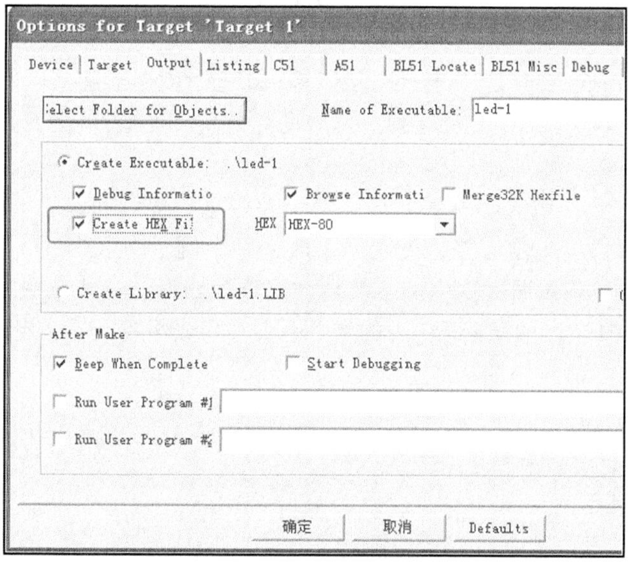

图 2.35 创建 HEX 文件输出

接下来,对工程进行编译,单击【Project】菜单中的【Rebuild all target files】或者快捷图标。编译完成后,在 Keil 下方的信息输出窗口会出现相应的提示信息,如图 2.36 所示。

这些信息告诉我们编译后的一些情况,如下所示。

Program Size:data=9.0 xdata=0 code=19 代表生成的各个段的大小。data=9.0 代表这段程序生成的目标代码所占用单片机的内部 RAM 空间是 9.0 个字节;xdata 是片外 RAM 空间,xdata=0 表示没有使用片外 RAM 空间数据;code=19 代表生成的代码大小(即 ROM 空间,这里一般指 Flash)是 19 个字节。STC89C52 单片机完全能满足它的使用需求,大家了解就可以。

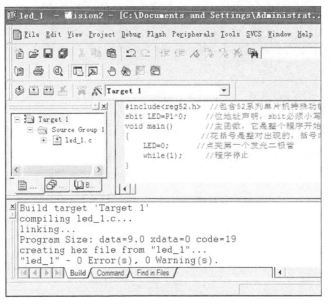

图 2.36 编译信息输出

creating hex file form "led_1"... 表示已从工程 led_1 中创建了烧录用的 HEX 文件。

"led_1" - 0 Error（s）, 0 Warning（s） 表示没有错误，也没有警告。表示此工程成功通过编译。

如果提示不是显示 0 错误或 0 警告时，我们要根据它提示的信息，去查找相应的错误并改正，直到显示没有错误也没有警告为止。下面来举个例子，因为并不是每一个读者都能一次顺利地成功编译的，我想通过这个例子教会大家查找错误的一些方法。

假设 sbit LED=P1^0; 这一条语句中的 P，不小心写成小写 p 了，此时看看编译后信息窗口上显示的内容是怎样的，如图 2.37 所示。

图 2.37 提示编译出错

信息窗口提示出现了两条错误信息，不要紧张，它可能是由第一个错误而产生了一连串的错误。这时滚动信息窗口右侧的滚动条，把它定在最上面，找到并双击第一条错误信息，把错误进行一个大概的定位，双击后会出现一个箭头的小图标，如图 2.38 所示。

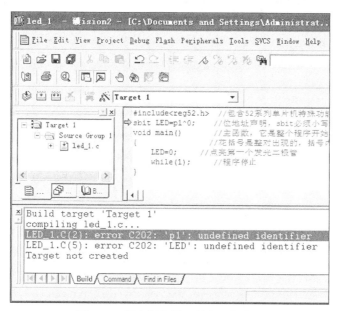

图 2.38　箭头指向错误所在语句附近

> **注意：** 箭头是指向错误所在语句附近，而不一定是所指向的语句出错了。这时就根据提示的错误信息认真地检查是哪个地方出错了，并更正即可，直至成功编译。

2.3.4　程序下载、观察结果

首先用 USB 线把 YL51 开发板与计算机连接好，如图 2.39 所示。连接好后，打开计算机设备管理器，查看当前使用的 COM 号（如果计算机还没有安装 USB 驱动的话，请先自行安装，安装好后会在管理器端口上显示相应的 COM 号），如图 2.40 所示。本节中，计算机显示的是 COM3，大家要注意同一台计算机不同 USB 口显示出的 COM 号是不一样的。

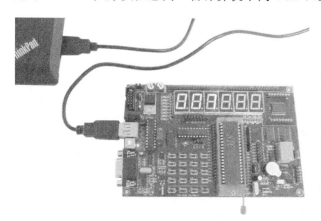

图 2.39　开发板与计算机连接

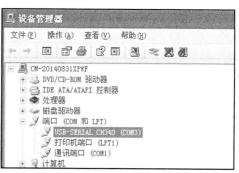

图 2.40　我的计算机显示的是 COM3

接下来介绍 STC-ISP 下载软件的相关设置，如图 2.41 所示。这里使用的软件是 STC_ISP_V480 版本。

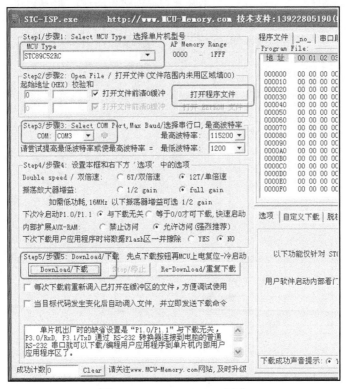

图 2.41 STC_ISP_V480 版本

步骤 1：选择单片机型号，YL51 开发板上带的是 STC89C52RC，找到并选中即可。

步骤 2：打开程序文件，这个文件是要下载到单片机上的 HEX 文件。打开并找到 led_1 工程文件夹中的 led_1.hex 文件，选中并打开（也可以直接双击添加进来）。

步骤 3：选择 COM 号，就是刚才在设备管理器上看到的 COM3，如图 2.40 所示。这个 COM 号是用 USB 线连接到计算机后才会出现的，如果把 USB 线拔开，它就不见了。右侧的波特率我们使用默认的就可以，不需要更改。

步骤 4：这是关于单片机下载的一些其他选项，使用默认的就可以。一定不要随意更改，以免造成不必要的麻烦。

步骤 5：下载程序。单击【下载】之前，先把 YL51 开发板上的电源给关闭，因为 STC 单片机下载需要一个冷启动的过程。也就是说单片机刚上电的时候，它会自动检测是否有程序下载，如果有程序下载，那它就下载程序，如果没有它就会运行它原有的程序。单击【下载】之后，接着给开发板打开电源（即上电），程序就开始自动下载到单片机，如图 2.42 所示。下载 OK、校验 OK、已加密，表示程序已成功下载到单片机上了。

同时开发板上的第一个发光二极管也亮起来了，这是程序下载的整个过程。如果把程序中的"LED=0;"改为"LED=1;"，然后重新编译程序，再下载新的 HEX 文件到单片机，就会发现此时亮的发光二极管熄灭了。介绍到这里，我们就学会如何点亮一个发光二极管了。

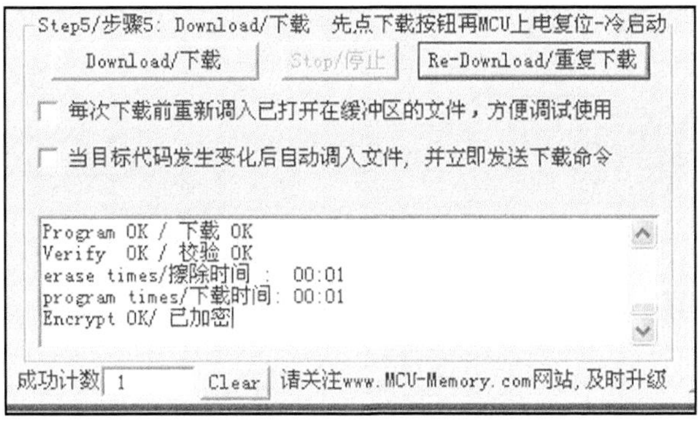

图 2.42 程序已下载到单片机

2.3.5 知识点讲解

单片机内部资源 3 大指标具体如下。

（1）程序存储空间 ROM（FLASH）。

（2）数据存储器（RAM）。

（3）特殊功能寄存器（SFR）。

第一个指标 FLASH，即程序存储空间。C 语言开发好的程序最终会下载到单片机这个区域内，FLASH 主要是用来存储程序的。AT89C51、AT89C52 的区别在于 FLASH 大小的不同，51 的 FLASH 的大小是 4 KB，52 的大小是 8 KB。最后一位数据代表的是 FLASH 的容量，即每个数据乘以 4 就代表 FLASH 的容量大小。空间越大所能装入的程序代码就越多，芯片的价格也会越高。因此在选择芯片时，要根据需求进行合理选择。FLASH 空间的大小和单片机的其他性能不产生关连，不影响单片机的功能。

第二个指标 RAM，即内存。定义的一些变量，还有一些中间计算的结果，都会存储在 RAM 当中。FLASH 和 RAM 相对比，FLASH 类似于计算机的硬盘，RAM 类似于计算机的内存。其特点为理论上能做到无限次擦写，非常耐用，且存储、读取速度非常快。

第三个指标 SFR，即特殊功能寄储器。这个是单片机非常重要的指标，单片机内集成了一些常用的 I/O 接口电路，如并行的 I/O 端口、串行口、定时器/计数器、中断控制器等，这些 I/O 接口单元电路，统称为特殊功能寄存器（SFR）。也就是说单片机在出厂的时候，它内部已做好了一个个的小模块。在编程的时候要去控制这些小模块，来完成整个系统的工作。这个 SFR 说得有点抽象，以后的章节会慢慢为大家介绍。

发光二极管在 YL51 开发板上的连接原理图如图 2.43 所示，由于单片机编程是对硬件的一个编程，因此在编写程序前，我们必须读懂相应的电路原理图。PR2 排阻相当于 8 个独立的 1 kΩ 电阻串联到每一个发光二极管上，然后通过 74HC573 锁存器分别连接到了 P1 端口的 8 位 I/O 口上（相同网络标号表示物理连接，电路是相通的），下面分别进行介绍。

（1）排阻，即网络电阻器。排阻是将若干个参数完全相同的电阻集中封装在一起，组合而成的。它分为两种。

A 型排阻的引脚总是奇数的。它的左端有一个公共端（用白色的圆点表示），常见于直插式排阻，通常排阻有 4、7、8 个电阻，引脚共有 5、8 或 9 个，如图 2.44 所示。

B 型排阻的引脚总是偶数的。它没有公共端，常见于贴片式排阻，通常排阻有 4 个电阻，引脚共有 8 个，如图 2.45 所示。

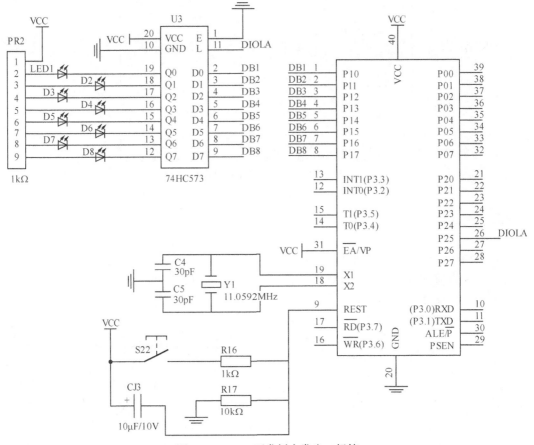

图 2.43　YL51 开发板上发光二极管

图 2.44　直插式排阻

图 2.45　贴片式排阻

　　接下来介绍排阻标号识别，图 2.44 是直插式排阻，左端有一个白点，表示该端的第一脚为公共端；A 表示为 A 型排阻，该排阻有 9 个脚，即有 8 个电阻排列组成；102 表示该排阻中每一个电阻的阻值（102 表示为 $10×10^2Ω$，即 1 kΩ），以此类推"103"表示 10 kΩ，"510"表示 51Ω 等。在 3 位数字中，从左至右的第一、第二位为有效数字，第三位表示前两位数字乘 10 的 N 次方（单位为 Ω）；J 表示精度为 5%，F 表示精度为 1%。在 YL51 开发板上与发光二极管连接的就是图 2.44 所示的直插式排阻。贴片式排阻如图 2.45 所示。

　　（2）发光二极管，2.3.1 节已经介绍。

　　（3）74HC573 锁存器，这是众多数字芯片中的一种，当第一次接触到新的芯片时，首先要做的是找到它的数据手册，然后认真阅读找到想要的信息，比如它有哪些封装类型、引脚功能介绍、器件的用法介绍等。图 2.46 和图 2.47 所示的是最常见的两种封装。

图 2.46　直插封装 74HC573

图 2.47　贴片封装 74HC573

74HC573 的引脚功能分布如图 2.48 所示。它共有 20 个引脚，$\overline{OE}$ 为三态允许控制端（低电平有效），也叫使能端；1D～8D 为数据输入端；1Q～8Q 为数据输出端；GND 接电源地，VCC 接电源；LE 为锁存控制端。

图 2.49 为 74HC573 的真值表，表中 INPUTS 表示输入部分有 3 个选项（$\overline{OE}$ 使能端，LE 锁存控制端，D 即 1D～8D 数据输入端）；L 表示低电平，H 表示高电平，X 表示任意电平（高电平或者低电平都可以）。右边的 OUTPUT Q 表示 1Q～8Q 数据输出端，Q_0 表示上次的电平状态，Z 表示高阻抗。

```
 ___
|OE [| 1      20 |] V_CC
 1D [| 2      19 |] 1Q
 2D [| 3      18 |] 2Q
 3D [| 4      17 |] 3Q
 4D [| 5      16 |] 4Q
 5D [| 6      15 |] 5Q
 6D [| 7      14 |] 6Q
 7D [| 8      13 |] 7Q
 8D [| 9      12 |] 8Q
GND [| 10     11 |] LE
```

INPUTS			OUTPUT
$\overline{OE}$	LE	D	Q
L	H	H	H
L	H	L	L
L	L	X	Q_0
H	X	X	Z

图 2.48　74HC573 引脚分布图　　　　　　图 2.49　74HC573 真值表

那么从真值表中可知，$\overline{OE}$ 只有接入低电平才有效，若是接入高电平，输出永远为 Z（即高阻抗），因此在设计电路时把 $\overline{OE}$ 接到了电源地。

当 $\overline{OE}$ 为低电平时，来看 LE 端。当 LE 为高电平时，D 端不管是高电平还是低电平，对应的 Q 端输出与 D 端输入一样，相当于直通；当 LE 为低电平时，D 端输入任意电平，Q 端保持上次的电平状态不变。因此设计电路时把 LE 连到单片机的任一 I/O 口，然后通过输出高电平或低电平，就可以控制输出端和输入端数据的状态。

74HC573 的作用相当于开关。由于 P1 端口还接了 A/D 模块，为了在操作 A/D 模块时不影响到发光二极管，比如在操作 A/D 时，把 LE 锁端置为低电平，P1 端的数据变化就影响不到发光二极管了。开关功能的控制脚在 LE 端，当 LE 端一直加上高电平时，它就是导通的。LE 端连接到了单片机的 P2.5 端口，之前说过，在原理图中有相同编号的节点是相通的，即编号为 DIOLA 的节点是相通的。由于单片机 I/O 口在默认状态下是输出高电平的，也就是说单片机 I/O 口在没有赋值的时候，它默认输出一个高电平，所以在这个点亮发光二极管的程序中，74HC573 锁存器是相当于直通的，这也是程序没有对 74HC573 进行控制的原因。

2.4 课后作业

1. 了解发光二极管参数及限流电阻计算方法。
2. 理解单片机最小系统的组成。
3. 建立独立的 Keil 工程。
   （1）点亮第一个发光管。
   （2）点亮最后一个发光管。
   （3）点亮 D1、D3、D5、D7 发光二极管。
   （4）点亮 D2、D4、D6、D8 发光二极管。

加油

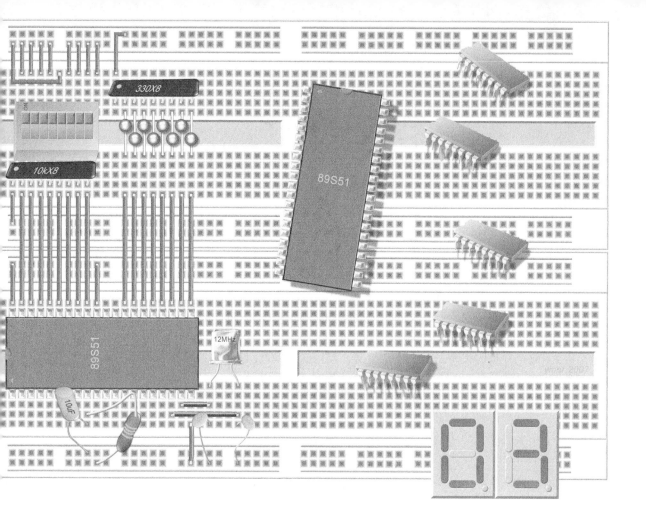

第 3 章　C51 基础知识及流水灯设计

　　本章主要介绍单片机 C 语言的数据类型、基本运算、基本语句及函数的定义和调用方法。本章还介绍了 Keil 仿真、延时语句的计算方法、仿真环境的设置以及断点的设置、删除。

预备知识：C51 基础
知识及流水灯设计

3.1   C51 的特点及优势

　　C 语言是一种结构化程序设计语言，它支持当前程序设计中广泛采用的由顶向下的结构化程序设计技术。此外，C 语言程序具有完善的模块程序结构，从而为在软件开发中采用模块化程序设计方法提供了有力的保障。使用 C 语言进行程序设计已成为软件开发的一个主流。用 C 语言来编写目标系统软件，会大大缩短开发周期，明显地增加软件的可读性，便于改进和扩充系统，从而研制出规模更大、性能更完备的系统。因此，用 C 语言进行单片机程序设计是单片机开发与应用的必然趋势。

　　当然，用 C 语言编写好的程序，在编译的时候，Keil 软件首先会把它转换成汇编语言，然后再把汇编语言转换成单片机所能识别的语言（二进制机器编码）。

　　C51 与 ASM-51 相比，有以下优点。

　　(1) 对单片机的指令系统不要求了解，仅要求对 8051 的存储器结构有初步了解。

　　(2) 寄存器分配，不同存储器的寻址及数据类型等细节可由编译器管理。

　　(3) 程序有规范的结构，可分成不同的函数，这种方式可使程序结构化。

　　(4) 提供的库包含许多标准子程序，具有较强的数据处理能力。

　　(5) 由于具有方便的模块化编程技术，所以已编好的程序可容易地被移植。

3.2   C51 数据类型

　　每一个程序，总离不开数据的应用，每个变量在使用之前必须定义其数据类型。C51 的数据类型分为基本数据类型和扩充数据类型，因此在学习 C51 的过程中掌握、理解数据类型是很关键的。数据类型通俗地讲就是数据的取值范围，不同类型的数据所代表的意义和它所占的存储空间是不同的。首先介绍一下基本数据类型。

3.2.1   C51 的基本数据类型

　　表 3.1 为 C51 的基本数据类型。

表 3.1　　　　　　　　　　　　　C51 的基本数据类型

类　型	符　号	关　键　字	所占位数	字节	数表示范围
字符型	有	char	8	1	−128～127
	无	unsigned char	8	1	0～255
整型	有	int	16	2	−32 768～32 767
	无	unsigned int	16	2	0～65 535
长整型	有	long	32	4	−2 147 483 648～2 147 483 647
	无	unsigned long	32	4	0～4 294 967 295
实型	有	float	32	4	3.4e-38～3.4e38
	有	double	64	8	1.7e-308～1.7e308

字符类型。字符类型的长度是一个字节，通常用于定义字符数据的变量或常量，分为符号字符类型 char 和无符号字符类型 unsigned char。char 表示的数值范围是−128～+127，字节中最高位表示数据的符号，"0"表示正数，"1"表示负数，负数用补码表示。unsigned char 类型字节中所有的位表示数值，所能表达的数值范围是 0～255。unsigned char 常用于处理 ASCII 字符或小于或等于 255 的整型数。

整型。整型长度为两个字节，用于存放一个双字节数据，分为符号整型数 int 和无符号整型数 unsigned int。int 表示的数值范围是−32 768～+32 767，字节中的最高位表示数据的符号，"0"表示正数，"1"表示负数。unsigned int 表示的数值范围是 0～65 535。

长整型。长整型长度为 4 个字节，用于存放一个 4 字节数据，分为符号长整型 long 和无符号长整型 unsigned long。long 表示的数值范围是−2 147 483 648～+2 147 483 647，字节中的最高位表示数据的符号，"0"表示正数，"1"表示负数。unsigned long 表示的数值范围是 0～4 294 967 295。

实型。实型分为单精度实型 float 和双精度实型 double，用来表示浮点数，也就是带有小数点的数。float 实型在十进制中具有 7 位有效数字，是符合 IEEE-754 标准的单精度浮点型数据，占用 4 个字节；而 double 实型在十进制中具有 15～16 位有效数字，是符合 IEEE-754 标准的双精度浮点型数据，占用 8 个字节。

变量的一般定义格式是"类型说明符 变量标识符，变量标识符……"

```
char a;                 //定义 a 为有符号字符变量
unsigned char b;        //定义 b 为无符号字符变量
int  a, b;              //定义 a、b 为短整型变量
unsigned int  a, b;     //定义 a、b 为无符号短整型变量
long  c, d;             //定义 c、d 为长整型变量
float  a, b;            //定义 a、b 为单精度浮点型变量
double  c, d;           //定义 c、d 为双精度浮点型变量
```

3.2.2 C51 的扩充数据类型

C51 的扩充类型并不是标准 C 语言的数据类型，而是 Keil 编译器为了能直接访问 80C51 中的特殊功能寄存器而提供的数据类型。表 3.2 为 C51 的扩充数据类型。

表 3.2　　　　　　　　　　　　　C51 的扩充数据类型

类　　型	长　　度	值　　域	说　　明
bit	1 位	0 或 1	位变量声明
sbit	1 位	0 或 1	特殊功能位声明
sfr	8 位=1 字节	0～255	特殊功能寄存器声明
Sfr16	16 位=2 字节	0～65 535	srf 的 16 位数据声明

（1）bit，位变量声明，是 C51 编译器的一种扩充数据类型。利用它可定义一个位变量，但不能定义位指针，也不能定义位数组。它的值是一个二进制位，不是 0 就是 1，类似一些高级语言中的 Boolean 类型中的 True 和 False。

（2）sbit，特殊功能位声明，sbit 同样是单片机 C 语言中的一种扩充数据类型，用来定义

特殊功能寄存器中的某一位。

（3）sfr，特殊功能寄存器，sfr 也是一种扩充数据类型，占用一个内存单元，值域为 0～255。利用它能访问 51 单片机内部的所有特殊功能寄存器。它是用来定义 8 位特殊功能寄存器的，如"sfr P1 = 0x90 ;"这一语句的含义是：该特殊功能寄存器的名字是 P1，地址在 0x90。

（4）sfr16，16 位特殊功能寄存器，sfr16 占用两个内存单元，值域为 0～65 535。sfr16 和 sfr 一样用于操作特殊功能寄存器，不一样的是它是用来定义 16 位特殊功能寄存器的，如定时器 T0 和 T1。

3.2.3　特殊功能寄存器声明及位定义

> **特殊功能寄存器声明**
> 语法：　sfr sfr_name=int_constant
> 注解：sfr 关键字，sfr_name 特殊功能寄存器名字，int_constant 特殊功能寄存器地址
> 例：sfr P0 = 0x80;
> sfr SCON = 0X98;

在 reg52.h 头文件已经声明好了很多特殊功能寄储器。细心的读者可能注意到，程序在通过编译后，在程序名的前面会多了一个小"+"号，单击展开，会看到在 led_1.c 文件下包含了一个 reg52.h 头文件，双击打开头文件，内容如图 3.1 所示。

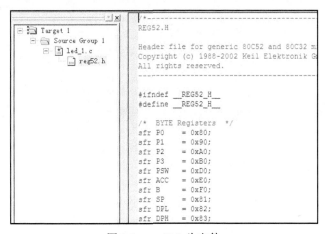

图 3.1　reg52.h 头文件

比如"sfr P0=0X80;"这条语句，它声明了单片机 P0 口所在的地址是 0x80。P0、P1、P2、P3 是单片机的 4 个端口。其中 sfr 是特殊功能寄存器声明的关键字。

> **特殊功能位声明**
> 语法：sbit 变量名=sfr 名称^变量位地址值
> 例：sbit CY =PSW^7;
> sbit LED=P1^0;

前面给大家介绍过，一个 P1 口共有 8 位，分别是 P1.0、P1.1、P1.2、P1.3、P1.4、P1.5、P1.6、P1.7。想操作其中一个 I/O 端口的时候，就需要一个声明。比如"sbit LED=P1^0;"这条语句，其中 sbit 为位声明的关键字，LED 为该位的名字（名字可以随便取），P1^0 表示 P1

口的第一位。经过这条语句定义之后，LED 就代表了 P1.0 口，也就是给 P1.0 口取一个更为形象的名字，便于书写和阅读程序。对位的声明，实际上在 reg52.h 文件中，有一部分已经声明好了。

3.3 C51 的基本运算

3.3.1 二进制与十六进制

1. 二进制数

二进制数，是计算机技术中广泛采用的一种数制。二进制数是由 0 和 1 两个数组成。在数字电路中通常高电平用 1 表示，低电平用 0 表示。二进制数的基数为 2，进位规则是"逢二进一"，借位规则是"借一当二"。十进制转为二进制如表 3.3 所示。

表 3.3　　　　　十进制数→二进制数对照表（注：十进制数只有 0 到 9）

十进制	0	1	2	3	4	5	6	7	8	9
二进制	0000	0001	0010	0011	0100	0101	0110	0111	1000	1001

2. 十六进制数

十六进制数，它是二进制的简短表示形式。十进制中的 0~15 在十六进制数中分别表示为 0、1、2、3、4、5、6、7、8、9、A、B、C、D、E、F。我们在编写程序代码时，通常会把一个数值用十六进制数进行表示。比如 P1=1001 1010，一般写成 P1=0x9A，其中 0x 表示该数为十六进制数，该数的值为 9A。

3. 二进制数与十六进制数相互转换

下面来介绍一下，二进制数与十六进制数之间相互转换的方法。

（1）二进制数转十六进制数，由于二进制数仅由 0 和 1 组成，二进制数的低位到高位代表的数分别是 1、2、4、8、16、32、…，即 2^{n-1}，若对应该二进制数位上有 1，表示该位有值，为 0 表示无值。当把一个二进制数转换成十六进制数时，只需将二进制数从右向左每 4 位作为一组，每一组用一个十六进制数表示即可。

比如：111010，从右向左每 4 位数分成一组，相当于 0011 1010（注意位数不足在前面补 0），那么 0011=2+1=3，1010=8+2=A，转换后的十六进制数是 3A。

（2）十六进制数转二进制数，只需把十六进制的每一位分解成 4 位二进制数即可，比如十六进制的 35，首先转换 3，3 介于 2 和 4 之间，就想办法把 2 和 1 凑成 3，2+1=3，所以只有第一位和第二位是 1，即 0011；再转换 5，5 介于 4 和 8 之间，就要想办法把 8 之前的 4、2、1 三位数凑成 5，4+1=5，所以第一位和第三位为 1，即 0101，所以转换成的二进制数是 0011 0101。

当然，也可以用 Windows 系统自带的计算器进行转换，如图 3.2 所示。在"查看"菜单里，选中"科学型"，可以方便地进行各种数制间的相互转换。

图 3.2　Windows 系统自带的计算器

3.3.2　C51 赋值运算符及其表达式

1．简单赋值运算符

简单赋值运算符记为"="，由"="连接的式子称为赋值表达式。在赋值表达式的后面加
一个分号";"就构成了赋值语句，赋值语句的格式如下：

变量=表达式；

执行时把右边表达式的值赋给左边的变量。

示例如下：

x=5；　　　//将 5 的值赋给变量 x

x=5+8；　　//将 5+8 的值赋给变量 x

2．复合赋值运算符

在赋值符"="之前加上其他二目运算符可构成复合赋值符。如+=、−=、*=、/=、%=、
<<=、>>=、&=、^=、|=等等，构成复合赋值表达式语句的格式如下：

变量　双目运算符=表达式；（它等同于，变量=变量　运算符　表达式；）

示例如下：

a+=b；　　等同于　a = a+b；

a-=b；　　等同于　a = a-b；

a*=b；　　等同于　a = a*b；

a/=b；　　等同于　a = a/b；

a%=b；　　等同于　a = a%b；

a<<=b；　　等同于　a = a<<b；

a>>=b；　　等同于　a = a>>b；

a&=b；　　等同于　a = a&b；

a^=b；　　等同于　a = a^b；

a|=b；　　等同于　a = a|b；

3.3.3 C51 算术运算符及其表达式

C51 的算术运算符有：加（+）、减（-）、乘（*）、除（/）、求余（或称求模，%）、自增（++）、自减（--）。

其中：加、减、乘运算相对比较简单，接下来简单介绍一下除、求余、自加和自减。

（1）除运算和我们数学上的除法运算是不完全一样的。在 C 语言中，它要考虑数据的类型，如相除的两个数为浮点数，则运算的结果也为浮点数；如相除的两个数为整数，则运算的结果也为整数，即为整除。如 1/2 这个是整数除法，结果不是 0.5，而是 0，即取了整数部分；1.0/2 这个才是 0.5；如果想得到一个浮点数的结果，就要考虑让两个操作数至少有一个是浮点数。

（2）求余运算要求参加运算的两个数必须为整数，运算结果为它们的余数。例如：a=7%3，那么 a 的值为 1。

（3）自加运算符是进行自增（增 1）运算。自减运算符是进行自减（减 1）运算。分别有两个书写形式，例如 j++（即 j 先计算，后自加 1）；++j（即 j 先自加 1，后计算）。j--（即 j 先计算，后自减 1）；--j（即 j 先自减 1，后计算）。

算术运算符的优先级规定为：先乘、除、求余，后加、减，括号优先。在算术运算符中，乘、除、求余运算符的优先级相同，并高于加、减运算符。在表达式中若出现括号，则括号中的内容优先级最高。

3.3.4 C51 关系运算符及其表达式

关系运算符反映的是两个表达式之间的大小关系，C51 中有 6 种关系运算符：大于（>）、小于（<）、等于（==）、大于等于（>=）、小于等于（<=）和不等于（!=）。

当两个表达式用关系运算符连接起来时，我们称之为关系表达式。关系表达式用来判别某个条件是否满足。要注意的是，关系运算符运算的结果只有"0"和"1"两种，成立为真（1），不成立为假（0）。

例如：6>4，结果为真（1），而 9>10，结果为假（0）。

关系表达式的一般形式如下：

表达式 1	关系运算符	表达式 2

关系运算符的优先级规定为：< 、> 、<= 和>=的优先级相同，==和!=的优先级也相同，但前 4 种优先级高于后两种。关系运算符低于算术运算符，但高于赋值运算符。在表达式中若出现括号，则括号中的内容优先级最高。

示例如下：

a> b+c   等效于 a>（b+c）
a > b ! = c   等效于（a>b）!=c
c= = a<b   等效于 c==（a<b）
c = b>a   等效于 c =（b>a）

3.3.5　C51 逻辑运算符及其表达式

逻辑运算符是用于求条件式的逻辑值，C51 中有 3 种逻辑运算符：逻辑与（&&）、逻辑或（||）和逻辑非（!）。

用逻辑运算符将关系表达式或逻辑量连接起来的就是逻辑表达式，逻辑运算的结果并不表示数值大小，而是表示一种逻辑概念，若成立用真或 1 表示，若不成立用假或 0 表示。

运算符的优先级规定为："!"运算符优先级最高，算术运算符次之，关系运算符再次之，之后是&&和||，赋值运算符的优先级最低。

当表达式进行&&运算时，只要有一个为假，总的表达式就为假，只有当所有都为真时，总的表达式才为真。

例如：

5>0&&8>0

因为 5>0 为真，8>0 也为真，两边的结果都为真，所以它们相"与"的结果也为真。

当表达式进行||运算时，只要有一个为真，总的值就为真，只有当所有的都为假时，总的式子才为假。

例如：

5>0||4>6

虽然 4>6 为假，但因为 5>0 为真，所以它们相"或"的结果也为真。

逻辑非（!）运算的运算规则为：若原先为假，则逻辑非以后为真，若原先为真，则逻辑非以后为假。

例如：

!（3>0）

其结果为假。

3.3.6　C51 位操作及其表达式

在对单片机进行编程的过程中，位操作是经常遇到的。位操作运算符有：按位与（&）、按位或（|）、按位异或（^）、按位取反（~）、位左移（<<）、位右移（>>）。位运算对象只能是整型或字符型数，不能为实型数据。

（1）"按位与"运算符（&）是参加运算的两个数据按二进制位进行"与"运算。与运算是实现"必须全有，否则就没有"这种逻辑关系的一种运算。原则是全 1 为 1，有 0 为 0。

即：

0&0=0；0&1=0；1&0=0；1&1=1。

例如：

a=5&3；按二进制位进行"与"为：a=(0101) & (0011) = 0001 =1。

（2）"按位或"运算符（|）是实现"只要其中之一有，就有"这种逻辑关系的一种运算。参与或操作的两个位，只要有一个为"1"，则结果为"1"，也就是有"1"为"1"，全"0"为"0"。

即：

0|0=0；　0|1=1；　1|0=1；　1|1=1。

例如：

a=0x50|0x0F；按二进位进行"或"为：a=(0101 0000)|(0000 1111)=(0101 1111)=0x5F。

（3）"按位异或"运算符（＾）是实现"必须不同，否则就没有"这种逻辑的一种运算。当参与运算的两个位相同（"1"与"1"或"0"与"0"）时结果为"0"，不同时结果为"1"。也就是相同为 0，不同为 1。

即：

0^0=0; 0^1=1; 1^0=1;1^1=0。

例如：

a=0x55^0x5F；按二进位进行"按位异或"，a=(0101 0101)^(0101 1111)=(0000 1010)=0x0A。

（4）"取反"运算符（～）是实现"求反"这种逻辑的一种运算，"取反"运算符为单目运算符，即它的操作数只有一个。它的功能就是对操作数按位取反，即是"1"得"0"，是"0"得"1"。

即：

～1=0；　～0=1。

例如：

a=0xFF；即 a=1111 1111，按位取反 a=～a=0000 0000。

（5）"位左移"运算符（<<）用来实现一个数的各二进制位全部左移 N 位，其右边空出的位用 0 填补，高位左移溢出则舍弃该高位。

例如：

把 1010 0011 左移 2 位，即 1010 0011<<2=1000 1100。

（6）"位右移"运算符（>>）用来实现一个数的各二进制位全部右移 N 位，移到右端的低位溢出则被舍弃，对于无符号数，高位补 0。

例如：

把 1010 0011 右移 2 位，即 1010 0011>>2=0010 1000。

3.4　C51 程序的基本语句

C51 中常用的基本语句有：if 选择语句、while 循环语句、for 循环语句、switch/case 多分支选择语句和 do…while 循环语句。以下对它们作简要介绍。

3.4.1　if 选择语句

if 语句在编程语言（C 语言、C#、VB 和汇编语言等）中用来判定是否满足所给定的条件，根据判定的结果（真或假）决定执行哪种操作。

C51 提供 3 种形式的 if 语句。

```
if（表达式）语句;
```

其语句的含义是：如果表达式的值为真，则执行其后面的语句，否则就不执行该语句。其执行过程如图 3.3 所示。

例如：

```
if (a>b)
c=8;
```

两个数 a 和 b，如果 a 大于 b，则执行 c=8；如果 a 不大于 b，则不执行 c=8 这条语句。

```
if（表达式）
    语句1；
else
    语句2；
```

其语句的含义是：如果表达式的值为真，则执行语句1；否则执行语句2。其执行过程如图 3.4 所示。

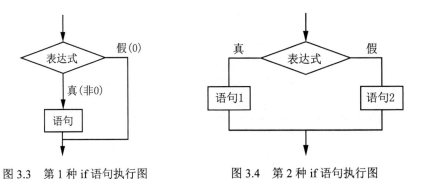

图 3.3　第 1 种 if 语句执行图　　　　图 3.4　第 2 种 if 语句执行图

例如：

```
if(a>b)
        c=8;
else
        c=2;
```

两个数 a 和 b，如果 a 大于 b，则执行 c=8；如果 a 不大于 b，则执行 c=2 这条语句。

```
if（表达式1）
        语句1；
else if（表达式2）
        语句2；
else if（表达式3）
        语句3；
......
else if（表达式m）
        语句m；
else
        语句n；
```

其语句的含义是：先判断表达式 1 的值，如果为真，则执行语句 1；如果表达式 1 的值为假，则再判断表达式 2 的值。表达式 2 的值如果为真，则执行语句 2；如果表达式 2 的值为假，则再判断表达式 3 的值。就是这样依次判断表达式的值，当表达式为真时，就执行对应的语句，直到最后一个表达式 m。如果所有的表达式都为假，执行 else 后面的语句。其执行过程如图 3.5 所示。

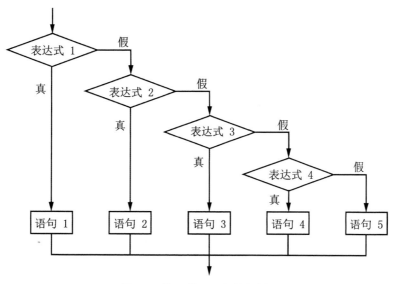

图 3.5 第 3 种 if 语句执行图

例如：

```
if(a>8)
    b=3;
else if(a>5)
    b=2;
else if(a>3)
    b=1;
else
    b=0;
```

如果 a 大于 8，则 b 等于 3；如果不大于 8 但大于 5，b 等于 2；如果不大于 5 但大于 3，b 等于 1；否则 b 等于 0。

3.4.2 while 循环语句

几乎每个程序都会用到循环语句，它的作用就是用来实现语句多次的反复运行。while 语句很容易理解，它的英文单词意思是"当……的时候"，在这里可以理解为"当条件为真时，就执行循环体的语句，不为真时直接跳过。"

其一般形式为：

```
while（表达式）
    {
    循环体
    }
```

　　while 语句的含义是：计算表达式的值，当值为真（满足条件）时，执行循环体的语句，执行完成后，再次对表达式的值进行判断，如果为真，则重复执行循环体的语句，直到表达式的值为假时，才退出循环体。如果一开始表达式的值就为假，那么循环体的语句将不会被执行，直接跳过整个 while 语句。其执行过程如图 3.6 所示。

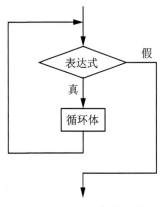

图 3.6　while 语句执行图

　　例如：

```
while(a<=8)
    {
     a++;
    }
```

　　如果表达式 a 小于或等于 8，进入循环体把 a 自身加 1。直到 a 大于 8 后退出循环体。

3.4.3　for 循环语句

　　在明确循环次数的情况下，使用 for 循环语句比 while 循环语句要更加方便、简单。其一般形式为：

```
for（初值设定表达式；循环条件表达式；条件更新表达式）
    {
     循环体
    }
```

　　for 语句执行过程如下。
　　（1）先为初值设定表达式赋初值。
　　（2）判别循环条件表达式是否满足给定条件，若其值为真，满足循环条件，则执行循环体内语句，然后执行条件更新表达式，进入第二次循环。
　　（3）再判别循环条件表达式，如果还能满足循环条件，则执行循环体内语句，然后执行条件更新表达式，进入下次循环。直到表达式的值为假，不满足条件，才终止 for 循环，并去执行循环体外的下一条语句。其执行过程如图 3.7 所示。

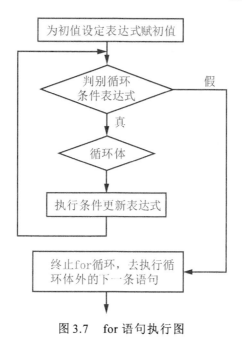

图 3.7　for 语句执行图

例如：

```
for(i=0;i<8;i++)
{
    a++;
}
```

像这条 for 语句，就会循环 8 次，把 a 自增 8 次。

3.4.4　switch/case 多分支选择语句

switch 语句是 C 语言提供的一个专门用于处理多分支结构的条件选择语句，又称开关语句。switch 语句可以使程序结构更清晰，其一般形式为：

```
switch (表达式)
    {
    case 常量表达式 1: 语句 1; break;
    case 常量表达式 2: 语句 2; break;
    ……
    case 常量表达式 n: 语句 n; break;
    default: 语句 n+1;
    }
```

switch 语句的含义是：首先计算 switch 后面圆括号中表达式的值，然后用此值依次与各个 case 的常量表达式比较，若圆括号中表达式的值与某个 case 的常量表达式的值相等，就执行此 case 后面的语句，执行后遇 break 语句就退出 switch 语句；若圆括号中表达式的值与所有 case 后面的常量表达式都不等，则执行 default 后面的语句 n+1，然后退出 switch 语句，程序流程转向开关语句的下一个语句。

例如：

```
switch(a)
{
        case 1: b=1; break;
        case 2: b=2; break;
        case 3: b=3; break;
        case 4: b=4; break;
        default: b=0;
}
```

注意： default 总是放在最后，这时 default 后不需要 break 语句。并且 default 语句也不是必须有的。如果没有这一部分，当 switch 后面圆括号中表达式的值与所有 case 的常量表达式的值都不相等时，则不执行任何一个分支直接退出 switch 语句。此时 switch 语句相当于一个空语句。

3.4.5　do⋯while 循环语句

do⋯while 循环是 while 循环的变体。do/while 语句一般形式为：

```
do
 {
    循环体
 }
while(表达式);
```

do⋯while 和 while 循环非常相似，区别在于 while 是先判断条件是否成立再去执行循环体，而 do⋯while 则是先执行循环体，再根据条件判断是否要退出循环体，这样下来循环体无论在什么条件下都至少会被执行一次。其执行过程如图 3.8 所示。

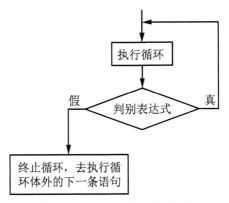

图 3.8　do/while 语句执行图

例如：

```
do
 {
```

```
    a++;
  }
while(a<8);
```

首先会对 a 进行自增一次，再判断 a 的值，如果小于 8，a 再自增一次，依次循环；直到 a 不小于 8，才退出循环。

3.5 C51 函数

函数是 C51 程序的基本组成部分，C51 程序的全部工作都是由各式各样的函数完成的。本节主要介绍函数的定义、调用、参数的传递和变量的作用域等。

3.5.1 函数的定义

无参函数的定义形式如下。

```
类型标识符    函数名()
{
    函数体;
}
```

其中：类型标识符用来指明函数值的类型，也可以说是函数返回值的类型。它可以是基本数据类型（int、char、float、double 等）及指针类型。当函数没有返回值时，会使用标识符 void 进行说明。

函数名是由用户自己定义，函数名后面是一个空括号，这是因为没有函数参数，所以括号内没有内容。

花括号内是函数体，它可以由各式各样的语句组成。

例如：

```
void  main()
{
    LED=0;
    while(1);
}
```

这是一个 main 函数，它既没有返回值也没有参数。任何一个 C 程序有且仅有一个 main 函数，它是整个程序开始执行的入口。总程序从 main 函数中的第一条语句开始执行。

有参函数的定义形式如下。

```
类型标识符    函数名（形式参数列表）
{
    函数体;
}
```

有参数函数和无参数函数的主要区别在于多了一个形式参数列表。形式参数可以是基本数据类型的变量，每个变量之间用逗号分开。在函数被调用时，主调函数会传递实际的值给相应的形式参数。

例如：

```
char  number  (char  j,char  k)
{
      if(j>k)    return  j;
      else    return  k;
}
```

char 为返回值类型，number 为函数名（由用户自己定义），*j* 和 *k* 为函数的变量（形参）。在函数体中用 return 语句，如果 *j* 大于 *k*，返回 *j* 作为函数返回值，否则返回 *k* 作为函数返回值。

3.5.2 函数的声明及调用

在 C51 中，函数在调用前，如果函数写在主函数（main 函数）后面，须在主函数前面作声明，如果函数写在主函数前面，可不作声明。函数声明由函数返回类型、函数名和形参列表组成。其格式一般为：

返回类型 函数名（参数 1 类型 参数 1，参数 2 类型 参数 2，……）;
或为
返回类型 函数名（参数 1 类型 ，参数 2 类型 ，……）;

其中，形参列表必须包括形参类型，但是不必对形参命名。形参名往往会被忽略，如果声明中提供了形参的名字，也只是用作辅助文档。另外要注意函数声明是一个语句，后面不可漏分号！

在一个函数中需要用到另一个函数的功能时，就调用该函数。调用者称为主调函数，被调用者称为被调函数。函数调用的一般形式为：

函数名（实际参数列表）

若被调函数是个有参函数，则主调函数必须把被调函数所需的参数传递给被调函数。

例如：

```
#include  <reg52.h>
void  delay_1ms(unsigned  int);    //对被调函数声明，其中 unsigned  int 为变量 x 数据类型
void  main()                       //主调函数
{
      while(1)
          {
             P1=0xaa;              //YL51 开发板的 8、6、4、2 号小灯亮
             delay_1ms(1000);      //主调函数向被调函数传递实际参数
             P1=0x55;              //YL51 开发板的 7、5、3、1 号小灯亮
             delay_1ms(1000);      //主调函数向被调函数传递实际参数
          }
```

```
}

void  delay_1ms(unsigned  int  x)        //时间延时函数，在这里作为被调函数
{
      unsigned  int  j;
      while(x--)
          {
             for(j=0;j<125;j++);
          }
}
```

3.5.3　变量的作用域

变量的作用域是指变量的有效使用范围，在 C 语言中按作用域分。变量可分为两种：全局变量和局部变量。

全局变量也称为外部变量，它是在函数外部定义的变量。它不属于具体某个函数，它属于整个源程序文件。其有效使用范围是从定义该变量的位置开始至源文件结束。

在任意一个函数内部定义的变量称为局部变量，这种变量只能在本函数内使用，而不能在其他函数内使用这个变量。

例如：

```
#include<reg52.h>
unsigned  int  i,j;  //i 和 j 为全局变量，可以被以下所有的函数使用（如主函数和延时函数）
void  delay(unsigned  int);        //延时函数声明

void  main()            //主函数
{
      while(1)
      {
          P1=~(1<<j++);
          if(j==8)
            {
                 j=0;
            }
           delay(500);              //传递参数给延时函数
      }
}

void  delay(unsigned  int  a)      //延时函数
{
      unsigned  int  b;            //其中变量 a 和 b 为该函数的局部变量，只能在本函数内使用
      while(a--)
            {
```

```
            for(b=0;b<125;b++);
        }
}
```

注意：在编写程序时尽量少用全局变量，因为全局变量在程序的执行过程中始终会占用存储单元，而不像局部变量那样仅在需要时才开辟存储单元。过多使用全局变量，会降低程序的清晰性，难以清楚地区分出每个瞬间各个外部变量的值。

3.6　C51 应用编程实例（流水灯设计）

单片机的 C51 相关基础知识介绍到这里，下面来编写几个小程序以对相关知识点作进一步讲解。

关于 YL51 开发板上发光二极管的硬件电路分析，如图 3.9 所示。2.3.5 节已作了详细介绍，下面主要对程序进行讲解。

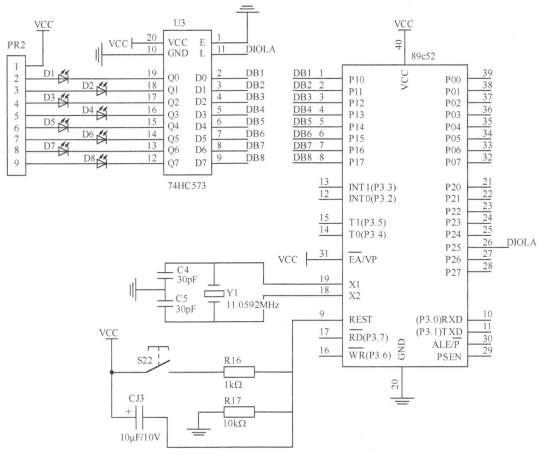

图 3.9　YL51 开发板上发光二极管

3.6.1　闪烁的 LED

本例程主要是介绍 Keil 仿真、延时语句的计算方法、仿真环境的设置以及断点的设置、删除。

【例 3.1】　控制开发板上的 D1 灯进行闪烁显示。程序代码如下：

```
#include<reg52.h>      //包含 52 系列单片机头文件
sbit  LED=P1^0;        //位地址声明，sbit 必须小写，P 为大写
unsigned  int  i;      //声明全局变量 i
void  main()           //主函数，它是整个程序开始执行的入口
{
     while(1)          //while 大循环语句，使内部循环体始终在反复运行
     {
          LED=0;    //点亮 D1 灯
          for(i=0;i<50000;i++);       //用 for 语句，进行延时
          LED=1;      //熄灭 D1 灯
          for(i=0;i<50000;i++);       //用 for 语句，进行延时
     }
}
```

通过第 2 章内容的学习，我们知道了如何去点亮或者熄灭一个小灯。现在要实现小灯闪烁显示，那么亮与灭的间隔时间是有一个取值范围的，如果小灯点亮和熄灭间隔的时间很短，那么小灯可能会是一直亮着。一般间隔小于 50 ms 的话，人的肉眼是不易分辩出亮与灭的，所以小灯亮与灭的间隔时间必须要大于 50 ms。

如何观察到 for（i=0;i<50 000;i++）；语句有多长的延时呢？可以通过 Keil 软件的仿真来看一下。首先要对 Keil 软件进行设置，单击【Project】菜单中的【Options for Target 'Target1'】选项，或者单击快捷图标栏中的 Target1 前面的小图标 Target 1，进入相关选项，如图 3.10 所示。

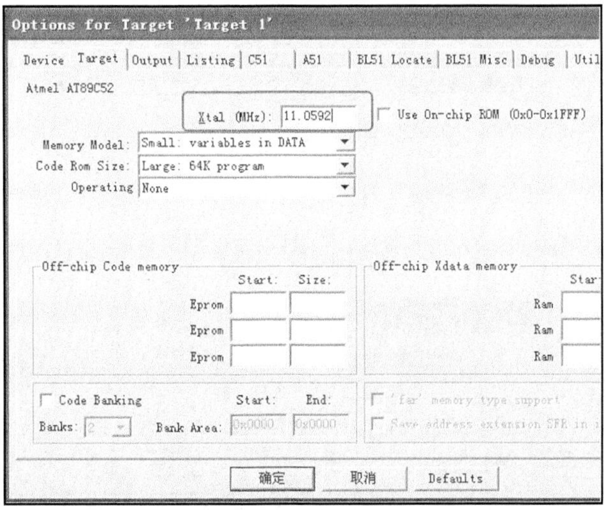

图 3.10　【Options for Target 'Target1'】选项

在 Options for Target 选项里，打开 Target 选项卡，找到 Xtal（MHz），它是用来设置晶振频率大小的，填写所用开发板的晶振频率。开发板用的是 11.059 2 MHz，那么这里就写上 11.059 2，如图 3.10 所示。

然后选中【Debug】选项卡，如图 3.11 所示。勾选中左侧的 Use Simulator，即使用软件仿真，其他选项默认即可。然后单击最下边的【确定】。

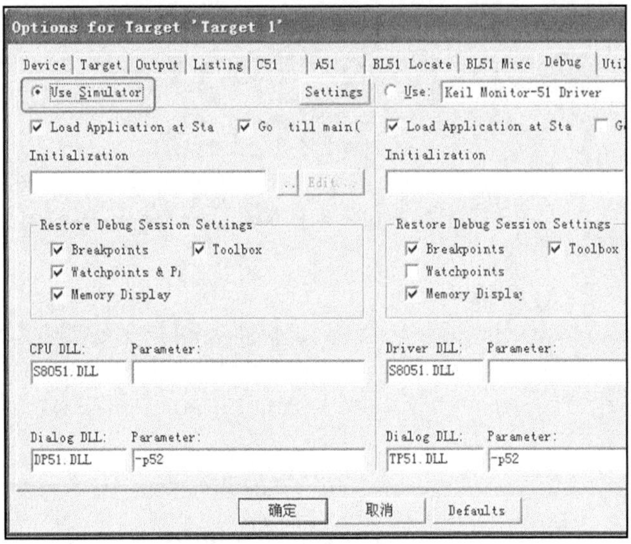

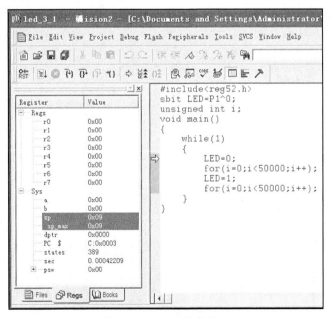

图 3.11　Debug 配置表

在仿真之前，单击 🏯 小图标，先对程序进行全局编译。接下来开始仿真，单击【Debug】菜单中的【Start/Stop Debug Session】，或者单击快捷图标栏中的 Debug 图标 ⚲ ，这时就会进入仿真窗口，如图 3.12 所示。

图 3.12　Debug 仿真窗口

左侧显示的是 Register（寄存器）的值和系统信息，右侧为程序窗口，可以通过【view】菜单打开或关闭各种窗口，图 3.12 所示为默认窗口。此时在 C 语言程序前面会多了一个"黄色箭头"，这个黄色箭头表示的含义是程序运行到了这一行。点一下复位 ，这个"黄色箭头"就没了，它会跑到程序最初始的地方。在左侧框里有个 sec，它是表示程序从头开始运行到结束所用的时间，复位后它的时间就为 0 了。

接下来讲解断点设置。在 LED=0 左侧旁边双击，会出现一个红点，即断点。断点的含义是指程序运行到这里，就会自动停止。在 LED=1 这里也设置一个断点，在它左侧旁边双击一下（再次双击可取消断点），如图 3.13 所示。

接下来计算 for 语句所用的时间，先运行程序到 LED=0 这个断点，看一下用的时间是多少；然后再运行到 LED=1 这个断点，看一下所用的时间是多少，这两个的时间差，就是 for 语句所用的时间了。

这两个 小图标，是最常用的，第一个是复位，第二个是全速运行。先复位，再单击全速运行，这时，黄色箭头就到了第一个断点处停下来，如图 3.14 所示。这时 sec 显示的时间为 0.000 422 09 s，约等于 0.000 4 s。

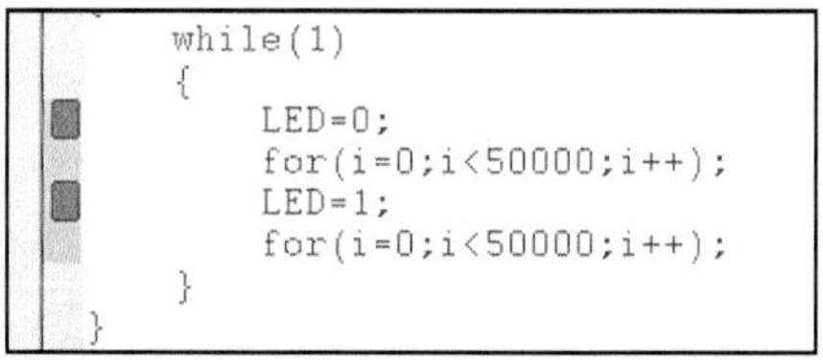

图 3.13 断点设置 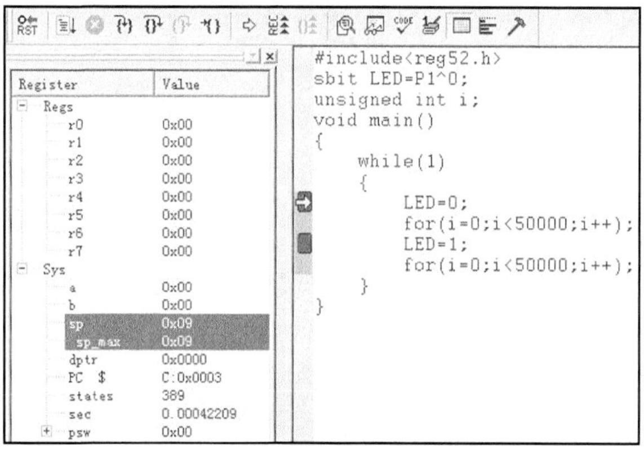　　　　图 3.14 程序运行到第一个断点位置

再来一次全速运行，即运行到了第二个断点，如图 3.15 所示。这时 sec 显示的时间为 2.008 475 48 s，约等于 2.008 s。那么运行"for（i=0;i<50 000;i++）;"语句所用的时间，就为第二个断点的时间减去第一个断点的时间，约等于 2 s。

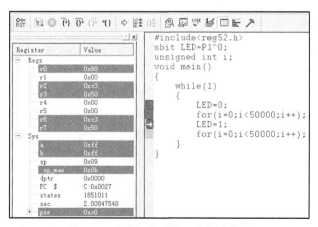

图 3.15 程序运行到第二个断点位置

　　由此可知 YL51 开发板上的 D1 小灯将会以 2 s 的时间间隔进行闪烁，读者也可以自行调整 for 语句来实现不同的延时时间。下面我们来介绍一下常见的延时方法。

　　延时可分为非精确延时和精确延时。

　　非精确延时方法如下。

　　（1）for(i=0;i<100;i++)。

　　（2）i=100;while(i--)。

　　精确延时方法如下。

　　（1）利用库函数_nop_()；（需要 include<intrins.h>）。

　　（2）利用定时器进行定时（后边的章节进行介绍）。

　　这节课先介绍非精确延时，这两个语句是常用的延时方式。

　　第一个"for（i=0;i<100;i++）;"。这个 for 语句是一个内循环操作。i 先从 0 开始，一直自加到 100，当加到 100 才执行完 for 语句，这样来实现延时操作。这是 for 语句延时的用法。

　　第二种用法是 while 语句，写作"i=100;while（i--）;"。while 语句中，i 会从 100 一直自减到 0。用从 100 减到 0 的这个过程来进行延时，只有减到 0 了，才执行完这条语句，然后再去实行下一条语句，以此来实现延时操作。

3.6.2　花样流水灯

　　前面讲过如何点亮一个小灯，也学过如何熄灭一个小灯，及如何实现小灯的闪烁，那么接下来进一步了解如何实现 8 个小灯依次点亮。

　　【例 3.2】 控制开发板上的 D1、D2、D3、D4、D5、D6、D7、D8 8 个小灯依次循环点亮，程序代码如下：

```
#include<reg52.h>        //包含 52 系列单片机头文件
unsigned  int  i;        //声明全局变量 i
void  main()             //主函数，它是整个程序开始执行的入口
{
    while(1)             //while 大循环语句，使内部循环体始终在反复运行
    {
        P1=0xFE;  //给 P1 端口赋值 0xfe，对应的二进制数为 1111 1110，点亮 D1 灯
        for(i=0;i<50000;i++);    //用 for 语句，进行延时

        P1=0xFD;     //其 0xfd 是十六进制数，对应的二进制数为 1111 1101，点亮 D2 灯
        for(i=0;i<50000;i++);

        P1=0xFB;     //对应的二进制数为 1111 1011，点亮 D3 灯
        for(i=0;i<50000;i++);

        P1=0xF7;     //对应的二进制数为 1111 0111，点亮 D4 灯
        for(i=0;i<50000;i++);

        P1=0xEF;     //对应的二进制数为 1110 1111，点亮 D5 灯
```

```
            for(i=0;i<50000;i++);

            P1=0xDF;      //对应的二进制数为 1101 1111, 点亮 D6 灯
            for(i=0;i<50000;i++);

            P1=0xBF;      //对应的二进制数为 1011 1111, 点亮 D7 灯
            for(i=0;i<50000;i++);

            P1=0x7F;      //对应的二进制数为 0111 1111, 点亮 D8 灯
            for(i=0;i<50000;i++);
        }
    }
```

本程序通过分别赋给 P1 端口相应的值，来依次点亮对应的小灯。此程序很直观，易于理解，但这种写法烦琐，占用篇幅大。接下来对这个程序进行改造，让它变得更简洁。

【例 3.3】 还是实现与例 3.2 同样的功能，控制开发板上的 D1、D2、D3、D4、D5、D6、D7、D8 共 8 个小灯依次循环点亮，程序代码如下：

```
#include<reg52.h>
unsigned  int  i,j;
void  main()
{
        while(1)                    //while 大循环语句，使内部循环体始终在反复运行
        {
                P1=~(1<<j++);        //下面有详细介绍
                if(j==8)             //如果 j 等于 8，给 j 重新赋值，让 j 等于 0
                {
                    j=0;
                }
                for(i=0;i<50000;i++);    //延时
        }
}
```

对 "P1=～（1<<j++）；" 这条语句作一下讲解。j++ 含义为 j 先计算，后自加 1（在 C51 当中如果变量没有进行赋值，默认为 0，即 j 的初值为 0）。式中的数字 1 用 8 位二进制数表示为 0000 0001，那么 "<< " 左移 0 位的值还是 0000 0001，取反 "～" 后的值为 1111 1110。当 P1 端口等于 1111 1110 时，第一个小灯 D1 就会亮起。在下一次执行 "P1=～（1<<j++）；" 语句时，j 自增 1 之后变为 1，那么式中的 "1" 左移 1 位，得到的值为 0000 0010，取反后的值为 1111 1101，然后送给 P1 端口，第二个小灯 D2 就会亮起。再次执行 "P1=～（1<<j++）；" 语句时，j 自增 1 之后变为 2，依次运行。

3.7　课后作业

1．了解单片机 C 语言都有哪方面的内容。

2．掌握延时语句的用法及运行时间计算。

3．用 3 个发光二极管做一个简单交通灯。

4．根据原理图，独立完成流水灯反方向流动，从全部点亮，再一个个熄灭。

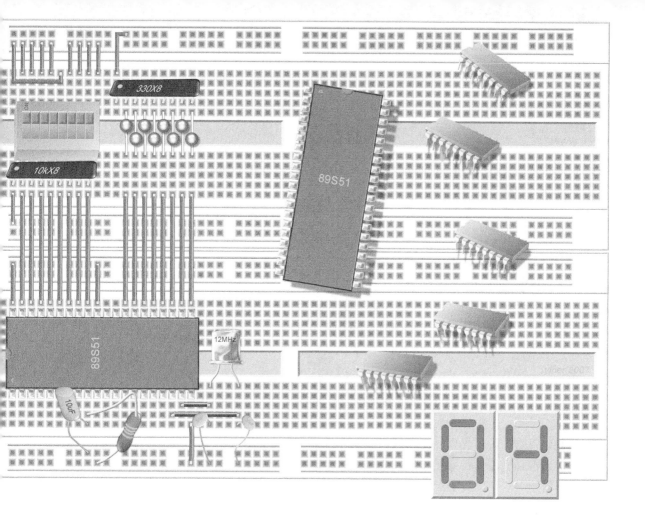

第4章　数码管显示原理及静态显示

数码管是单片机中最常用的显示器件之一。本章主要介绍数码管的种类及显示原理、数组的定义和调用方法。

数码管显示原理及
静态显示

4.1　数码管的结构和显示原理

数码管作为一种应用非常普遍的显示器件，经常出现在各种设备上。图 4.1 所示为一位数码管，图 4.2 所示为两位数码管，图 4.3 所示为三位数码管，当然，也有其他位数的数码管。还有右下角不带"点"的数码管，也有"米"字形数码管或特定形状的数码管。

图 4.1　一位数码管

图 4.2　两位数码管

图 4.3　三位数码管

数码管是一种半导体发光器件，其基本单元是发光二极管。无论是由多少位组成的数码管，其内部显示原理都是一样的，都是通过点亮内部的发光二极管，使相应的段或点发亮。下面来看一下"一位数码管"的内部结构图，如图 4.4 所示。

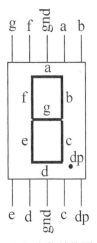
（a）实物结构图

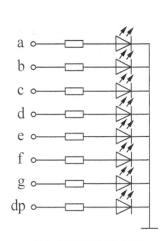
（b）共阴极内部电路

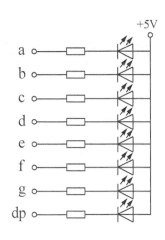
（c）共阳极内部电路

图 4.4　一位数码管内部结构图

从图 4.4（a）中看到，该数码管是由 7 段发光段 a、b、c、d、e、f、g 和一个点 dp 组成。其中，每一个发光段和一个点分别对应一个发光二极管。比如我们要显示 0，只要点亮 abcdef，这样就会显示出 0；如果要显示 1，只要点亮 b 和 c，它就是 1。

这个数码管能显示些什么内容呢？它可以显示 0、1、2、3、4、5、9、7、8、9、A、b、

C、d、E、F。大家要注意在这里只能显示小写的 b，即点亮 fedcg，d 也只能显示小写。

根据发光二极管的连接方式不同，数码管可分为共阴极数码管和共阳极数码管。顾名思义，共阴就是发光二极管的负极全部接在一起，如图 4.4（b）所示。共阳就是发光二极管的正极全部接在一起的，如图 4.4（c）所示。

如果是共阴极数码管（图 4.4（b）），假如想点亮 1，只要在 b 引脚和 c 引脚加上一个高电平，公共端接地，它就能亮起来，注意数码管自身是没有串接电阻的，这里只是一个示意图。在实际应用中数码管对应的每一个发光二极管需在外部给它串接电阻来进行限流。

如果是共阳极的数码管（图 4.4（c）），还是以点亮 1 来介绍，此时的供电方式和共阴的就不一样了，要把 b 引脚和 c 引脚接地，公共端接上高电平（比如 5 V），它就能亮起来。共阳极数码管自身内部也是没有串接电阻的，这里只是一个示意图。在实际应用中数码管对应的每一个发光二极管也需在外部给它串接电阻来进行限流。

4.2 数码管在 YL51 开发板上的应用

同一系统存在多位数码管组合应用时，在电路设计中通常会把数码管的"段选"连接在一起，然后把数码管的"位选"设计成可单独控制模式，如图 4.5 所示。这里使用的是共阴极数码管，如果给它们段选的 b、c 引脚加上高电平，然后给它们的位选加上低电平，此时对应的数码管就会显示出"1"。不管是给一个数码管的位选加上低电平，还是给所有数码管的位选都加上低电平，它们显示的数字都是一样的，这种显示方法叫作静态驱动（也叫静态显示）。还有另一种驱动方法叫作动态显示。

动态显示在第 6 章节会有详细介绍，本章介绍静态显示的原理和方法。从图 4.5 中可以看到，这 6 个数码管是通过两个 74HC573 锁存器分别对它们的段选和位选进行控制的。编号为 U1 的 74HC573 锁存器控制的是数码管的段选，其中 RS1 到 RS8 为数码管内部每个发光二极管的限流电阻（阻值为 220Ω）；编号为 U2 的 74HC573 锁存器控制的是每个数码管的位选。两个锁存器的数据输入端都连接到单片机的 P0 口，两个锁存器的锁存端分别连接到单片机的 P2.6 和 P2.7。

为什么可以这样控制呢？因为锁存器有个锁存功能，第 2 章已经介绍过，当这个锁存端（11 脚）加上高电平时，输入端 D0～D7 和对应的输出端 Q0～Q7 是直通的；加上低电平后，输出端 Q0～Q7 会保持住之前输入的值。假如要给数码管的段选（锁存器 U1）送一个值，那么需要给 U1 的锁存端加上高电平，让这个值通过，然后再给 U1 的锁存端加上低电平，让这个值保持在输出端。同样，也给数码管的位选（另一个锁存器 U2）送一个值也让它保持住。这样数码管的段选和位选都加上了相应的值，此时数码管就能显示出对应的数值了。

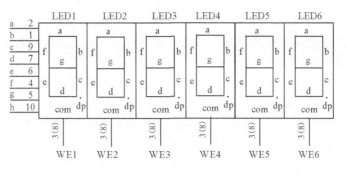

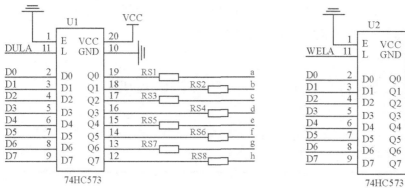

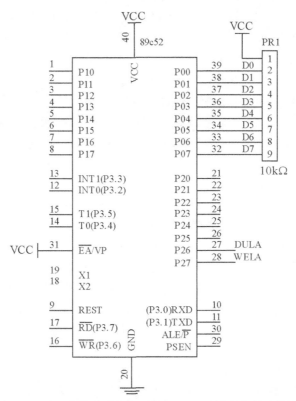

图 4.5　6 个 1 位的共阴极数码管在 YL51 开发板上的连接图

根据数码管在单片机上的连接电路，可列出数码管的段选编码表。从图 4.5 所示的原理图可知，它 8 个发光二极管的引脚 a、b、c、d、e、f、g、dp，分别连接到了单片机 P0 口的 P0.0~P0.7。因此在对它编码时，刚好是用一个字节。比如 P0=0x3f，表示对数码管段选赋值是 0011 1111，那么数码管会显示 0。依此类推 0~F 对应的数据如表 4.1 所示。

表 4.1 　　　　　　 共阴数码管段选编码表 (共阳数码管段选编码取反即可)

显示内容	dp	g	f	e	d	c	b	a	十六进制字形编码
	P0.7	P0.6	P0.5	P0.4	P0.3	P0.2	P0.1	P0.0	
0	0	0	1	1	1	1	1	1	0x3f
1	0	0	0	0	0	1	1	0	0x06
2	0	1	0	1	1	0	1	1	0x5b
3	0	1	0	0	1	1	1	1	0x4f
4	0	1	1	0	0	1	1	0	0x66
5	0	1	1	0	1	1	0	1	0x6d
6	0	1	1	1	1	1	0	1	0x7d
7	0	0	0	0	0	1	1	1	0x07
8	0	1	1	1	1	1	1	1	0x7f
9	0	1	1	0	1	1	1	1	0x6f
A	0	1	1	1	0	1	1	1	0x77
b	0	1	1	1	1	1	0	0	0x7c
C	0	0	1	1	1	0	0	1	0x39
d	0	1	0	1	1	1	1	0	0x5e
E	0	1	1	1	1	0	0	1	0x79
F	0	1	1	1	0	0	0	1	0x71

【例 4.1】 根据数码管在 YL51 开发板上的连接原理图（图 4.5），编写一个程序让第一个数码管显示 0。

程序分析：从原理图 4.5 中可知，第一个数码管对应的位选是 WE1，由于是共阴的，所以 WE1 应为低电平（即 0），其他数码管不亮，那么其他位设为高电平（即 1）就可以。此时 P0 口对应的二进制数为 1111 1110（转成 16 进制为 0xfe）。静态驱动就是向每个数码管的段选连续提供驱动电流，来保持住每个数码管的段选所需的字形编码。现在要显示一个 0，从表 4.1 中可知显示 0 对应的字形编码是 0x3f。程序代码如下：

```
#include<reg52.h>      //52 系列单片机头文件
sbit   dula=P2^6;      //U1 锁存器的锁存端位定义
sbit   wela=P2^7;      //U2 锁存器的锁存端位定义
void   main()
{
    P0=0xfe;       //P0 口给数码管送入位选信号
    wela=1;        //打开 U2 锁存端，让 0xfe 通过
    wela=0;        //关闭 U2 锁存端，使 0xfe 保持在 U2 输出端上作为数码管位选

    P0=0x3f  ;     //P0 口给数码管段选送去 0 的字形编码 0x3f
```

```
    dula=1;              //打开 U1 锁存端，让 0x3f 通过
    dula=0;              //关闭 U1 锁存端，使 0x3f 保持在 U1 输出端上，提供给数码管段选
    while(1);            //程序在这停下来
}
```

Keil 软件完成编译后，把得到的 HEX 文件下载到 YL51 开发板后，得到的显示效果如图 4.6 所示。

图 4.6　开发板上显示效果图

例程中的"P0=0x3f;"改成不同的字型编码，将会得到不同的字形。比如要显示 1，从数码管段选编码表中可知，只要把 0x3f 改为 0x06 即可。"P0=0xfe;"作为位选信号，这是根据实际电路图计算出来的，每一个数码管都有相应的位选信号。

4.3　数组的定义及调用方法

在程序设计中，为了方便处理，把具有相同类型的若干数据按有序的形式组织起来，这些按序排列的同类型数据元素的集合称为数组。

4.3.1　数组的定义方式

数组的定义方式为：

```
类型说明符  数组名 [常量表达式];
```

其中，
- "类型说明符"指数组中的元素（各个数据单元）类型，数组的元素必须具有相同的数据类型。比如，int 型的数组，那么它里面全部元素的数据类型就都是 int 型。
- "数组名"是用户定义的数组标识符，命名方法和变量命名方法是一样的，可由用户自己命名。
- 方括号中的"常量表达式"表示数据元素的个数，也称为数组的长度。通常方括号内可以留空，把常量表达式省略掉。

例如：

```
int  a[5];
```

也可以写成：

```
int  a[];
```

它们的区别在于，"int a[5];"指明了数组中有 5 个元素，"int a[];"没有指明元素个数。"int a[5];"直接定义好存储空间的大小。若为"int a[];"，单片机会自动为数组分配地址，即数组中有几个元素，单片机就自动为数组分配几个存储单元。这样写有个好处，以后写程序时扩展会容易一些，这种写法比较常见。

4.3.2 数组初始化赋值及调用

1. 数组初始化赋值

初始化赋值的一般形式为：

类型说明符 数组名[常量表达式]={初值，初值……初值};

其中{ }中的各个数据为各元素的初值，各值之间用逗号分隔。

例如，表 4.1 的共阴数码管段选编码用数组表示出来为：

```
unsigned  char  table  [16]={0x3f,0x06,0x5b,0x4f,0x66,0x6d,0x7d,0x07,0x7f,
0x6f,0x77,0x7c,0x39,0x5e,0x79,0x71};
```

我们通常会直接省略常量表达式，方便以后写程序时扩展：

```
unsigned  char  table  []={0x3f,0x06,0x5b,0x4f,0x66,0x6d,0x7d,0x07,0x7f,
0x6f,0x77,0x7c,0x39,0x5e,0x79,0x71};
```

2. 数组调用

在 C 语言中数组的下标是从 0 开始的，可以用不同的下标来区分数组中的元素。形式为"数组名""中括号"，如"table[ ]"，把元素在数组中所在的序号写到中括号中即可。

例如：

- "table[0];"表示数组 table 中的第 1 个元素 0x3f；
- "table[1];"表示数组 table 中的第 2 个元素 0x06，其他元素依次类推。注意没有 table[16]这个元素，table[16]代表整个数组。

4.3.3 应用举例

【例 4.2】 将例 4.1 的代码修改一下来介绍数组的应用。还是在第一个数码管上显示 0，程序代码如下：

```
#include<reg52.h>          //包含 52 系列单片机头文件
sbit  dula=P2^6;           //U1 锁存器的锁存端位定义
sbit  wela=P2^7;           //U2 锁存器的锁存端位定义
unsigned  char  table  []={ 0x3f,0x06,0x5b,0x4f,0x66,0x6d,0x7d,0x07,0x7f,
                  0x6f,0x77,0x7c,0x39,0x5e,0x79,0x71};//数码管段选编码
```

```
void  main()
{
        P0=0xfe;                //P0 口给数码管送入位选信号
        wela=1;                 //打开 U2 锁存端，让 0xfe 通过
        wela=0;                 //关闭 U2 锁存端，使 0xfe 保持在 U2 输出端上，作为数码管位选

        P0=table[0]  ;          //中括号中的 0 表示数组 table 中的第一个元素 0x3f
        dula=1;                 //打开 U1 锁存端，让 0x3f 通过
        dula=0;                 //关闭 U1 锁存端，使 0x3f 保持在 U1 输出端上，提供给数码管段选
        while(1);               //程序停止
}
```

在该程序中使用数组的好处是方便扩展程序功能。当要改变显示的内容时，只要修改 table 所对应的元素编号即可。

【**例 4.3**】 根据数码管在 YL51 开发板上的连接原理图（图 4.5），编写程序让第 1、第 3、第 5 个数码管，间隔 1s 循环显示 0 和 1。

程序分析：从原理图中可知，要点亮第 1、3、5 个数码管，那对应的 WE1、WE3、WE5 应设为低电平，其他位设为高电平即可，那么 P0 口对应的二进制数为 1110 1010（转为十六进制数是 0xea）。程序代码如下：

```
#include<reg52.h>//包含 52 系列单片机头文件
#define  uchar  unsigned  char    //为宏定义，把 unsigned  char 用 uchar 表示，方便书写
#define  uint   unsigned  int     //为宏定义，把 unsigned  int 用 uint 表示，方便书写
uint  i,j;                        //变量 i、j 声明
sbit  dula=P2^6;       //U1 锁存器的锁存端位定义
sbit  wela=P2^7;       //U2 锁存器的锁存端位定义
uchar  table[]={ 0x3f,0x06,0x5b,0x4f,0x66,0x6d,0x7d,0x07,0x7f,0x6f,0x77,
                 0x7c,0x39,0x5e,0x79,0x71,0x00};        //数码管段选编码
void  delay(uint);     //delay 函数声明
void  main()
{
        while(1)
        {
                P0=0xea;               //送入数码管位选信号
                wela=1;
                wela=0;
                P0=table[0];           //送入段选编码，数组 table 中的第一个元素 0x3f，显示 0
                dula=1;
                dula=0;
                delay(1000);           //延时 1s
                P0=table[1];           //送入段选编码，数组 table 中的第二个元素 0x06，显示 1
                dula=1;
                dula=0;
                delay(1000);
        }
```

```
}
void  delay(uint  x)            //延时函数
{
    for(i=x;i>0;i--)           //延时约为xms
    {
        for(j=120;j>0;j--);
    }
}
```

Keil 软件完成编译后，把得到的 HEX 文件下载到 YL51 开发板后，显示效果如图 4.7 所示，0 和 1 间隔 1 s 循环显示。

图 4.7　开发板上显示效果图

在例 4.3 中有两点要注意：如何调用数组和延时时间的计算。

【例 4.4】　编写一个程序，让 6 个数码管间隔 1 s 循环显示出 0～F（显示 0、1、2、3、4、5 一直到 F，循环显示）。

不要参照例 4.3 的方法写，提示一下，用 for 循环写，让它循环 16 次。先试着不看例程，自己编写。程序代码如下：

```
#include<reg52.h>                //包含52系列单片机头文件
#define  uchar  unsigned  char   //为宏定义，把unsigned char用uchar表示，方便书写
#define  uint  unsigned  int     //为宏定义，把unsigned int用uint表示，方便书写
sbit  dula=P2^6;                 //U1锁存器的锁存端位定义
sbit  wela=P2^7;                 //U2锁存器的锁存端位定义
uchar  num;
uchar  code  table[]={ 0x3f,0x06,0x5b,0x4f,0x66,0x6d,0x7d,0x07,0x7f,0x6f,0x77,0x7c,
              0x39,0x5e,0x79,0x71};        //数码管段选编码
void  delay(uint);               //delay函数声明
void  main()
{
    while(1)
    {
        for(num=0;num<16;num++)    //16个数循环显示
        {
            P0=table[num];         //送入段选编码
```

```
            dula=1;
            dula=0;
            P0=0XC0;     //送入位选信号，同时点亮 6 个数码管
            wela=1;
            wela=0;
            delay  (1000);
          }
        }
}

void  delay(uint  x)        //延时函数
{
    uint  i,j;
    for(i=x;i>0;i--)
        {
        for(j=120;j>0;j--);
        }
}
```

　　在 Keil 软件完成编译后，把得到的 HEX 文件下载到 YL51 开发板后，显示效果如图 4.8 所示，0 到 F 间隔 1s 循环显示。

图 4.8　开发板上显示效果图

4.4　课后作业

1. 理解数码管的种类并列出数码管的段选编码表。
2. 掌握数组的定义方法和调用。
3. 理解锁存器 74HC573 驱动数码管显示的方法。
4. 编程实现 8 个发光二极管依次点亮，同时第一位数码管显示发光二极管点亮个数。

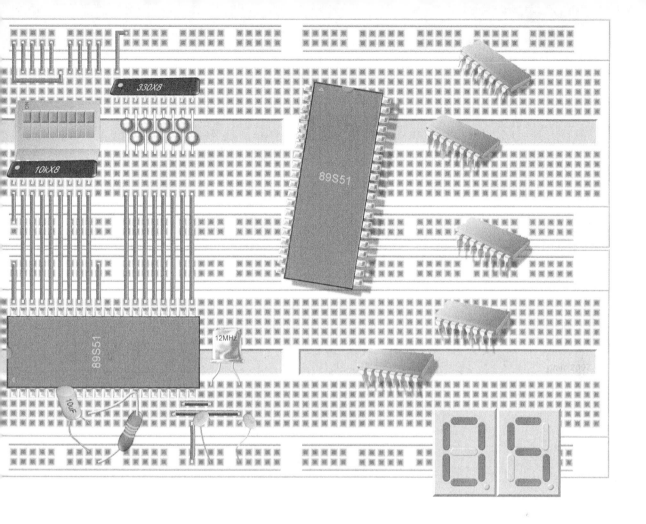

第 5 章　中断与定时器

　　本章主要介绍中断概念、单片机中断的应用、单片机的定时器应用等知识。这部分的知识是学习单片机的重点和难点，希望读者能把这章内容学好。

中断及定时器原理

5.1　单片机中断

5.1.1　中断的概念

首先来介绍单片机的中断概念。CPU 在处理某一事件 A 时，发生了另一事件 B 请求 CPU 迅速去处理（中断发生）；这时 CPU 暂时中断当前的工作（中断响应），转去处理事件 B（执行中断服务）；待 CPU 将事件 B 处理完毕后，再回到原来事件 A 中断的地方（中断返回），继续处理事件 A，这一过程称为中断。其工作流程如图 5.1 所示。

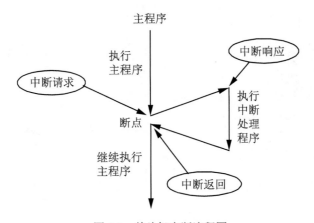

图 5.1　单片机中断流程图

以一个日常生活中的例子来说明。假如你正在吃饭，手机铃响了。这时，你放下手中的筷子，去接电话。通话完毕，再继续吃饭。这个例子就表现了中断及其处理过程：手机铃声使你暂时中止当前的工作，而去处理更为紧急的事情（接电话），把急需处理的事情处理完毕之后，再回来继续原来的事情。在这个例子中，手机铃声称为"中断请求"，暂停吃饭去接电话叫"中断响应"，接电话的过程就是"中断处理"。相应地，在计算机执行程序的过程中，由于出现某个特殊情况（或称为"事件"），使得 CPU 中止现行程序，而转去执行处理该事件的处理程序（俗称中断处理或中断服务程序），待中断服务程序执行完毕，再返回断点继续执行原来的程序，这个过程称为中断。

以图 5.2 来介绍，图中"主程序 A"正在执行，然后突然有一个"断点"，CPU 接到了中断请求，然后就去"响应"。响应之后进入"中断服务程序 B"，开始执行中断服务。执行完之后就来到了"RETI"（如果程序是用汇编语言写的话，中断的返回是用 RETI 来表示；如果是用 C 语言来写，就不用去管它），直到灰色的底部结束。中断服务结束之后立刻"返回"断点继续执行"主程序 A"，这就是单片机的整个中断过程。

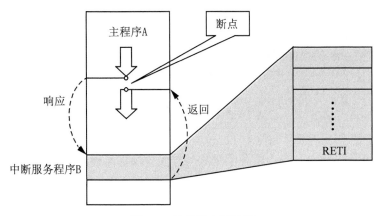

图 5.2 单片机中断过程

5.1.2 MCS-51 中断系统的结构

实现中断功能的部件称为中断系统，MCS-51 系列单片机中断系统的结构如图 5.3 所示。下面分别介绍图中的各部分功能。

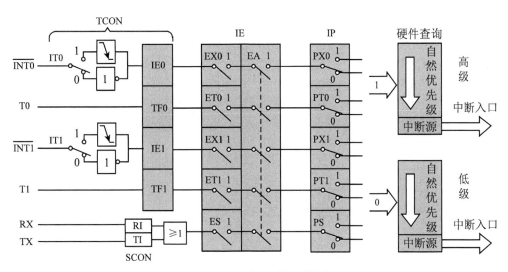

图 5.3 8051 中断系统结构图

1. 中断源与标记位

引起 CPU 中断的根源叫作中断源；中断源向 CPU 的请求，叫作中断请求。对于 51 单片机而言，中断系统有 5 个中断源，它们的符号、名称、产生条件如下所示。

- INT0：外部中断 0，中断请求信号由 P3.2 输入，低电平或下降沿引起。
- INT1：外部中断 1，中断请求信号由 P3.3 输入，低电平或下降沿引起。
- T0：定时器/计数器 0 中断，由 T0 计数器计满回 0 引起。
- T1：定时器/计数器 1 中断，由 T1 计数器计满回 0 引起。
- RX、TX：串行口中断，串行口完成一帧数据发送/接收后引起。

为了知道每个中断源是否产生了中断请求，中断系统设置了相应的中断请求标记位对它们进行管理。这些标记位分别放在两个特殊功能寄存器 TCON 和 SCON 中。其中，

- INT0 对应的中断请求标记位为 IE0。
- T0 对应的中断请求标记位为 TF0。
- INT1 对应的中断请求标记位为 IE1。
- T1 对应的中断请求标记位为 TF1。
- RX 对应的中断请求标记位为 RI。
- TX 对应的中断请求标记位为 TI。

中断源与标记位关系为：当中断源满足条件产生中断请求时，中断请求标记位会置 1，向 CPU 申请中断；CPU 响应中断时，TCON 的中断请求标记位由硬件自动清除，SCON 则须为软件清零。

在 IE0 与 INT0 之间接了一个 IT0，它是外部中断 0（INT0）触发方式选择位，由软件设置。

- IT0=0 时为低电平触发方式，INT0（P3.2）引脚低电平可引起中断。
- IT0=1 时为下降沿触发方式，INT0（P3.2）引脚电平由高变低负跳变可引起中断。

IT1 和 IT0 工作原理也是一样的，只不过它连接的是外部中断 1（INT1），为外部中断 1（INT1）触发方式选择位。

2. 中断允许寄存器 IE

图 5.3 中的 IE 和 IP 是用来对中断源进行管理的，IE 为中断允许存寄器，IP 为中断优先级寄存器。下面先了解 IE。

IE 中断允许存寄器，里面的 EA 相当于一个总开关，EX0、ET0、EX1、ET1、ES 这些是各路中断源的分开关。就是说，如果要让中断源 ITN0 从 IE 这里通过，那么 EX0=1，EA=1才能通过。表 5.1 是各个中断允许控制位在 IE 特殊功能寄存器上的分布。

表 5.1 中断允许控制位在 IE 寄存器上的分布

位序号	D7	D6	D5	D4	D3	D2	D1	D0
位符号	EA	—	—	ES	ET1	EX1	ET0	EX0
位地址	AFH	—	—	ACH	ABH	AAH	A9H	A8H

表 5.1 中，

- 中断允许控制位 EX0（外部中断 0 分开关）：EX0=1 为打开，EX0=0 为关闭。
- 中断允许控制位 ET0（定时器/计数器 0 分开关）：ET0=1 为打开，ET0=0 为关闭。
- 中断允许控制位 EX1（外部中断 1 分开关）：EX0=1 为打开，EX0=0 为关闭。
- 中断允许控制位 ET1（定时器/计数器 1 分开关）：ET1=1 为打开，ET1=0 为关闭。
- 中断允许控制位 ES（串行口中断分开关）：ES=1 为打开，ES=0 为关闭。
- EA 为全局中断允许位，相当于总开关，当等于 1 时打开，等于 0 时关闭。在此条件下，由各个中断允许位控制相应中断的打开和关闭。

当打开 reg51 头文件时，会看到 IE 在头文件里已经声明好了，如图 5.4 所示。

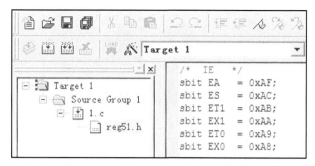

图 5.4 IE 在 reg51 头文件中已声明好

因此在写程序时就不需再单独作位声明了，直接用即可。还有 TCON、STON 和 IP 中的位，在 reg51 头文件里也是已经声明好了的，读者可以自行查看。

3. 中断优先级寄存器 IP

接着来介绍一下 IP，它是中断优先级寄存器。PX0、PT0、PX1、PT1、PS 是中断优先级控制位，它们分别对应中断源 INT0、T0、INT1、T1 和串行口中断源。当它们等于 1 时表示相应的位设为高优先级，等于 0 时为低优先级。表 5.2 是中断优先级控制位在 IP 特殊功能寄存器上的分布。

表 5.2　　　　　　　　　中断优先级控制位在 IP 特殊功能寄存器上的分布

位序号	D7	D6	D5	D4	D3	D2	D1	D0
位符号	—	—	—	PS	PT1	PX1	PT0	PX0
位地址	—	—	—	BCH	BBH	BAH	B9H	B8H

在同一时间点发生了两个中断或者多个中断时，通过对中断优先级寄存器的设置来告诉单片机，先执行哪个中断，后执行哪个中断。如果不对 IP 进行设置，它会按硬件优先级顺序由高到低执行，如表 5.3 所示。

表 5.3　　　　　　　　各中断源与标志位、响应优先级及中断程序入口对应表

中　断　源	中　断　标　志	中断服务入程序入口		默认优先级
		C 语言	汇编	
外部中断 0（INT0）	IE0	0	003H	高
定时器/计数器 0（T0）	TF0	1	00BH	↓
外部中断 1（INT1）	IE1	2	0013H	↓
定时器/计数器 1（T1）	TF1	3	001BH	↓
串行口	RI 或 TI	4	0023H	低

4. 中断嵌套

中断嵌套是指当单片机正在执行一个中断程序时，有另一个优先级更高的中断提出中断请求，这时单片机会暂时终止当前正在执行的中断程序，转去处理级别更高的中断程序。待处理完毕后，再返回被中断了的中断服务程序继续执行，这个过程称为中断嵌套。其工作流程如图 5.5 所示。

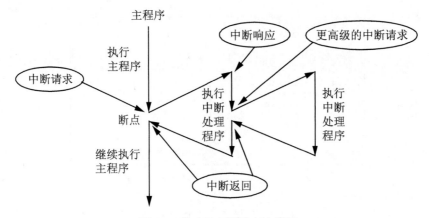

图 5.5 单片机中断嵌套流程图

通俗地讲，就是当一个中断（暂且称它为中断 A）发生后，单片机正在执行中断 A 服务程序时，又有一个中断 B 申请中断（前提是中断 B 比中断 A 的优先级高），此时单片机不得不停止执行中断 A 服务程序，转而去执行中断 B 服务程序，执行完中断 B 服务程序后，返回继续执行中断 A 服务程序，执行完中断 A 服务程序后，返回主程序继续执行主程序。在这一过程中，中断 A 嵌套了中断 B，我们称之为中断嵌套。

5.1.3 单片机中断应用举例

【例 5.1】写一个中断程序，然后下载到开发板上直观地演示一下。中断很重要，一定要掌握它。程序代码如下：

```
#include <reg52.h>        //包含 52 系列单片机头文件
unsigned char a;          //变量 a 声明
sbit lcden=P3^4;          //位定义
void main()
{
        lcden=0;          //把单片机 P3.4 设为低电平，按一下 S14 按键就能给外部中断 0 提供一个
                          //低电平（这是由于 YL51 开发板上的 S14 按键一端接到了 P3.4 引脚，另
                          //一端接到了外部中断 0 引脚），方便实验演示
        EA=1;             //开总中断
        EX0=1;            //开外部中断 0、中断允许控制位 EX0
        IT0=0;            //把 IT0 设为低电低触发
        a=0xf0;           //向 a 赋一个初值
        while(1)
        {
            P1=a;         //让 P1 等于 a
        }
}

void ext0() interrupt 0   //中断服务程序，其中 "0" 是外部中断 0 入口序号
{
        a=0x0f;           //在中断服务程序中把 a 的值改为 0x0f
}
```

Keil 软件完成编译后，把得到的 HEX 文件下载到 YL51 开发板中，显示效果如图 5.6 所示。程序下载进去后，低 4 位的发光二极管被点亮，高 4 位的发光二极管不亮。当我们按下开发板上的 S14 按键时，发光二极管的亮灭就发生了变化，变成高 4 位的发光二极管亮，低 4 位的发光二极管不亮了。这说明当按下 S14 按键时，外部中断 0 就接收到了低电平触发信号，然后就进入中断服务程序改变了赋给 a 的值，使小灯的亮灭发生了变化（关于本例程更详细的介绍，可看本书配套的视频讲解）。

图 5.6　例 5.1 开发板显示效果图

5.2　定时器/计数器

定时器，又名计数器，它不但具有计时功能，还有计数功能。在 8051 单片机中有两个定时器/计数器，分别是定时器/计数器 0 和定时器/计数器 1。本节将用 T/C0 表示定时器/计数器 0、T/C1 表示定时器/计数器 1、T0 表示定时器 0、T1 表示定时器 1、C0 表示计数器 0、C1 表示计数器 1。

若是对内部振荡源 12 分频的脉冲信号进行计数（即对每个机器周期计数），它是定时器（T0、T1）。若是对单片机引脚 T0（P3.4）或 T1（P3.5）输入的外部脉冲信号进行计数，则它是计数器（C0、C1）。

5.2.1　定时器/计数器的结构

图 5.7 为定时器/计数器的结构图，它由两个加 1 计数寄存器、TMOD 工作方式寄存器、TCON 控制寄存器组成。下面分别介绍各部分的功能模块。

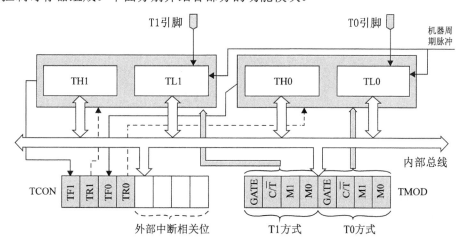

图 5.7　定时器/计数器(T/C)的结构图

1. 加 1 计数寄存器

高 8 位 TH0 和低 8 位 TL0 两个寄存器结合起来作为定时器/计数器 0 的 16 位加 1 计数寄存器，

高 8 位 TH1 和低 8 位 TL1 两个寄存器结合起来作为定时器/计数器 1 的 16 位加 1 计数寄存器。

加 1 计数寄存器输入的计数脉冲有两个来源：一个是由系统的时钟振荡器的输出脉冲经 12 分频后送来（即机器周期脉冲）；一个是单片机引脚 T0（P3.4）或 T1（P3.5）输入的外部脉冲源（引脚 T0 对应的是定时器/计数器 0，引脚 T1 对应的是定时器/计数器 1）。每来一个脉冲，计数器加 1，当加到计数器全为 1 时计数器计满溢出再输入一个脉冲就使计数器回零，计数器的溢出使 TCON 的 TF0 或 TF1 置 1（TF0 对应的是定时器/计数器 0，TF1 对应的是定时器/计数器 1），并向 CPU 发出中断请求（定时/计数器中断允许时）。如果定时器/计数器工作在定时模式，则表示定时时间已到；如果工作在计数模式，则表示计数值已满。由此可知，计数器溢出时的值减去计数初值就是加 1 计数器的计数值。

2. 控制寄存器 TCON

TCON 的低 4 位用于控制外部中断，TCON 的高 4 位用于控制定时器/计数器的启动和中断申请。其格式如表 5.4 所示。

表 5.4　　　　　　　　　　　　　　控制寄存器 TCON

位	7	6	5	4	3	2	1	0
字节地址：88H	TF1	TR1	TF0	TR0				

高 4 位依次是 TF1、TR1、TF0、TR0 一共是 4 位，下面是每一位的功能介绍。

- TF1（TCON.7）：T/C1 溢出中断请求标志位。T/C1 计数溢出时由硬件自动设置 TF1 为 1，CPU 响应中断后 TF1 由硬件自动清 0。T/C1 工作时，CPU 可随时查询 TF1 的状态。所以，TF1 可用作查询测试的标志。TF1 也可以用软件置 1 或清 0。
- TR1（TCON.6）：T/C1 运行控制位。TR1 置 1 时，T/C1 开始工作；TR1 置 0 时，T/C1 停止工作。TR1 由软件置 1 或清 0。所以，用软件可控制定时器/计数器的启动与停止。
- TF0（TCON.5）：T/C0 溢出中断请求标志位，其功能与 TF1 类似。
- TR0（TCON.4）：T/C0 运行控制位，其功能与 TR1 类同。

3. 工作方式寄存器 TMOD

工作方式寄存器 TMOD 用于设置定时器/计数器的工作方式，低 4 位用于 T/C0，高 4 位用于 T/C1。其格式如表 5.5 所示。

表 5.5　　　　　　　　　　　　　　工作方式寄存器 TMOD

位	7	6	5	4	3	2	1	0
字节地址：89H	GATE	$C/\overline{T}$	M1	M0	GATE	$C/\overline{T}$	M1	M0

高 4 位用于对 T/C1 的设置，低 4 位用于对 T/C0 的设置，下面是每一位的功能介绍。

- 门控位 GATE。当 GATE＝0 时，只要使 TCON 中的 TR0 或 TR1 为 1，就可以启动定时器/计数器（T/C）工作。（其中：TR0 对应 T/C0，TR1 对应 T/C1）

当 GATE＝1 时，要满足两个条件，才能启动定时/计数器（T/C）工作。

（1）使 TR0 或 TR1 为 1。

（2）外部中断引脚 INT0/1 也同为高电平时（INT0 对应 T/C0，INT1 对应 T/C1）。

在实际应用中，比如单片机 P3.2（INT0）输入一个脉冲，然后 TR0 置 1 启动定时器 0，当这个脉冲由低电平变成高电平时，就开始计数，一直到脉冲由高电平变成低电平时停止计数。这样就可以计算出这个高电平用了多长时间，从而计算出该脉冲宽度。平时一般把 GATE 位设置为 0 就可以。

- C/T 是定时/计数模式选择位。C/T＝0 为定时模式，C/T=1 为计数模式。
- M1、M0 是工作方式设置位。定时/计数器有 4 种工作方式，它是由 M1、M0 进行设置的，如表 5.6 所示。

表 5.6　　　　　　　　　　　　　　定时/计数器工作方式设置表

M1、M0	工作方式	说　　明
00	方式 0	13 位定时/计数器
01	方式 1	16 位定时/计数器
10	方式 2	两个 8 位计数器，初值自动装入
11	方式 3	两个 8 位计数器，仅适用于 T0

4 种工作方式分别是方式 0、方式 1、方式 2、方式 3，均通过 M1、M0 进行设置。

- 方式 1：它是常用的 16 位定时器/计数器。
- 方式 2：主要用于串行口波特率发生器。
- 方式 0 和方式 3：几乎不用。

4. 方式 1（定时器 0 模式）

方式 1 的计数位数是 16 位，如图 5.8 所示。TL0 作为低 8 位、TH0 作为高 8 位，组成了 16 位加 1 计数器。在方式 1 定时器模式下，它会对每个"机器周期"计数，直到"加 1 计数寄存器"计满后，它就会"溢出"，此时硬件自动置"TF0"为 1，并产生一个中断请求，告诉 CPU 已计满，然后就可以用它去实现定时功能了。这是方式 1 定时器 0 的工作过程。

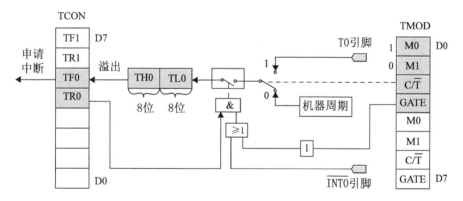

图 5.8　定时器 0 方式 1 结构图

机器周期是指什么呢？先来了解一下 8051 的基本时序周期。

- 振荡周期：指向单片机提供振荡源的周期（即振荡源的两个相邻同方向峰值之间的时间）。
- 机器周期：1 个机器周期等于 12 个振荡周期。

比如，YL51 开发板的时钟振荡电路的晶振 f_{osc}=12 MHz，则 8051 的各周期参数如下。

- 振荡周期=1/12 μs，也就是说晶振 1 s 中能振动 12×10^6 次，那么振动一次所用的时间，就应该是 $1/(12 \times 10^6)$ s，即 1/12 μs，这个就是 12 MHz 晶振的振荡周期。

- 机器周期=1 μs，因为 1 个机器周期等于 12 个振荡周期，所以振荡周期×12，即 1/12 μs×12=1 μs。

那么加 1 计数寄存器是每隔一个机器周期加一个数，那就相当于每间隔 1μs 加一个数。

16 位的计数寄存器能装的数是 0～65 535，那就是能计数 65 536 次。也就是说如果从 0 到装满所用的时间是 65 536 μs，即 65.536 ms。

如果要让它从开始计数到装满所用的时间为 50 ms，那么要从什么数开始装才行呢？那就应该是 65 536−50 000=15 536，就是说 16 位的计数寄存器要从 15 536 开始装到 65 536，共装了 50 000 个数，每个数所用的时间为 1 μs，那么装满数所用的时间是 50 000 μs，也就是 50 ms。

那么怎样把 15 536 装到 16 位的计数寄存器上呢？来看一下图 5.8 中的"加 1 计数寄存器"，它是由高 8 位 HT0 寄存器和低 8 位 HL0 寄存器组成的，低 8 位装满后，向高 8 位进 1，那么就是说高 8 位的 1 就表示低 8 位的 256，那么就可以用一个算术表达式来表示：

假设要计的个数是 n，

TH0=(65 536−n)/256；

TL0=(65 536−n)%256。

这个过程就叫作定时器装初值。

注意：式中的"/"符号表示求模，这里装的数是 10 进制数，而不是 16 进制数。"%"符号表示求余。

5.2.2   定时/计数器应用举例

定时器初始化相关设置一般包含以下步骤。

（1）对 TMOD 赋值，以确定 T0 和 T1 的工作方式。

（2）计算初值，并将其写入 TH0、TL0 或 TH1、TL1。

（3）使 TR0 或 TR1 置位，启动定时器/计数器定时或计数。

（4）设置中断方式时，对 IE 赋值，并开放中断。

【例 5.2】 编写一个程序，让 YL51 开发板上的 D1 发光二极管每隔 1 s 闪烁一次。

程序分析：此程序需要用到延时，延时有非精确延时和精确延时。这里采用定时器延时，即精确延时。定时器从 0 到计满所用时间是 65.536 ms。如何实现 1 s？可以让定时器每次计时 50 ms，让它进行 20 次中断，那么 50×20=1 000 ms，即 1 s。

12 MHz 晶振计时 50 ms 的定时器初值为：

```
高 8 位  TH0= (65536-50000) /256;
低 8 位 TL0= (65536-50000) %256;
```

程序代码如下：

```
#include  <reg52.h>          //包含 52 系列单片机头文件
unsigned  char a,num;        //两个变量声明
sbit   LED1=P1^0;            //位地址声明，sbit 必须小写，P 为大写
void   main()

{

    num=0;                   //给 num 赋值为 0
```

```
        EA=1;                           //开总中断
        ET0=1;                          //开定时器 0 分开关
        TMOD=0X01;                      //设置为定时器 0 方式 1
        TH0=(65536-50000)/256;          //给定时器 0 装初值，12 MHz 晶振定时时间为 50 ms
        TL0=(65536-50000)%256;
        TR0=1;                          //启动定时器 0
        while(1)
        {
                if(num==20)             //如果到了 20 次，说明 1 s 时间到了
                {
                        num=0;          //把 num 的值清 0，重新再计 20 次
                        LED1=~LED1；     //让小灯状态取反
                }
        }
}

void time0()  interrupt  1             //中断服务程序，其中"1"是定时器 0 入口序号
{
        TH0=(65536-50000)/256;          //重装初值，12 MHz 晶振间隔 50 ms 重装一次
        TL0=(65536-50000)%256;
        num++;       //每中断一次，num 的值加 1
}
```

Keil 软件完成编译后，把得到的 HEX 文件下载到 YL51 开发板后，会看到在开发板上的第一个发光二极管以间隔 1 s 时间闪烁。

注意：中断服务程序应尽量简洁，不要写过多的处理语句。因为如果中断是连续触发的，那么当单片机在响应中断的时候，也就是当前执行的中断服务程序还没完成时，又要去响应另一个中断请求，如果是累积出现，容易引起程序混乱。因此如果能写入到主函数的语句尽量写到主函数中，必须写在中断服务中的语句要尽量简洁高效。

5.3　课后作业

1. 利用定时器/计数器 T1 从 P1.0 输出周期为 1s 的方波，让发光二极管以 1Hz 频率闪烁，假设晶振频率为 12 MHz，设计程序实现。

2. 利用定时器/计数器 T0 产生定时时钟，由 P1 口控制 8 个发光二极管，使 8 个发光二极管依次闪动，闪动频率为 10 次/秒（8 个灯依次亮一遍为一个周期），设计程序实现。

3. 用定时器以间隔 500 ms 在 6 位数码管上依次显示 0、1、2、3、…、C、d、E、F，重复运行显示。

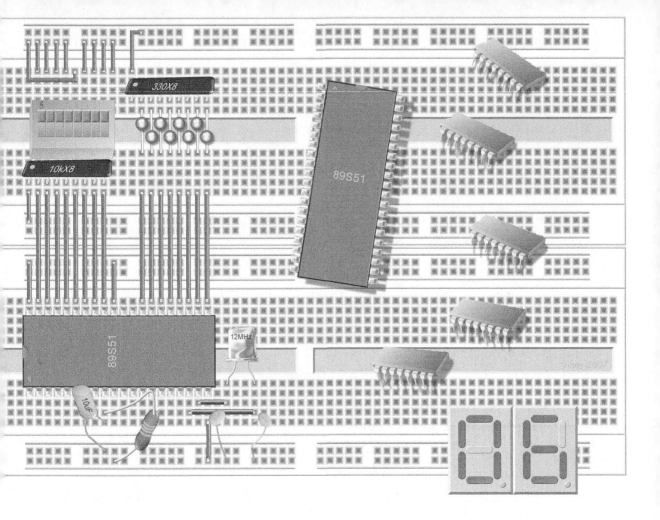

第6章　数码管动态显示与定时器应用

　　本章主要介绍数码管动态显示的基本原理，并结合定时器讲述动态显示的实现过程。

数码管动态显示与
定时器、中断加深

　　　　　数码管动态显示的基本原理

第 4 章介绍了数码管在 YL51 开发板上的连接原理图（图 4.5），将所有数码管的 8 个显示笔划 "a、b、c、d、e、f、g、dp" 的同名端（数码管的段选）连在一起，每个数码管的位选由各自独立的 I/O 线控制。这样的连接电路不但可以采用静态显示的方法去驱动数码管，也可以采用动态显示的方法去驱动。

静态显示方法在第 4 章里已经作了介绍，利用静态显示方法向每个数码管的段选连续提供驱动电流，来保持每个数码管的段选所需的字形编码。通过控制每一个数码管的位选，可以让开发板上任意几位数码管显示任意字符，但由于所有数码管的段选全部都连接在了一起，所以只能同时显示相同的字符。例如 6 位数码管同时显示 "1"，或第 1、3、5 位数码管同时显示 "3"。但在实际应用中，通常需要让所有的数码管在同一时间显示不同的字符，如在开发板上的 6 个数码管同时分别显示 1、2、3、4、5、6，这时用静态显示的方法就无法实现了，就要用到动态显示的方法了。

数码管动态显示的基本原理是通过分时轮流控制各个数码管的位选端，使各个数码管轮流受控显示。也就是说，当单片机输出字形码时所有数码管都接收到相同的字形码，但究竟是哪个数码管会显示出字形，取决于单片机对位选电路的控制，所以只要将需要显示的数码管的位选打开，该位数码管就显示出字形，没有选通的数码管就不会显示。在轮流显示过程中，每位数码管的点亮时间约为 1～2 ms，由于人的视觉暂留现象及发光二极管的余辉效应，尽管实际上各位数码管并非同时点亮，但只要扫描的速度足够快，给人的印象就是一组稳定的显示数据，不会有闪烁感。动态显示的效果和静态显示是一样的，而且动态显示能够节省大量的 I/O 端口，功耗更低。

　　　　　实例讲解数码管动态显示原理

【例 6.1】　编写程序，让开发板上的 6 个数码管间隔 1 s 轮流显示 1、2、3、4、5、6。

程序分析：从图 4.5 原理图中可知，单独点亮第 1 个、第 2 个、第 3 个、第 4 个、第 5 个、第 6 个数码管的位选分别是 0xfe、0xfd、0xfb、0xf7、0xef、0xdf。程序代码如下：

```
#include<reg52.h>              //包含 52 系列单片机头文件
#define  uchar  unsigned  char //为宏定义，把 unsigned  char 用 uchar 表示，方便书写
#define  uint  unsigned  int   //为宏定义，把 unsigned  int 用 uint 表示，方便书写
uint  i,j;                     //变量 i、j 声明
sbit  dula=P2^6;   //U1 锁存器的锁存端位定义
sbit  wela=P2^7;   //U2 锁存器的锁存端位定义
uchar  table[]={  0x3f,0x06,0x5b,0x4f,0x66,0x6d,0x7d,0x07,0x7f,0x6f,0x77,
                  0x7c,0x39,0x5e,0x79,0x71,0x00};       //数码管段选编码
void  delay(uint);    //delay 函数声明
void  main()
{
```

```
while(1)
{
        P0=0xfe;              //送入第1个数码管位选信号
        wela=1;
        wela=0;
        P0=table[1];         //送入段选编码，数组 table 中的第2个元素 0x06, 显示"1"
        dula=1;
        dula=0;
        delay(1000);         //延时 1 s

        P0=0xfd;             //送入第2个数码管位选信号
        wela=1;
        wela=0;
        P0=table[2];         //送入段选编码，数组 table 中的第3个元素 0x5b, 显示"2"
        dula=1;
        dula=0;
        delay(1000);         //延时 1 s

        P0=0xfb;             //送入第3个数码管位选信号
        wela=1;
        wela=0;
        P0=table[3];         //送入段选编码，数组 table 中的第4个元素 0x4f, 显示"3"
        dula=1;
        dula=0;
        delay(1000);         //延时 1 s

        P0=0xf7;             //送入第4个数码管位选信号
        wela=1;
        wela=0;
        P0=table[4];         //送入段选编码，数组 table 中的第5个元素 0x66, 显示"4"
        dula=1;
        dula=0;
        delay(1000);         //延时 1 s

        P0=0xef;             //送入第5个数码管位选信号
        wela=1;
        wela=0;
        P0=table[5];         //送入段选编码，数组 table 中的第6个元素 0x6d, 显示"5"
        dula=1;
        dula=0;
        delay(1000);         //延时 1 s

        P0=0xdf;             //送入第6个数码管位选信号
        wela=1;
        wela=0;
```

```
            P0=table[6];           //送入段选编码,数组 table 中的第 7 个元素 0x7d,显示"6"
            dula=1;
            dula=0;
            delay(1000);           //延时 1 s
        }
}

void  delay(uint  x)              //延时函数
{
    for(i=x;i>0;i--)              //延时约为 xms
    {
        for(j=120;j>0;j--);
    }
}
```

在 Keil 软件完成编译后,把得到的 HEX 文件下载到 YL51 开发板中,会看到在开发板上的 6 个数码管会间隔 1 s 依次显示出 1、2、3、4、5、6。该程序实现了所要求的功能,但语句太多,不简洁。

为了使程序更加简洁,我们可以把数码管的位选编码,用一个数组编写出来,如:

```
uchar  code  table_we[]={0xfe,0xfd,0xfb,0xf7,0xef,0xdf};
```

其中:"table_we"为数组名称。如果写上 code,编译器在对数组进行编译的时候,会把数组中的编码编译到单片机的程序存储空间 ROM 当中;如果不写 code,就会放在单片机的随机存储器 RAM 中。由于 51 单片机中的 RAM 一般只有 256 个字节,它的空间是非常宝贵的,因此把 code 写上可以减少对 RAM 资源的占用。

【例 6.2】 接下来改造例 6.1,把例程中的数码管位选编码改用数组来编写,延时时间用定时器 0 产生。程序代码如下:

```
#include  <reg52.h>              //包含 52 系列单片机头文件
#define  uchar  unsigned  char   //为宏定义,把 unsigned  char 用 uchar 表示,方便书写
#define  uint  unsigned  int     //为宏定义,把 unsigned  int 用 uint 表示,方便写
sbit  dula=P2^6;                 //U1 锁存器的锁存端位定义
sbit  wela=P2^7;                 //U2 锁存器的锁存端位定义
uchar  num,dunum,wenum;          //变量 num、dunum、wenum 声明
Uchar  code  table_du[]={0x3f,0x06,0x5b,0x4f,0x66,0x6d,0x7d,0x07,0x7f,
                        0x6f,0x77,0x7c,0x39,0x5e,0x79,0x71};    //数码管段选编码
uchar  code  table_we[]={0xfe,0xfd,0xfb,0xf7,0xef,0xdf};       //数码管位选编码
display();                       //函数声明
void  main()
{
    EA=1;                        //开总中断
    ET0=1;                       //开定时器 0 分开关
    TMOD=0X01;                   //设置为定时器 0 方式 1
    TH0=(65536-50000)/256;       //给定时器 0 装初值,12 MHz 晶振定时时间为 50 ms
    TL0=(65536-50000)%256;
```

```
        TR0=1;                      //启动定时器 0

        while(1)
        {
                if(num==20)         //如果到了 20 次，说明 1 s 到了
                {
                    num=0;          //然后把 num 的值清 0，重新再计 20 次
                    if(dunum==6)    //如果 dunnum 等于 6，让它等于 0
                    dunum=0;
                    if(wenum==6)    //如果 wennum 等于 6，让它等于 0
                    wenum=0;
                    display();      //数码管显示
                    dunum++;
                    wenum++;
                }
        }
}


void   time0()   interrupt   1      //中断服务程序，其中 "1" 是定时器 0 入口序号
{
        TH0=(65536-50000)/256;      //重装初值，12 MHz 晶振间隔 50 ms 重装一次
        TL0=(65536-50000)%256;
            num++;                  //每中断一次，num 的值加 1
}


display()                           //数码管显示函数
{
        P0=0xff;                    //关闭所有数码管显示，防止有交替重影，专业名称为消隐
        wela=1;
        wela=0;
        P0=table_du[dunum+1];       //向数码管送入段选值
        dula=1;
        dula=0;
        P0=table_we[wenum];         //向数码管送入位选值
        wela=1;
        wela=0;
}
```

在 Keil 软件完成编译后，把得到的 HEX 文件下载到 YL51 开发板后，显示的效果会和例 6.1 的一样。开发板上的 6 个数码管会间隔 1 s 依次显示出 1、2、3、4、5、6。本示例和例 6.1 都属于静态显示。

那什么是动态显示呢？数码管想显示一个 "27.5" 的温度值，其硬件电路接法和静态一样，但数值比较稳定。它是怎么做到的呢？下面通过示例进行介绍。

【例 6.3】 把例 6.2 中的 6 个数码管轮流显示的间隔时间加快，来看一下数码管的显示效果。

实验步骤如下。

（1）把例 6.2 中的"if（num= =20）"改为"if（num= =2）"，即把各个数码管轮流显示的时间加快 10 倍，相当于间隔 0.1 s 显示一次，然后将程序下载到开发板上，会发现数码管轮流显示的时间加快了很多。

（2）接下来，再把定时器的初值：

```
void   time0()   interrupt   1
{
      TH0=(65536-50000)/256;
      TL0=(65536-50000)%256;
      num++;
}
```

改为：

```
void   time0()   interrupt   1
{
      TH0=(65536-5000)/256;
      TL0=(65536-5000)%256;
      num++;
}
```

把 50 000 改为 5 000，相当于把定时器的定时时间由 50 ms 变为 5 ms，间隔 0.01 s 显示一次（注意：主函数中的定时器初值也改为 5 000）。然后下载到开发板上，这时会发现 6 个数码管能同时显示出 1、2、3、4、5、6，但是看上去有些晃眼。

（3）再把轮流显示的时间变为 1 ms。把定时器中的 5 000 改为 500（注意：主函数中的定时器初值也改为 500）。再下载到开发板上看一下效果，这时 6 个数码管上会非常清晰、稳定地显示着 1、2、3、4、5、6，如图 6.1 所示。

图 6.1   数码管显示效果图

从这个过程中，我们能直观地看到动态显示的原理和工作过程，对例 6.2 进行修改，得到的程序代码如下：

```
#include  <reg52.h>
#define  uchar  unsigned  char
#define  uint  unsigned  int
sbit   dula=P2^6;
sbit   wela=P2^7;
```

```
uchar    num,dunum,wenum;
uchar    code    table_du[]={    0x3f,0x06,0x5b,0x4f,0x66,0x6d,0x7d,0x07,0x7f,0x6f,
                                 0x77,0x7c,0x39,0x5e,0x79,0x71};
uchar    code    table_we[]={0xfe,0xfd,0xfb,0xf7,0xef,0xdf};
display();
void  main()
{
      EA=1;
      ET0=1;
      TMOD=0X01;
      TH0=(65536-500)/256;          //给定时器 0 装初值，12 MHz 晶振定时时间为 0.5 ms
      TL0=(65536-500)%256;
      TR0=1;
      while(1)
      {
          if(num==2)                //如果循环 2 次，说明 1 ms 时间到了
          {
              num=0;
              if(dunum==6)
              dunum=0;
              if(wenum==6)
              wenum=0;
              display();            //数码管显示
              dunum++;
              wenum++;
          }
      }
}


void  time0()  interrupt  1
{
      TH0=(65536-500)/256;          //重装初值，12 MHz 晶振间隔 0.5 ms 重装一次
      TL0=(65536-500)%256;
      num++;                        //每中断一次，num 的值加 1
}


display()                           //数码管显示函数
{
      P0=0xff;                      //关闭所有数码管显示，防止有交替重影，专业名称叫消隐
      wela=1;
      wela=0;

      P0=table_du[dunum+1];         //送入数码管段选值
      dula=1;
      dula=0;
```

```
    P0=table_we[wenum];     //送入数码管位选值
    wela=1;
    wela=0;
}
```

注意，在编写数码管动态扫描程序时，一定要注意消隐，消隐可以防止数码管有交替重影，即防止提供给上一个数码管的段码，在转入下一个数码管显示时，也在下一个数码管上显示出来，从而产生重影。因此在转入下一个数码管显示前，要关闭所有的数码管显示，这个动作就是所说的消隐。

在这个程序中，延时时间用定时器定时，主要是为了演示数码管动态扫描是怎样产生的。C 语言是非常灵活的，实现动态扫描的方法多种多样。

【例 6.4】　下面再用另一种方式实现动态扫描显示，程序每间隔 1 s 计数加 1，最大计数值为 999，并让它显示在前 3 位的数码管上。

由于每一位数码管都只能显示数值中的一位数，该如何把一个数值在前 3 位数码管上显示出来呢？这就涉及如何分解多位数了。对例 6.3 的数码管显示函数进行修改，修改后如下：

```
display(uint  disnum)
{
    P0=table_du[disnum/100];      //百位上的数
    dula=1;
    dula=0;
    P0=0xfe;                      //第 1 个数码管位选值
    wela=1;
    wela=0;
    delay(10);                    //延时

    P0=table_du[disnum%100/10];   //十位上的数
    dula=1;
    dula=0;
    P0=0xfd;                      //第 2 个数码管位选值
    wela=1;
    wela=0;
    delay(10);

    P0=table_du[disnum%100%10];   //个位上的数
    dula=1;
    dula=0;
    P0=0xfb;                      //第 3 个数码管位选值
    wela=1;
    wela=0;
    delay(10);
}
```

加上 uint disnum 成为一个带参数的子程序，这个 disnum 表示要显示的数。将 disnum 进行分解，让它百位、十位、个位数，分别显示在第 1 个、第 2 个、第 3 个数码管上。假如 disnum 为 168，由于百位上的每一个数就代表 100，那百数上的数就等于 168/100，即 1；十位上的每一个数就代表 10，那十位上的数就等于 168%100/10，为 6；个位上的数就等于 168%100%10，为 8，这是对一个数的分解过程。程序代码如下：

```c
#include <reg52.h>
#define uchar unsigned char
#define uint unsigned int
sbit dula=P2^6;
sbit wela=P2^7;
uint num,disnum;
uchar code table_du[]={0x3f,0x06,0x5b,0x4f,0x66,0x6d,0x7d,0x07,0x7f,
0x6f,0x77,0x7c,0x39,0x5e,0x79,0x71};      //数码管段选编码
display(uint);      //数码管显示函数声明
delay(uchar);       //延时函数声明
void main()
{
    EA=1;
    ET0=1;
    TMOD=0X01;
    TH0=(65536-50000)/256;      //给定时器 0 装初值，12 MHz 晶振定时时间为 50 ms
    TL0=(65536-50000)%256;
    TR0=1;
    while(1)
    {
        if(num==20)      //如果到了 20 次，说明 1 s 时间到了
        {
            num=0;      //然后把 num 的值清 0，让它重新再计 20 次
            if(disnum==1000)      //这个数用来送到数码管显示，到 1000 后归 0
            disnum=0;
            disnum++;      //每到 1 s，disnum 的值加 1
        }
        display(disnum);      //数码管显示
    }
}

void time0() interrupt 1
{
    TH0=(65536-50000)/256;      //重装初值，12 MHz 晶振间隔 50 ms 重装一次
    TL0=(65536-50000)%256;
    num++;                      //每中断一次，num 的值加 1
}

display(uint disnum)    //数码管显示函数，把一个 3 位数分离后分别送入数码管显示
{
```

```
        P0=table_du[disnum/100];            //百位上的数
        dula=1;
        dula=0;
        P0=0xfe;                  //第 1 个数码管位选值
        wela=1;
        wela=0;
        delay(10);          //延时

        P0=table_du[disnum%100/10];          //十位上的数
        dula=1;
        dula=0;
        P0=0xfd;                  //第 2 个数码管位选值
        wela=1;
        wela=0;
        delay(10);

        P0=table_du[disnum%100%10];          //个位上的数
        dula=1;
        dula=0;
        P0=0xfb;                  //第 3 个数码管位选值
        wela=1;
        wela=0;
        delay(10);
}
```

```
delay(uchar  x)          //延时函数
{
        uchar  a,b;
        for(a=x;a>0;a--)
            for(b=200;b>0;b--);
}
```

这个程序主要讲解了如何分解多位数。接下来，介绍一下 delay 函数和定时器中断的关系。

delay 函数是数码管之间的扫描间隙延时。比如第 1 个数码管亮了之后，让它保持一段时间，然后再去点亮第 2 个数码管，第 2 个数码管也会保持亮一段时间，然后再去点亮第 3 个数码管，第 3 个数码管也是一样，保持亮一段时间。

而定时器里的 num 只负责计时。定时器在后台运行，一旦到了 20，也就是到了 1 s，就把数码管显示的数加 1，它只负责计时，跟数码管扫描没关系。

当把程序下载到开发板后，会看到前 3 个数码管会每间隔 1 s 计数加 1，但细心的读者可能会发现，数码管之间会有交替的重影出现，这时可以把数码管显示函数进行"消隐"处理，即在每个数码管显示前把所有的数码管显示关闭。

修改后的代码如下所示：

```
display(uint  disnum)          //数码管显示函数
{
```

```
P0=0xff;          //关闭所有数码管显示，防止有交替重影，专业名称为消隐
wela=1;
wela=0;
P0=table_du[disnum/100];          //百位上的数
dula=1;
dula=0;
P0=0xfe;          //第1个数码管位选值
wela=1;
wela=0;
delay(10);          //延时

P0=0xff;          //关闭所有数码管显示，防止有交替重影，专业名称为消隐
wela=1;
wela=0;
P0=table_du[disnum%100/10];          //十位上的数
dula=1;
dula=0;
P0=0xfd;          //第2个数码管位选值
wela=1;
wela=0;
delay(10);

P0=0xff;          //关闭所有数码管显示，防止有交替重影，专业名称为消隐
wela=1;
wela=0;
P0=table_du[disnum%100%10];          //个位上的数
dula=1;
dula=0;
P0=0xfb;          //第3个数码管位选值
wela=1;
wela=0;
delay(10);
}
```

把修改后的程序重新下载到开发板，这时数码管间的交替重影就消失了，现在前3位数码管显示的数值就非常清晰和稳定了，如图6.2所示。

图6.2　显示效果

课后作业

1. 理解数码管动态扫描原理，学会如何分离多位数。
2. 利用动态扫描方法在 6 位数码管上显示出稳定的 654321。
3. 用动态扫描方法和定时器 0 在数码管的前 3 位显示秒表，精确到 0.01 s。

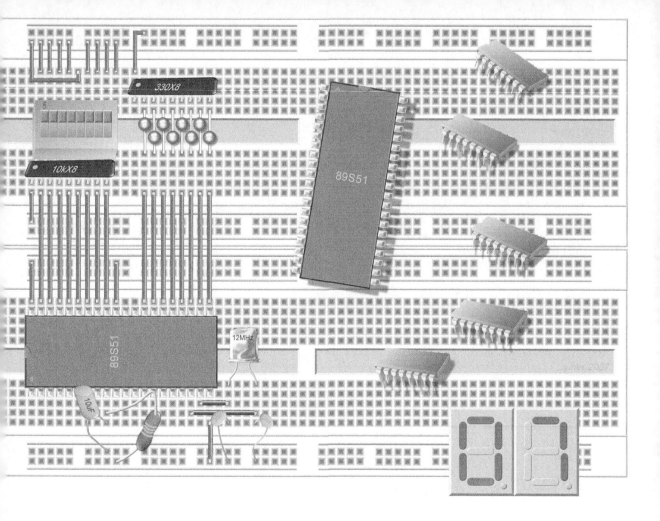

第 7 章　按键学习：独立按键和矩阵按键

　　本章介绍按键，它是单片机系统的重要组成部分。单片机系统有输入设备和输出设备，前面讲到的发光二极管、数码管以及后面即将介绍的 1602 液晶，这些都属于输出设备。本章介绍的按键是单片机系统中最常用的输入设备，用户可以通过它给单片机输入信息，它的作用和计算机键盘类似。

按键学习：独立按键
和矩阵按键

7.1 键盘的分类

按编码方式区分，键盘可分为编码键盘和非编码键盘，以下是键盘输入信息的主要过程。

（1）CPU 判断是否有按键按下。

（2）确定按下的是哪一个按键。

（3）把此按键代表的信息翻译成 CPU 所能识别的代码，如 ASCII 码或其他特征码。

第（2）、（3）步由专用硬件编码器完成，称为"编码键盘"；如果是由软件完成，称为"非编码键盘"。

在单片机组成的各种系统中，最常使用的是非编码键盘，当然也可以使用编码键盘。

非编码键盘又分为独立键盘和行列式键盘（也称为矩阵键盘），以下分别对它们进行介绍。

7.2 独立键盘检测原理及应用

1. 独立键盘的典型接法

按键的一端接地，另一端接单片机的 32 个 I/O 口中的任意一个 I/O 口。大家要注意的是，当接到单片机 P0 口时，P0 口需要接一个上拉电阻（一般选用 10 kΩ的电阻）；如果是接到 P1、P2、P3 口，直接接到 I/O 上就可以。因为 P1、P2、P3 口内置了 10 kΩ的上拉电阻。这是独立按键的硬件电路连接，非常简单。实物如图 7.1 所示，开发板最下面一排按键从左到右依次是 S2、S3、S4、S5，共 4 个独立按键，这 4 个独立按键组成了一个独立键盘。独立键盘的典型接法如图 7.2 所示。

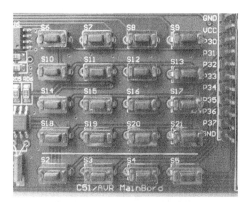

图 7.1 由 4 个独立按键组成的
独立键盘（最下面一排按键）

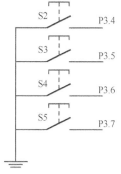

图 7.2 独立按键与单片机在 YL51
开发板上的连接图

2. 独立键盘检测原理

以下是独立键盘的检测过程。

（1）先给按键对应的 I/O 口置 1。

（2）再来读这个 I/O 是否等于 1。

（3）若是 1，说明按键没有按下；若是 0，说明按键已按下。

编写一个程序来介绍独立键盘的检测过程。

【例 7.1】 S2 按键连接到 P3.4 口，当按下 S2 按键时 D1 发光二极管被点亮，松开时发光二极管熄灭。程序代码如下：

```c
#include<reg52.h>      //包含 52 系列单片机头文件
sbit  LED1=P1^0;       //D1 发光二极管位定义
sbit  KEY1=P3^4;       //按键 S2 定义
void  main()
{
    KEY1=1;        //先给按键 S2 对应的 I/O 口置 1
    while(1)       //在 while 大循环内，不停地对按键进行检测
    {
        if(KEY1==0)   //读按键 S2 对应的 I/O 是否等于 1
            LED1=0;    //若是 0，说明按键已按下，D1 发光二极管亮
        else
            LED1=1;    //若是 1，说明按键没有按下，D1 发光二极管不亮
    }
}
```

在 Keil 软件完成编译后，把得到的 HEX 文件下载到 YL51 开发板中，当按住 S2 按键时，D1 发光二极管被点亮；松开时 D1 发光二极管熄灭，这就是独立按键的检测过程。

3. 按键消抖

关于按键的消抖，另外编写程序进行演示和分析，这样便于理解。在实践中慢慢地培养发现问题及解决问题的能力。

【例 7.2】 编写程序实现以下功能，每按一次 S2 按键，在第一个数码管上显示的数加 1。程序代码如下：

```c
#include<reg52.h>      //包含 51 单片机头文件
#define  uchar  unsigned  char    //宏定义
#define  uint  unsigned  int
sbit  LED1=P1^0;        //D1 发光二极管位定义
sbit  KEY1=P3^4;        //按键 S2 定义
sbit  dula=P2^6;        //数码管段选
sbit  wela=P2^7;        //数码管位选
uchar  disnum;
Uchar  code  table_du[]={0x3f,0x06,0x5b,0x4f,0x66,0x6d,0x7d,0x07,0x7f,0x6f,
                    0x77,0x7c,0x39,0x5e,0x79,0x71};    //数码管段选编码
void  main()
{
    wela=1;
    P0=0XFE;       //第一个数码管位选
    wela=0;
```

```
            KEY1=1;        //先给按键 S2 对应的 I/O 口置 1
            while(1)
            {
                if(KEY1==0)                  //如果有按键按下
                    {
                        LED1=0;              //D1 发光二极管亮起
                        disnum++;            //disnum 的值自身加 1
                        if(disnum==10)       //如果 disnum 的值等于 10，让它归 0
                        disnum=0;
                        while(!KEY1);        //按键松手检测
                    }
                else                         //如果没有按键按下
                        LED1=1;              //D1 发光二极管不亮
                        P0=table_du[disnum]; //数码管还是显示原来的数字
                        dula=1;              //数码管段选
                        dula=0;
            }
}
```

在 Keil 软件完成编译后，把得到的 HEX 文件下载到 YL51 开发板中，第一个数码管上显示的数是 0，按下 S2 按键，它还是 0 没有变化，把手松开，变成了 1；再按下 S2 按键，然后松手，数码管由 1 变成了 2。但有时我们只按一下，但数码管上面的数不是加 1，有时加 2，甚至更多。这是什么原因呢？这是因为这个程序还没加入按键消抖处理程序。接下来介绍按键的消抖。

按键在闭合和断开时，触点会存在抖动现象，如图 7.3 所示。

理想状态下的波形，按键没按下之前是高电平；当按键按下时，它立刻变成低电平；松手后，又立刻变成高电平。

但在"实际形波"中，由于按键机械触点的弹性作用，在按下去的时候，会产生一个前沿抖动，松手的时候会产生一个后沿抖动。这是机械性按键避免不了的，因此，在做按键检测时要加入消抖处理。

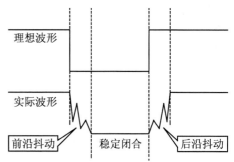

图 7.3 按键按下时的电压波形

在程序中，一般去掉按下时产生的前沿抖动就可以了，单片机检测到的是一个稳定闭合时的波形，从而防止单片机误判。按键抖动时间的长短是由按键的机械特性决定的，一般为 5～10 ms，但为了保证按键能检测到一个稳定的波形，通常给它延时 10 ms。

【例 7.3】 下面给例 7.2 加入去除抖动处理语句，让单片机检测到的是一个稳定闭合时的波形。防止单片机误判断，再来试一下实际效果。程序代码如下：

```
#include<reg52.h>
#define  uchar  unsigned  char
#define  uint  unsigned  int
sbit  LED1=P1^0;
sbit  KEY1=P3^4;
```

```
sbit   dula=P2^6;
sbit   wela=P2^7;
uchar  disnum;
uchar  code   table_du[]={0x3f,0x06,0x5b,0x4f,0x66,0x6d,0x7d,0x07,
0x7f,0x6f,0x77,0x7c,0x39,0x5e,0x79,0x71};
delay(uchar);
void   main()
{
      wela=1;
      P0=0XFE;
      wela=0;
      KEY1=1;
      while(1)
      {
            if(KEY1==0)              //如果有按键按下
            {
                delay(10);          //先延时 10ms
                if(KEY1==0)         //再次判断是否真的有按键按下(即消除前沿抖动)
                {
                LED1=0;             //真的有按键按下，D1 发光二极管点亮
                disnum++;           //真的有按键按下，disnum 的值加 1
                if(disnum==10)
                disnum=0;
                while(!KEY1);       //按键松手检测
                delay(10);          //延时 10ms
                while(!KEY1);       //再次判断是否真的松手了(即消除后沿抖动)
                }
            }
            else                    //如果没有按键按下
                LED1=1;             //D1 发光二极管不亮
                P0=table_du[disnum];        //数码管还是显示原来的数字
                dula=1;
                dula=0;
      }
}

delay(uchar  x)
{
      uchar  a,b;
      for(a=x;a>0;a--)
          for(b=200;b>0;b--);
}
```

　　本程序对按键的前沿抖动和后沿抖动都作了消除处理，把程序下载到开发板上，会发现现在的按键是非常稳定的，每按一次 SZ 按键数码管显示的数会加 1。一般去掉按下时产生的前沿抖动就可以了。

7.3 矩阵键盘检测原理及应用

1. 矩阵键盘连接方法

在单片机按键使用过程中，当键盘中按键数量较多时，为了减少对端口的占用，通常将按键排列成矩阵形式，如图 7.4 所示。

这是一个 4×4 矩阵键盘的接法，分为 4 行和 4 列，一共有 16 个按键。每一行按键的第一个引脚接在一起构成一条行线，每一列按键的另一个引脚接在一起构成一条列线。其中，4 条行线分别接到单片机的 P3.0、P3.1、P3.2、P3.3，4 条列线分别接到单片机的 P3.4、P3.5、P3.6、P3.7。其实物如图 7.5 所示。上面的 4 行和 4 列按键组成一个 4×4 矩阵键盘。

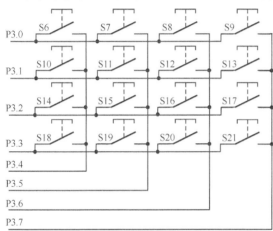

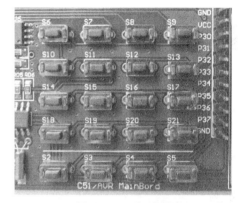

图 7.4　矩阵按键在 YL51 开发板上的连接图　　　　图 7.5　4×4 矩阵键盘

矩阵键盘相对于独立键盘的最大优势就是可以节省单片机的 I/O 口。独立键盘中的每一个按键需对应一个 I/O 口，如果要用到 16 个按键，那就需要用 16 个 I/O 口，而矩阵键盘只需用到 8 个 I/O 口就可以了。本程序使用了 P3 的 8 个 I/O 口，实际上随便接到哪一个端口都是可以的。矩阵键盘可以做成 2×2、3×4 或者是 4×5 等形式。如果是 4×5 的矩阵键盘，这时 P3 口不够用了，多出的一列可以接到 P1 口上，其检测原理都是一样的。

2. 矩阵键盘检测原理

图 7.4 所示的矩阵键盘是由 4 行、4 列共 16 个按键组成，每个按键所处的位置都可以看成是由它所在的行和它所在的列来决定。这里将 P3.0、P3.1、P3.2、P3.3 称为行号，P3.4、P3.5、P3.6、P3.7 称为列号。

矩阵键盘的检测过程如下。

（1）查询是否有键按下。

（2）键的抖动处理。

（3）查询按下键所在行和列的位置，并对行号和列号译码，得到键值。

如何查询是否有键按下呢？它和独立键盘的检测依据是一样的，都是检测与该键对应的 I/O 口是否为低电平，从中判断出该键是否被按下及其位置信息。假设把所有的行设为低电平，所有列设为高电平（即：P3.0、P3.1、P3.2、P3.3 等于 0，P3.4、P3.5、P3.6、P3.7 等于 1）。

当有按键按下时会有什么变化呢？比如第一列有按键按下时，该列中的 4 个按键不管是哪一个被按下了，第一列的引脚就会变成 0（即 P3.4=0）。依此类推：如果是第二列有按键按下时，第二列的引脚也会变成 0（即 P3.5=0），其余列也相同。也就是说如果有按键按下了，那么列上的值就会产生了变化，就不是原来的 1 了。单片机通过读取列上的数值变化，就能确定是哪一列有按键按下了。

在按键被按下的状态下，接着再让所有的行输出一个高电平，那么有按键按下的行由于所在的列变成了低电平（列保持原来读取的值），那么它也会变成低电平，其他依然为高电平。由此单片机通过读取行上的数值变化，就能确定是哪一行有按键下了。那么知道按键在哪一行和哪一列，就能确定是哪一个按键被按下了。这就是矩阵的检测原理和方法。

下面编写程序来介绍矩阵键盘的检测过程。

【例 7.4】 编写程序实现以下功能，矩阵键盘的 16 个按键分别对应一个数，在第一个数码管上显示。第一个按键按下时显示 0，第二个按键按下时显示 1，一直到第 16 个按键按下时显示 F。程序代码如下：

```
#include<reg52.h>
#define  uchar  unsigned  char
#define  uint  unsigned  int
sbit  dula=P2^6;
sbit  wela=P2^7;
uchar  disnum,temp,key,num;
uchar  code  table_du[]={0x3f,0x06,0x5b,0x4f,0x66,0x6d,0x7d,0x07,
0x7f,0x6f,0x77,0x7c,0x39,0x5e,0x79,0x71,0};        //数码管段选编码
delay(uchar);          //函数声明
uchar  keyscan();
void  main()
{
        disnum=16;
        wela=1;
        P0=0XFE;        //第一个数码管位选
        wela=0;
        while(1)
        {
        num=keyscan();          //用 num 读取矩阵键盘扫描函数的返回值
        P0=table_du[num];      //段选 num
        dula=1;
        dula=0;
        }
}

uchar  keyscan()    //矩阵键盘扫描函数
{
        P3=0xf0;      //让 P3.0、P3.1、P3.2、P3.3 等于 0，P3.4、P3.5、P3.6、P3.7 等于 1
        temp=P3;      //用 temp 读取 P3 口当前的值
        temp=temp&0xf0;    //把 temp 的值和 0xf0 作与运算，即保持高 4 位不变，低 4 位为 0
        if(temp!=0xf0)    //如果此时的 temp 不等于 0xf0，说明有按键被按下了
        {
```

```
            delay(10);              //延时 10ms
            if(temp!=0xf0)          //再次判断是否真的有按键按下(即消除前沿抖动)
            {
                temp=P3;            //如果有按键按下，temp 重新读取 P3 口的值
                temp=temp|0X0f;     //按位或，即保持高 4 位不变，低 4 位为 1
                P3=temp;            //把 temp 的值赋给 P3 口
                key=P3;             //然后用 key 读取 P3 口的值，作为按键的键值
                switch(key)         //让每一个键值和数码管显示的数对应起来
                {
                    case  0xee:disnum=0; //当 key 的值为 0xee 时，disnum 的值为 0
                          break;
                    case  0xde:disnum=1; //当 key 的值为 0xde 时，disnum 的值为 1
                          break;
                    case  0xbe:disnum=2;
                          break;
                    case  0x7e:disnum=3;
                          break;
                    case  0xed:disnum=4;
                          break;
                    case  0xdd:disnum=5;
                          break;
                    case  0xbd:disnum=6;
                          break;
                    case  0x7d:disnum=7;
                          break;
                    case  0xeb:disnum=8;
                          break;
                    case  0xdb:disnum=9;
                          break;
                    case  0xbb:disnum=10;
                          break;
                    case  0x7b:disnum=11;
                          break;
                    case  0xe7:disnum=12;
                          break;
                    case  0xd7:disnum=13;
                          break;
                    case  0xb7:disnum=14;
                          break;
                    case  0x77:disnum=15;
                          break;
                }
            }
        }
return   disnum;     //返回 disnum 作为函数值
}
```

```
delay(uchar  x)       //延时函数
{
    uchar  a,b;
    for(a=x;a>0;a--)
        for(b=200;b>0;b--);
}
```

在这个程序中，重点是如何得到每一个按键的键值。这个键值由列值（P3 口的高 4 位）和行值（P3 口的低 4 位）两部分组成。用"temp=temp&0xf0;"语句来判断被按下按键所在的列，因为有按键按下时高 4 位不再是 1111，通过和原来的值对比，就能判断出按键所在的列；用"temp=temp|0x0f;"语句来判断被按下按键所在的行，因为有按键按下的行由于所在的列变成了低电平（列保持住原来读取到的值），那么它也会变成低电平，其他行为高电平。通过读取 P3 口值的变化，就能确定是哪一行哪一列有按键下了。

在 Keil 软件完成编译后，把得到的 HEX 文件下载到 YL51 开发板中，按顺序按下矩阵键盘时，会在第一个数码管上显示 0～F，如图 7.6 所示。

图 7.6　实验效果

读者在看书时要打开 Keil 软件，跟着书本一条语句一条语句地写。这是一个潜移默化的过程，如果是光看书，不动手实践，是学不会单片机的。

7.4　课后作业

1．数码管前 3 位显示一个跑表，范围是 000～999，相邻两数间隔 0.01 s，当按下一个独立按键时跑表停止，松开手后跑表继续运行（用定时器设计表）。

2．在上题的基础上，用另外 3 个独立按键实现按下第一个按键计时停止，按下第二个按键计时开始，按下第三个按键计数值清零从头开始。

3．按下矩阵键盘中的 16 个按键，依次在数码管上显示 1～16 的平方，如按下第一个按键显示 1，第二个按键显示 4 等。

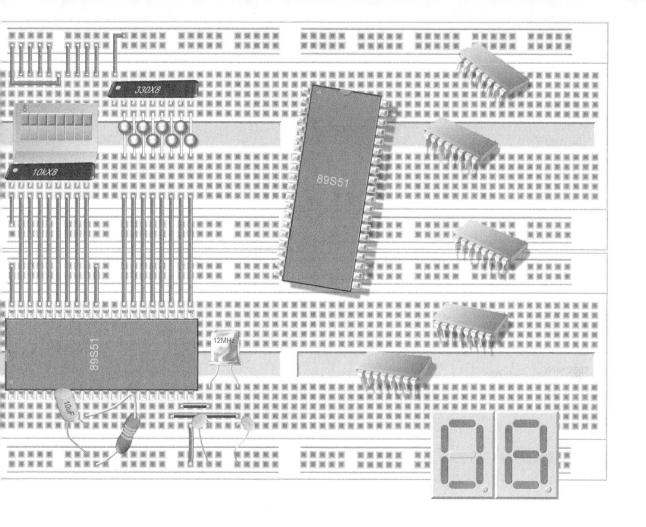

第8章 数模转换（D/A）工作原理及应用

本章介绍数模转换，数模转换是指把数字信号转换成模拟信号。为什么要进行数模转换呢？单片机是数字处理芯片，它处理的所有信息都是 0 和 1，处理的结果也是 0 和 1（如在开发板上高电平为 5 V，低电平为 0 V），如图 8.1 所示。

在真实世界中，如广播的声音信号或图像信号等都是连续变化的模拟信号。假设要让开发板上的发光二极管由暗变亮，那么流过发光二极管的电流大小应该是随着时间连续变化的，如图 8.2 所示，这就是一个模拟信号。

数字信号中的 0 和 1 是无法直接表示出模拟信号的，如图 8.1 所示，它要么是 0 V，要么是 5 V。而模拟信号中 0 到 5 V 都是可以连续变化的，如图 8.2 所示，刚开始是 0 V，到 2.5 V，再到 5 V。在单片机系统中，假如要用到 2.5 V 怎么办呢？由于单片机不能直接输出 2.5 V，这个时候可以通过数模转换产生，让单片机来控制数模转换芯片，就可以得到想要的模拟量。

**数模转换（D/A）
工作原理及应用**

图 8.1　数字信号

图 8.2　模拟信号

8.1　D/A 转换的工作原理及分类

D 表示数字信号，A 表示模拟信号，D/A 表示数字信号转换成模拟信号。将数字信号转换成模拟信号的电路，称为数模转换器（简称 D/A 转换器，DAC）。D/A 转换器常用电阻分压/分流来实现 D/A 转换，让模拟量的输出变化与数字量的输入变化成线性关系。

如图 8.3 所示，D/A 转换器由数码寄存器、模拟电子开关、解码网络、求和电路以及基准电压组成。数字量以串行或并行方式输入并存储于数码寄存器中，用数码寄存器输出的每一位数字去驱动对应数位上的模拟电子开关，在解码网络中获得相应数位的权值，然后将其送入求和电路，求和电路将各位权值相加便得到与数字量对应的模拟量。

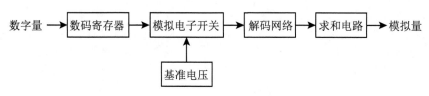

图 8.3　D/A 转换器图示

解码网络可分为两种：权电阻解码网络与 T 型电阻解码网络。其中又以 T 型电阻解码网络最为常用。下面分别进行介绍。

8.1.1　权电阻解码网络 D/A 转换器

权电阻解码网络 D/A 转换器由权电阻解码网络与求和放大器组成，如图 8.4 所示。

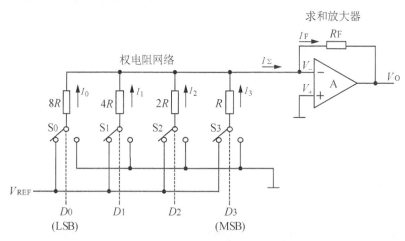

图 8.4　权电阻解码网络 D/A 转换器

权电阻网络的每一位由一个权电阻和一个双向模拟开关组成。数字位数增加，开关和电阻的数量也相应增加。每位电阻的阻值和该位的权值一一对应，按二进制规律进行排列，因此称为权电阻。

各开关 S_0、S_1、S_2、S_3 由该位的二进制代码 D_0、D_1、D_2、D_3 控制。例如，当代码 D_0 为 1 时，开关 S_0 向左合上，相应的权电阻接向基准电压 V_{REF}；当代码 D_0 为 0 时，开关 S_0 向右合上，相应的权电阻接地。

求和放大器是一个接了负反馈电阻的运算放大器，因运算放大器的开环输入阻抗极高，为了简化计算，可以认为运算放大器的输入电流 I_- 等于 0，反向输入端电压 V_- 约等于同相输入端电压 V_+（即 $V_- \approx V_+ = 0$）。

各支路电流分别为：

$$I_0 = \frac{V_{REF}}{8R} D_0 \quad (D_0 = 1 \text{ 时}, \quad I_0 = \frac{V_{REF}}{8R} D_0; \quad D_0 = 0 \text{ 时}, \quad I_0 = 0)$$

$$I_1 = \frac{V_{REF}}{4R} D_1$$

$$I_2 = \frac{V_{REF}}{2R} D_2$$

$$I_3 = \frac{V_{REF}}{R} D_3$$

权电阻网络流向求和点的电流 I_Σ 为各位所对应的分电流之和

$$I_\Sigma = I_0 + I_1 + I_2 + I_3$$

流过反馈电阻 R_F 的电流为 $I_F = V_O / R_F$，因运算放大器的开环输入阻抗极高，可以认为该输入电流 I_- 等于 0，因此 $I_\Sigma = I_F$，即

$$V_O = -I_\Sigma \times R_F$$

设 $R_F = R/2$ 时，输出电压 V_O 的计算公式可写成：

$$V_O = -\frac{V_{REF}}{2^4}(D_0 \times 2^0 + D_1 \times 2^1 + D_2 \times 2^2 + D_3 \times 2^3)$$

负号表示输出电压的极性与基准电压 V_{REF} 相反。对于 n 位的权电阻网络即为：

$$V_O = -\frac{V_{REF}}{2^n} D$$

其中：D 表示输入数字量。

下面通过一个例子来理解一下上述内容。

例：4 位二进制权电阻网络 D/A 转换器，设基准电压 $V_{REF} = -8$ V，$R_F = R/2$，求输入二进制数 D_3、D_2、D_1、$D_0 = 1001$ 时的输出电压值。

解：将 $D_3 D_2 D_1 D_0 = 1001$ 转换成十进制数为 9，代入公式为：

$$V_O = -\frac{-8}{2^4} \times 9 = 4.5 \text{ V}$$

权电阻网络的优点是结构简单，所用的电阻元件数很少。缺点是最高位和最低位电阻值差距大，难以保证精度，大阻值电阻不利于制作集成 IC。

8.1.2　T 型电阻解码网络 D/A 转换器

T 型电阻解码网络 D/A 转换器的原理图如图 8.5 所示。

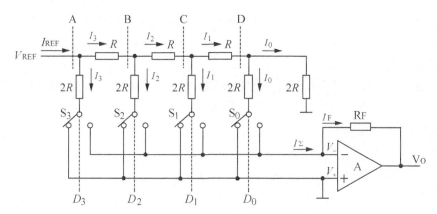

图 8.5　4 位 T 型电阻解码网络 D/A 转换器原理图

电路中只有 R 和 $2R$ 两种电阻，各节点电阻都接成 T 形，因此称为 T 型电阻解码网络。各模拟开关 S_0、S_1、S_2、S_3 分别由各位二进制代码 D_0、D_1、D_2、D_3 控制。比如，当 D_0 等于 1 时，开关 S_0 向右合上，接到运算放大器的反相输入端（虚地）；当 D_0 等于 0 时，开关 S_0 向左合上，接地。因此，不论模拟开关是向右合还是向左合上，即不论输入数字信号是 1 还是 0，网络中各支路的电流不变。那么，流经 $2R$ 电阻的电流与开关位置无关。分析 R 和 $2R$ 电阻网络可知，从每个节点 A、B、C、D 向右看的二端网络等效电阻均为 R，流入每个 $2R$ 电阻的电流从高位到低位分别递减 1/2。整个网络的等效输入电阻也是 R，基准电压 V_{REF} 向网络输入的总电流为：

$$I = \frac{V_{\text{REF}}}{R}$$

流向 $2R$ 电阻的各支路电流分别为 $I/2$、$I/4$、$I/8$、$I/16$，这些电流流向运算放大器的反相输入端还是流向地，取决于开关是向右合还是向左合上，也就是输入数字信号是 1 还是 0。因此流向反相输入端的电流 I_{Σ} 为：

$$I_{\Sigma} = \frac{V_{\text{REF}}}{R}\left(\frac{D_0}{2^4} + \frac{D_1}{2^3} + \frac{D_2}{2^2} + \frac{D_3}{2^1}\right) = \frac{V_{\text{REF}}}{2^4 R}D \qquad （其中：D 表示输入数字量）$$

流过反馈电阻 R_F 的电流为 $I_f = V_O/R_F$，因运算放大器的开环输入阻抗极高，可以认为该输入电流 I_- 等于 0，即输出电压为：

$$V_O = -I_{\Sigma} R_F = -\frac{R_F}{R} \times \frac{V_{\text{REF}}}{2^4}D$$

负号表示输出电压的极性与基准电压 V_{REF} 相反，对于 n 位的 T 型电阻网络为：

$$V_O = -\frac{R_F}{R} \times \frac{V_{\text{REF}}}{2^n}D$$

下面通过一个例子来理解上述内容。

例：4 位 T 型电阻网络 D/A 转换器，设基准电压 $V_{\text{REF}} = -8V$，$R_F = R$，试求其最大输出电压值。

解：输入的数字量 $D_3 D_2 D_1 D_0 = 1111$，转换成十进制数为 15，代入公式：

$$V_O = -\frac{-8}{2^4} \times 15 = 7.5 \text{ V}$$

T 型电阻网络中的电阻 R 和 $2R$ 比值精度较高，各支路电流直接流入运算放大器的输入端，它们之间不存在传输上的时间差，这提高了转换速度。因此在 D/A 转换器中，一般采用 T 型电阻解码网络。

8.1.3　D/A 转换器的主要性能指标

D/A 转换器的主要性能指标具体如下。

1．分辨率

分辨率是指输入数字量的最低有效位（LSB）发生变化时，所对应的输出模拟量（电压或电流）的变化量。它反映了输出模拟量的最小变化值。分辨率与输入数字量的位数有确定的关系，可以表示成 $FS/2^n$。FS 表示满量程输入值，n 为二进制位数。对于 5 V 的满量程，采用 8 位的 DAC 时，分辨率为 5 V/256=19.5 mV；当采用 12 位的 DAC 时，分辨率则为 5 V/4 096=1.22 mV。显然，位数越多分辨率就越高。

2．线性度

线性度（也称非线性误差）是实际转换特性曲线与理想直线特性之间的最大偏差，常以相对于满量程的百分数表示。如 ±1% 是指实际输出值与理论值之差在满刻度的 ±1% 以内。

3．绝对精度和相对精度

（1）绝对精度（简称精度）是指在整个刻度范围内，任一输入数字所对应的模拟量实际输出值与理论值之间的最大误差。绝对精度是由 DAC 的增益误差（当输入数码为全 1 时，实际输出值与理想输出值之差）、零点误差（数码输入为全 0 时，DAC 的非零输出值）、非线性误差和噪声等引起的。绝对精度（即最大误差）应小于 1 个 LSB。

（2）相对精度用最大误差相对于满刻度的百分比表示。

4．建立时间

建立时间是将一个数字量转换为稳定模拟信号所需的时间，是描述 D/A 转换速率的一个动态指标。电流输出型 DAC 的建立时间比较短，电压输出型 DAC 的建立时间主要取决于运算放大器的响应时间。根据建立时间的长短，可以将 DAC 分成超高速（<1 μs）、高速（10～1 μs）、中速（100～10 μs）、低速（≥100 μs）几个档次。

应注意，精度和分辨率具有一定的联系，但概念不同。DAC 的位数多时，分辨率会提高，对应于影响精度的量化误差会减小。但其他误差（如温度漂移、线性不良等）的影响仍会使 DAC 的精度变差。

8.2　DAC0832 芯片及其与单片机接口

8.2.1　DAC0832 芯片简介

DAC0832 是使用非常普遍的 8 位 D/A 转换器，由于其片内有输入数据寄存器，故可以直接与单片机接口相连。DAC0832 以电流形式输出，当需要转换为电压输出时，可外接运算放大器。属于该系列的芯片还有 DAC0830、DAC0831，它们可以相互替代。DAC0832 主要特性如下：

- 分辨率 8 位。
- 电流建立时间 1μs。
- 数据输入可采用双缓冲、单缓冲或直通方式。
- 输出电流线性度可在满量程下调节。
- 逻辑电平输入与 TTL 电平兼容。
- 单一电源供电（+5 V～+15 V）。
- 低功耗，20 mW。

YL51 开发板带的 DAC0832 是双列直插式 20 引脚封装，其内部结构及引脚如图 8.6 所示。

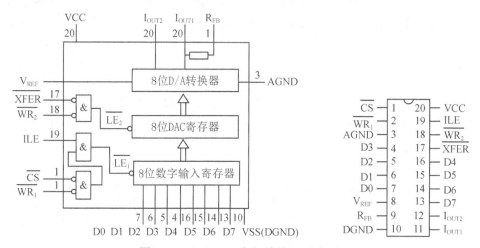

图 8.6 DAC0832 内部结构及引脚图

各引脚功能定义如下。

- $\overline{CS}$：片选信号输入端，低电平有效。
- $\overline{WR_1}$：输入寄存器写选通输入端，负脉冲（脉宽应大于 500 ns）有效。由 ILE、$\overline{CS}$、$\overline{WR_1}$ 的逻辑组合产生 $\overline{LE_1}$。当 $\overline{LE_1}$ 为高电平时，输入寄存器状态随输入数据线变换，$\overline{LE_1}$ 负跳变时将输入数据锁存。
- D0～D7：8 位数据输入端，TTL 电平，有效时间应大于 90 ns。
- V_{REF}：基准电压输入端，电压范围为 -10 V～+10 V。
- R_{FB}：反馈信号输入端，改变 R_{FB} 端外接电阻值可调整转换满量程精度。
- ILE：数据锁存允许控制信号输入端，高电平有效。
- $\overline{WR_2}$：DAC 寄存器选通输入端，负脉冲（脉宽应大于 500 ns）有效。由 $\overline{WR_2}$、$\overline{XFER}$ 的逻辑组合产生 $\overline{LE_2}$。当 $\overline{LE_2}$ 为高电平时，DAC 寄存器的输出随寄存器的输入而变化，$\overline{LE_2}$ 负跳变时将输入寄存器的数据传送到 DAC 寄存器并开始 D/A 转换。
- $\overline{XFER}$：数据传输控制信号输入端，低电平有效，负脉冲（脉宽应大于 500 ns）有效。
- I_{OUT1}：电流输出端 1，其值随 DAC 寄存器的内容线性变化。
- I_{OUT2}：电流输出端 2，其值与 IOUT1 值之和为一常数。
- VCC：电源输入端，VCC 的范围为 +5 V～+15 V。
- AGND：模拟信号地。
- DGND：数字信号地。

8.2.2　DAC0832 芯片工作方式

DAC0832 芯片利用 $\overline{WR_1}$、$\overline{WR_2}$、ILE、$\overline{XFER}$ 控制信号可以构成 3 种不同的工作方式，具体如下。

（1）单缓冲工作方式。所谓单缓冲工作方式就是使 DAC0832 的两个寄存器（输入寄存器和 DAC 寄存器）中有一个处于直通方式，而另一个处于受控锁存方式，单缓冲方式连接如图 8.7 所示。在不要求多路模拟信号同时输出时，可采用单缓冲方式，此时只需一次写操作就开始转换，可以提高 D/A 数据的吞吐量。

（2）双缓冲工作方式。DAC0832 的两个寄存器（输入寄存器和 DAC 寄存器）均处于受控状态。这种工作方式适合于多路模拟信号同时输出的应用场合，双缓冲工作方式连接如图 8.8 所示。

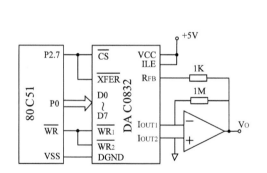

图 8.7　DAC0832 单缓冲工作方式连接图

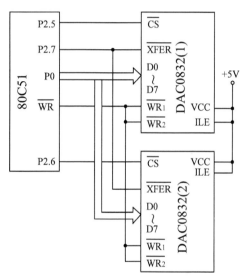

图 8.8　DAC0832 双缓冲工作方式连接图

（3）直通工作方式。当 DAC0832 芯片的片选信号、写信号及传送控制信号的引脚全部接地，允许输入锁存信号 ILE 引脚接+5 V 时，DAC0832 芯片就处于直通工作方式。数字一旦输入，就直接进入 DAC 寄存器，进行 D/A 转换。YL51 开发板采用的就是这种连接方式，其与单片机的连接如图 8.9 所示。

$\overline{CS}$ 和 $\overline{WR_1}$ 信号分别与单片机的 P3.2、P3.6 相连，当两者均被置为低电平时，对该芯片的操作才有效。V_{REF} 接到 VCC，即基准电压设为 5 V。8 位数据输入端分别接到单片机的 P0.0～P0.7。I_{OUT1} 为 DAC0832 电流输出端 1，其值随 DAC 寄存器的数据线性变化。值与 I_{OUT2} 值的和为一常数，约为 330 μA。I_{OUT2} 单极性输出时接地。输出端口引出了 R_{FB} 和 I_{OUT1}，R_{FB} 为 DAC0832 的反馈信号输入端，方便用户外接运算放大电路。I_{OUT1} 为 DAC0832 电流输出端，当用跳线帽把 P5 的 2、3 脚短接后，I_{OUT1} 输出端直接与发光二极管相连接，可以用发光二极管的亮暗变化观察输出电流的变化。因该输出电流非常小，所以发光二极管不需要串接限流电阻。

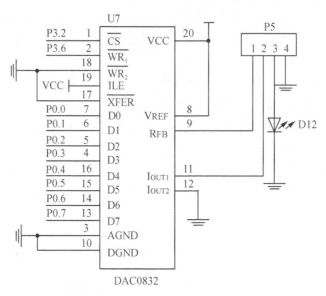

图 8.9 DAC0832 在 YL51 开发板上的连接图

一般来说，在使用芯片之前，会先查看芯片的数据手册，了解芯片的相关数据，图 8.10 为 DAC0832 芯片的操作时序图。

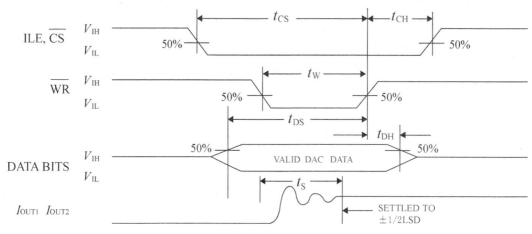

图 8.10 DAC0832 芯片的操作时序图

时序的时间轴从左往右走，当 $\overline{CS}$ 为低电平时，给 $\overline{WR}$ 一个低电平，然后数据总线上的数据（DATA BITS）就传送过去了，得到的电流经过 t_S 这一瞬间波动后稳定下来，稳定之后电流就从 I_{OUT1} 和 I_{OUT2} 引脚输出。这一过程为 DAC0832 的操作时序。

下面编写程序来介绍 DAC0832 芯片的操作过程。

【例 8.1】编写程序实现以下功能,让单片机控制 DAC8032 芯片输出一个最大值的模拟量。

若要让 DAC0832 模拟量输出为最大，那么 DAC0832 的输入数据就应该全为 1。这时，YL51 开发板上的 D12 指示灯的亮度应该是最亮的，细心的同学可能会发现平时没对这个 D/A

进行控制的时候，有时它会微弱发亮，这是随机的，无需关注。程序代码如下：

```
#include<reg52.h>
sbit   dawr=P3^6;      //对 D/A 的 WR1 引脚进行位定义
sbit   csda=P3^2;      //对 D/A 的 CS 引脚进行位定义
void   main()
{
       csda=0;         //当 CS 等于 0 时，接着也让 WR 等于 0
       dawr=0;
       P0=0xff;        //然后给 D/A 数据输入端送入 1111   1111
       while(1);       //程序在这停下来
}
```

　　DAC0832 工作在直通方式下，对它的操作是非常简单的。把程序编译后下载到开发板上，会看到 D12 指示灯这时是最亮的。读者也可以自行修改一下程序，给数据口全送 0 时（即把"P0=0xff;"改为"P0=0x00;"），输出的模拟量应为 0，这时 D12 指示灯应该就不亮了。现在说明对 DAC0832 的操作是有效的。

　　【例 8.2】 编写程序实现以下功能，让 D12 指示灯由暗变亮，循环运行。

　　程序代码如下：

```
#include<reg52.h>
#define  uint  unsigned  int
uint   a,i,j;
sbit   dawr=P3^6;                //对 D/A 的 WR1 引脚进行位定义
sbit   csda=P3^2;                //对 D/A 的 CS 引脚进行位定义
void   delay(uint);              //延时函数声明
void   main()
{
       csda=0;                   //当 CS 等于 0 时，接着也让 WR 等于 0
       dawr=0;
       while(1)
       {
           for(a=0;a<256;a++)     //a 从 0 到 255，即 0000 0000～1111 1111
           {
               P0=a;              //给 D/A 数据输入端送入数据 a
               delay(10);         //延时
           }
       }
}

void   delay(uint   x)           //延时函数
{
       for(i=x;i>0;i--)
```

```
    {
        for(j=120;j>0;j--);
    }
}
```

将编译后的程序下载到开发板上，会看到 D12 指示灯这时会由暗变亮地运行起来了，这就是想要的效果。这时，会看到开发板上的数码管也在闪动，这是因为数码管也是接在 P0 口上，可以把数码管显示关闭。只要把数码管的段选和位选关闭就可以，修改后的程序代码如下：

```
#include<reg52.h>
#define  uint  unsigned  int
uint   a,i,j;
sbit   dawr=P3^6;
sbit   csda=P3^2;
sbit   dula=P2^6;      //定义数码管段选
sbit   wela=P2^7;      //定义数码管位选
void   delay(uint);
void   main()
{
        csda=0;
        dawr=0;
        dula=0;         //关数码管段选
        wela=0;         //关数码管位选
        while(1)
        {
            for(a=0;a<256;a++)
            {
                P0=a;
                delay(10);
            }
        }
}

void  delay(uint  x)
{
        for(i=x;i>0;i--)
        {
        for(j=120;j>0;j--);
        }
}
```

8.3 课后作业

1. 理解 D/A 转换器的基本工作原理。

2. 试着用 DAC0832 做一个信号发生器，可输出一个频率可调的正弦波，频率通过按键调整。

加油

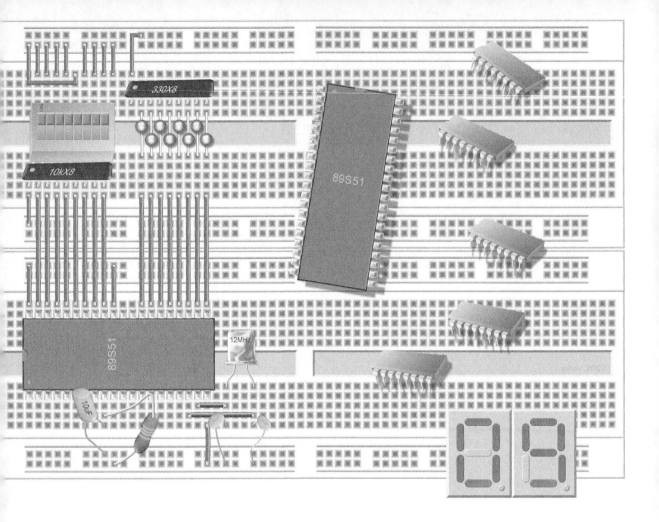

第9章　模数转换（A/D）工作原理及应用

上一章我们介绍了 D/A，这一章我们将介绍 A/D，A/D 是什么呢？它和 D/A 刚好相反。它是将连续变化的模拟信号转换为数字信号的一个器件，我们称之为模数转换器，简称 A/D。

模数转换（A/D）
工作原理及应用

A/D 转换的工作原理及分类

9.1.1 A/D 转换的一般过程

A/D 转换一般分为 4 个步骤，分别是采样、保持、量化和编码，如图 9.1 所示。下面分别进行介绍。

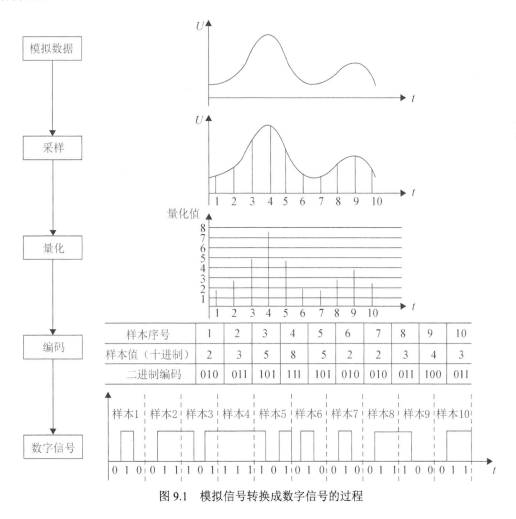

图 9.1 模拟信号转换成数字信号的过程

采样：为了把模拟信号转换成对应的数字信号，必须首先将模拟量每隔一定时间抽取一次样值，使时间上连续变化的模拟量变为一个时间离散、数值连续的离散信号，这个过程称为采样。

为了保证采样后的信号能恢复原来的模拟信号，要求采样的频率 f_s 与被采样的模拟信号的最高频率 f_{imax} 应满足以下关系：

$$f_s \geqslant 2f_{imax}$$

保持：让采样得到的离散信号保持一段时间。当对采样得到的离散信号进行 A/D 转换时，需要一定的转换时间，在这个转换期间离散信号需要保持基本不变，才能保证转换精度。图 9.2 所示为采样/保持电路，它能对模拟信号进行采样并对采样得到的离散信号进行保持，它由模拟开关、存储元件和缓冲放大器组成。

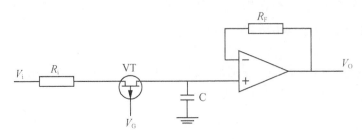

图 9.2   采样/保持电路

在采样时刻，加到模拟开关 V_G 上的数字信号为低电平，此时模拟开关被接通，存储元件（电容器 C）两端的电压 V_C 随被采样信号 V_i 变化。当采样间隔终止时，V_G 变为高电平，模拟开关断开，V_C 则保持住断开瞬间的值不变，采样得到的值经缓冲放大器放大。

量化：对从采样保持电路中得到的离散信号进行连续取值，用一组规定的电平把离散信号的瞬时值用最接近的电平值来表示，这个过程称为量化，如图 9.1 所示。其中，量化级数越多，量化误差就越小，质量就越好。

编码：如图 9.1 所示，将量化幅值用二进制代码或十进制代码等表示出来的过程称为编码。各采样值的编码组成的一组数字量输出就是 A/D 转换的结果，即转换成了数字信号。

9.1.2   A/D 转换器分类

将模拟信号转换成数字信号的电路，称为模数转换器（简称 A/D 转换器）。常用的电路有逐次逼近型、并行比较型和双积分型等。

1. 逐次逼近型 A/D 转换器

逐次逼近型 A/D 转换器在结构上由顺序脉冲发生器、逐次逼近寄存器、D/A 转换器和电压比较器等部分组成，如图 9.3 所示。

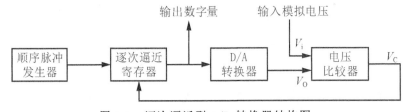

图 9.3   逐次逼近型 A/D 转换器结构图

初始化时将逐次逼近寄存器各位清零。转换开始时，先将逐次逼近寄存器最高位置 1，将其送入 D/A 转换器。经 D/A 转换后生成的模拟量 V_O 送入电压比较器，与送入电压比较器的等待转换的模拟量 V_i 进行比较，若 $V_i > V_O$，则电压比较器的输出 V_C 为 1，这时逐次逼近寄存器在该位置 1；若 $V_i < V_O$，则电压比较器的输出 V_C 为 0，这时逐次逼近寄存器在该位置 0。然后逐次逼近寄存器次高位再置为 1，依次重复此过程，直至逐次逼近寄存器最低位。转换结束后再将

逐次逼近寄存器中得到的一组数字量输出。这就是逐次逼近型 A/D 转换器的整个工作过程。

由此可见，逐次逼近型 A/D 转换器转换一次所需的时间与顺序脉冲发生器输出的脉冲频率、逐次逼近寄存器位数有关，脉冲频率越高，位数越少，转换速度越快。其电路规模属于中等，其优点是速度较高、功耗低，在低分辨率（小于 12 位）时价格便宜，但高精度（大于 12 位）时价格很高。

逐次逼近型 A/D 转换器芯片应用比较广泛，种类也很多，例如 ADC0801、ADC0804 和 ADC0809 等都是 8 位通用型 A/D 转换器。其中，A/D 转换器的位数越多，转换误差越小。

2. 并行比较型 A/D 转换器

并行比较型 A/D 转换器由电阻分压器、电压比较器、寄存器及代码转换器（编码器）组成，如图 9.4 所示。

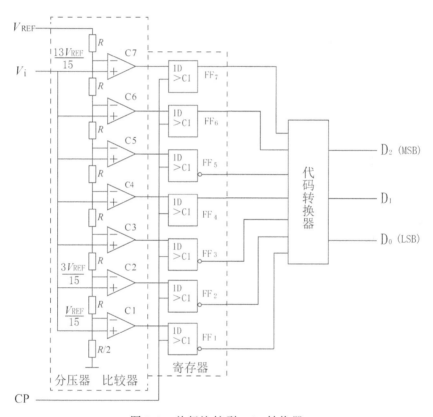

图 9.4 并行比较型 A/D 转换器

图中的 8 个电阻将参考电压 V_{REF} 分成 8 个等级，其中 7 个等级的电压分别作为 7 个比较器 $C_1 \sim C_7$ 的参考电压，其数值分别为 $V_{REF}/15$、$3V_{REF}/15$、$\cdots$、$13V_{REF}/15$。输入电压 V_i 的大小决定各比较器的输出状态。如当 $0 \leqslant V_i < V_{REF}/15$ 时，比较器 $C_1 \sim C_7$ 的输出状态都为 0；当 $V_{REF}/15 \leqslant V_i < 3V_{REF}/15$ 时，比较器 $C_1 = 1$，其余各比较器的状态均为 0。根据各比较器的参考电压值，可以确定输入模拟电压值与各比较器输出状态的关系。比较器的输出状态由 D 触发寄存器存储，经代码转换器编码，转换成数字量输出。代码编码器优先级别最高的是 I_7，最低的是 I_1。

设 V_i 变化范围是 $0 \sim V_{REF}$，输出 3 位数字量为 $D_2 D_1 D_0$，3 位并行比较型 A/D 转换器的输入、输出关系如表 9.1 所示。

表 9.1　　　　　　　　　　　3 位并行比较型 A/D 转换器输入、输出关系对照表

输入电压	寄存器状态							代码转换输出(数字量输出)		
V_i	Q7	Q6	Q5	Q4	Q3	Q2	Q1	D_2	D_1	D_0
$(0\sim1/15)\,V_{REF}$	0	0	0	0	0	0	0	0	0	0
$(1/15\sim3/15)\,V_{REF}$	0	0	0	0	0	0	1	0	0	1
$(3/15\sim5/15)\,V_{REF}$	0	0	0	0	0	1	1	0	1	0
$(5/15\sim7/15)\,V_{REF}$	0	0	0	0	1	1	1	0	1	1
$(7/15\sim9/15)\,V_{REF}$	0	0	0	1	1	1	1	1	0	0
$(9/15\sim11/15)\,V_{REF}$	0	0	1	1	1	1	1	1	0	1
$(11/15\sim13/15)\,V_{REF}$	0	1	1	1	1	1	1	1	1	0
$(13/15\sim1)\,V_{REF}$	1	1	1	1	1	1	1	1	1	1

　　这种转换电路的优点是并行转换、速度较快，A/D 转换器带有寄存器，不用附加取样保持电路（因为比较器和寄存器也兼有取样保持功能）。这种 A/D 转换器的缺点是所需的比较器和触发器的数量较多，若输出 n 位二进制代码，则需要 2^n-1 个电压比较器和触发器。随着位数增多，电路变复杂，制成分辨率较高的集成并行 A/D 转换器是比较困难的。

　　3．双积分型 A/D 转换器

　　逐次逼近型 A/D 转换器和并行比较型 A/D 转换器，均是直接将输入的模拟电压转换为数字量输出，没有经过中间量，它们属于直接 A/D 转换器。此外，还有间接 A/D 转换器。目前使用的间接 A/D 转换器多半属于电压—时间变换型（简称 V-T 变换型）和电压—频率变换型（简称 V-F 变换型）两大类。其中，双积分型 A/D 转换器属于 V-F 变换型 A/D 转换器。

　　双积分型 A/D 电路的主要部件包括：积分器、比较器、计数器、控制逻辑和标准电压源，其工作原理如图 9.5 所示，其工作过程分为采样和测量两个阶段。

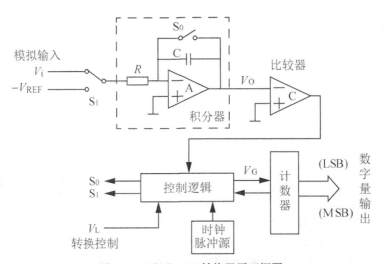

图 9.5　双积分 A/D 转换器原理框图

● **采样阶段**。转换前，"控制逻辑"输出 $S_0=1$，使积分电容 C 完全放电；当转换开始后，S_0 断开，允许积分电容 C 充电。"控制逻辑"使 $S_1=1$，模拟输入 V_i 对电容 C 充

电，使积分器对 V_i 进行积分。与此同时，计数器开始计数，经过一段预先设定的时间 t_1 后，计数器计满后，计数器置零并发出一个溢出脉冲，使控制电路发出控制信号，将开关 S_1 接向与被测电压极性相反的基准电压($-V_{REF}$)，采样阶段至此结束。此时，积分器输出电压 V_O 取决于被测电压 V_i 的平均值。

- **测量阶段**。当开关 S_1 接向基准电压后，积分器开始反方向积分，其输出电压从原来的 V_O 值开始下降。与此同时，计数器从零开始计数。当积分器输出电压下降至零时，比较器输出低电平，转换结束，计数停止。此时，计数器的计数值即为 A/D 转换的结果。

双积分 A/D 转换器的优点是数字量输出与积分时间常数无关，对积分元件要求不高；缺点是转换速度低，只适用于直流电压或缓慢变化的模拟电压。

9.1.3 A/D 转换器的主要技术指标

A/D 转换器的主要技术指标如下所示。

- 分辨率是指使输出数字量变化一个最小量时模拟信号的变化量，常用二进制的位数表示。例如 8 位 ADC 的分辨率就是 8 位，或者说分辨率为满刻度 FS 的 $1/2^8$。一个 5 V 满刻度的 8 位 ADC 能分辨的输入电压变化的最小值是 $5\text{ V}\times1/2^8 =19.53\text{ mV}$。
- 量化误差是 ADC 的有限位数对模拟量进行量化而引起的误差。实际上，要准确表示模拟量，ADC 的位数需很大甚至无穷大。一个分辨率有限的 ADC 的阶梯状转换特性曲线与具有无限分辨率的 ADC 转换特性曲线（直线）之间的最大偏差即是量化误差。通常是 1 个或半个最小数字量的模拟变化量，表示为 1LSB、1/2LSB。如图 9.6 所示。

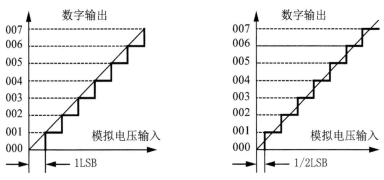

图 9.6 量化误差

- 偏移误差是指输入信号为零时，输出信号不为零的值，有时又称为零值误差。假定 ADC 没有非线性误差，则其转换特性曲线各阶梯中点的连线必定是直线，这条直线与横轴相交点所对应的输入电压值就是偏移误差。
- 满刻度误差又称为增益误差，是指满刻度输出数码所对应的实际输入电压与理想输入电压之差。
- 线性度有时又称为非线性度，它是指转换器实际的转换特性与理想直线的最大偏差。常以相对于满量程的百分数表示，如 ±1% 是指实际输出值与理论值之差在满刻度的 ±1% 以内。
- 绝对精度是指在一个转换器中，任何数据所对应的实际模拟量输入与理论模拟输入之差的最大值。对于 ADC 而言，可以在每一个阶梯的水平中点进行测量，它包括了所有的误差。

● 转换速率是指能够重复进行数据转换的速度，即每秒转换的次数。而完成一次 A/D 转换所需的时间（包括稳定时间），则是转换速率的倒数。积分型 A/D 的转换时间是毫秒级，属于低速 A/D。逐次比较型 A/D 是微秒级，属中速 A/D，全并行/串并行型 A/D 可达到纳秒级。采样时间则是另外一个概念，是指两次转换的间隔。为了保证转换的正确完成，采样速率必须小于或等于转换速率。因此习惯上转换速率在数值上等同于采样速率也是可以接受的。

9.2　ADC0804 芯片及其应用

9.2.1　ADC0804 芯片简介

A/D 转换器的应用范围很广，品种及类型很多。逐次逼近型 A/D 转换器由于在精度、转换速度和价格上都适中，因此得到了广泛应用。ADC0804 就是属于这个类型的 A/D 转换器。它的主要特点是：分辨率为 8 位，转换时间约为 $100\mu s$，模拟输入电压范围是 $0\sim5$ V，采用 TTL/CMOS 标准接口，图 9.7 所示为 ADC0804 引脚分布图。

各引脚功能定义如下。

● $\overline{\text{CS}}$：片选信号输入端，低电平有效。
● $\overline{\text{RD}}$：读信号输入端，低电平有效。
● $\overline{\text{WR}}$：写信号输入端，低电平启动 A/D 转换。
● CLK：时钟信号输入端。
● $\overline{\text{INTR}}$：A/D 转换结束信号输出端，转换结束后，输出低电平表示本次转换已完成。
● V_{in}（+）、V_{in}（-）：两个模拟信号输入端，可接收单极性、双极性和差模输入信号。
● DB0～DB7：具有三态特性的数字信号输出端，输出结果为 8 位二进制数。
● CLKR：内部时钟发生器的外接电阻端，与 CLK 端配合，可由芯片自身产生时钟脉冲，其频率计算方式是：fk=1/(1.1RC)。
● V_{REF}/2：参考电平输入，决定量化单位。
● VCC：芯片电源 5 V 输入。
● AGND：模拟电源地线。
● DGND：数字电源地线。

图 9.7 引脚图：

$\overline{\text{CS}}$	1	20	VCC(V_{REF})
$\overline{\text{RD}}$	2	19	CLKR
$\overline{\text{WR}}$	3	18	DB0(LSB)
CLK	4	17	DB1
$\overline{\text{INTR}}$	5	16	DB2
V_{in}(+)	6	15	DB3
V_{in}(-)	7	14	DB4
AGND	8	13	DB5
V_{REF}/2	9	12	DB6
DGND	10	11	DB7(MSE)

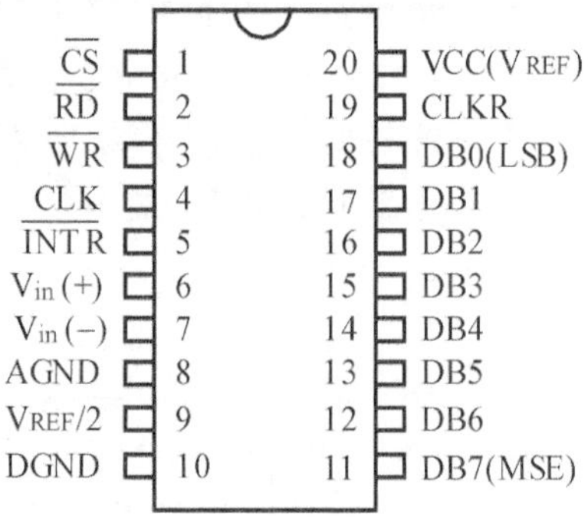

图 9.7　ADC0804 引脚分布图

9.2.2　ADC0804 芯片应用

YL51 开发板带的 ADC0804 是双列直插式 20 脚封装，其在开发板上的连接如图 9.8 所示。

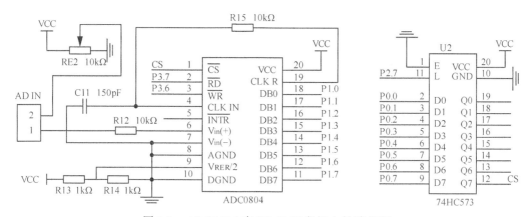

图 9.8　ADC0804 在 YL51 开发板上的连接图

1. 电路分析

读者可能会有很多疑问，芯片的外围电路为什么要这样接呢？这上面的电阻、电容的值是多大呢？现在开始对电路作进一步分析。

A/D 的输出端 DB0～DB7 在 YL51 开发板上接的是 P1.0～P1.7 端口，也就是接到 P1 口上。在电路开发中，接到单片机的哪一个 I/O 口上都可以，只需知道它是用来输出数据的即可。

第 5 个管脚 $\overline{\text{INTR}}$ 是中断口，当 A/D 内部对数据转换完成后，$\overline{\text{INTR}}$ 就会自动生成一个低电平中断信号，用来告诉单片机此时 A/D 数据转换已完成，让单片机读取 A/D 输出数据。如果使用中断方式，要接到单片机的外部中断（P3.2 或 P3.3 口）。当单片机接收到 A/D 的输出中断时，单片机立马就会响应中断，读取 A/D 输出的数据。在此开发板上，第 5 个管脚是空着的，没有用中断的方式。当 A/D 芯片启动了之后，过一会读取数据也是可以的。不接中断，A/D 也是会有数据输出的。

$\overline{\text{RD}}$、$\overline{\text{WR}}$ 接的是单片机的 P3.6、P3.7 引脚。其中，$\overline{\text{CS}}$ 通过 U2 锁存器连接到单片机的 P0.7 引脚。这是由于开发板外部资源过多，没有多余的独立端口对 $\overline{\text{CS}}$ 进行控制，所以选择接到 U2 锁存器上。

CLK R 和 CLK，接了个 10 kΩ 的电阻和 150 pF 的电容，形成一个 RC 振荡电路，为 ADC0804 提供工作脉冲。因为它内部有移位寄存器、D/A 转换器，它们运行的时候都需要工作节拍。

Vin（+）串接一个 10 kΩ 电阻后，接到一个滑动电阻器上，Vin（−）接地。电阻器一端接地，一端接+5 V，当你拧动电阻器时，Vin（+）就会得到一个 0～5 V 变化的模拟输入电压，方便在开发板上做实验。

VCC 接+5 V 电源，AGND、DGND 分别接地。在设计高精度、高速的电路时，数字地和模拟地可能会产生干扰，模拟地上的杂波可能会干扰数字电路的正常工作，在设计电路的时候要分开处理。这里是属于演示实验，把它们接在同一个地就可以。

2. 时序分析

在对数字芯片进行操作前，必须要了解芯片的操作时序图。首先来看一下它的启动时序图，如图 9.9 所示。

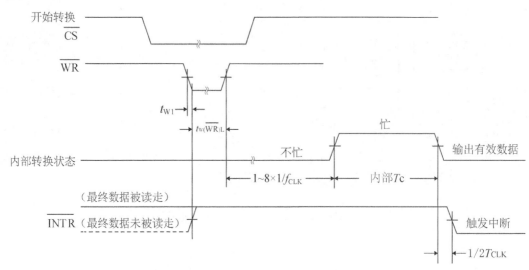

图 9.9　ADC0804 启动时序图

（1）启动时序分析。

"开始转换"是指若要让 A/D 开始转换，就要通过一些信息来告诉它，什么时候开始转换。首先 $\overline{CS}$ 要置低电平，即选中这个 A/D 芯片，让它工作。写程序的时候可以让 $\overline{CS}$ 一直处于低电平。

$\overline{WR}$ 是在 $\overline{CS}$ 处于低电平期间给的一个低脉冲，这个脉冲由高电平变为低电平，然后经过至少 $t_w(\overline{WR})L$ 时间段后，再变成高电平。$t_w(\overline{WR})L$ 在芯片的数据手册可以查到，是 100 ns。就是说这个低脉冲宽度持续的时间最小要在 100 ns 才有效，而 51 单片机执行一条语句的周期是 1 μs（1 μs=1 000 ns），远远超过了 100 ns，因此，就不用去考虑这个时间了。在写程序的时候，给它一个低电平，然后立马拉高，它的宽度至少也有 1 μs 了。如果是用高速单片机（如FPGA、ARM）操作的时候就要考虑了，因为运算速度非常快，可能是 3 ns 或 7 ns，速度快的时候必须把 $t_w(\overline{WR})L$ 时间考虑进去，但对于 51 单片机就不需要考虑了。

A/D 开始工作之后，它内部就会自动对数据进行转换。然后来看一下，如何读取转换出来的数据。

（2）读取时序分析。

从图 9.10 中可见，它包含 $\overline{INTR}$、$\overline{CS}$、$\overline{RD}$ 和 8 位数据总线，时序依然是从左到右地走。

$\overline{INTR}$ 是一个中断口，当 A/D 内部完成数据转换后，$\overline{INTR}$ 就会自动产生一个低电平中断信号，用来告诉单片机此时 A/D 数据转换已完成。这时，把 $\overline{CS}$ 置为低电平，接着 $\overline{RD}$ 也置为低电平，让 $\overline{RD}$ 至少经过 t_{ACC} 时间段，数据输出口上的数据达到稳定后，再把 $\overline{RD}$ 由低电平变为高电平。此时，直接读取数据输出口上的数据便可得到转换后的数字信号，然后把 $\overline{CS}$ 拉成高电平。

其中，$\overline{INTR}$ 当 $\overline{RD}$ 置为低电平后经过 t_{R1} 时间后会自动变为高电平。在 YL51 开发板上，$\overline{INTR}$ 管脚是悬空的，没有用中断的方式，不接中断，A/D 也是会有数据输出的。当启动 A/D 转换器后，过一会再对 $\overline{CS}$、$\overline{RD}$ 进行读使能操作，然后再读取数据输出口上的数据也是可以的。

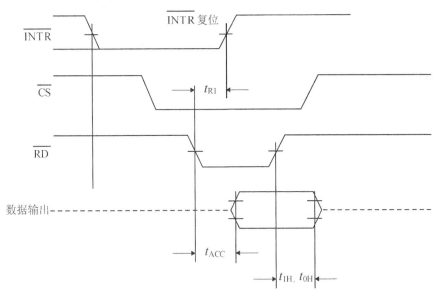

图 9.10 ADC0804 读取时序图

【例 9.1】 编写程序，用单片机控制 ADC0804 进行模数转换，把输入的模拟量转换后得到的数字量，用十进制的方式显示在前 3 位数码管上（8 位 A/D 显示的数值在 0～255）。程序代码如下：

```
#include<reg52.h>          //包含52系列单片机头文件
#define  uchar  unsigned  char      //宏定义
#define  uint  unsigned  int
uint  disnum,a;           //定义两个变量
sbit  adrd=P3^7;          //定义A/D的RD端口
sbit  adwr=P3^6;          //定义A/D的WR端口
sbit  dula=P2^6;          //数码管段选位定义
sbit  wela=P2^7;          //数码管位选位定义
uchar  code  table_du[]={  0x3f,0x06,0x5b,0x4f,0x66,0x6d,0x7d,0x07,0x7f,0x6f,0x77,
                           0x7c,0x39,0x5e,0x79,0x71};        //数码管段选编码
delay(uchar);        //函数声明
display(uint);

void  main()        //主函数
{
    while(1)
    {
        wela=1;
        P0=0x7f;        //给CS一个位电平
        adwr=1;
        adwr=0;
        adwr=1;        //WR电平变换形成一个低脉冲，启动A/D转换
        delay(10);      //延时，保证A/D把数据转换完成
```

```
        P1=0xff;                //读 A/D 输出数据之前把 P1 口的值置 1
        adrd=1;
        adrd=0;                 //RD 电平变换，读使能
        disnum=P1;              //把从 P1 口得到的 A/D 输出数据赋给 disnum
        adrd=1;
        for(a=20;a>0;a--)       //延时
        display(disnum);        //数码管显示 disnum 值
    }
}

delay(uchar  x)      //延时函数
{
    uchar   a,b;
    for(a=x;a>0;a--)
            for(b=200;b>0;b--);
}

display(uint   disnum)                  //数码管显示函数
{
    P0=table_du[disnum/100];        //百位数
    dula=1;
    dula=0;
    P0=0xfe;
    wela=1;
    wela=0;
    delay(10);

    P0=table_du[disnum%100/10];         //十位数
    dula=1;
    dula=0;
    P0=0xfd;
    wela=1;
    wela=0;
    delay(10);

    P0=table_du[disnum%100%10];         //个位数
    dula=1;
    dula=0;
    P0=0xfb;
    wela=1;
    wela=0;
    delay(10);
}
```

程序编译后下载到开发板上，当拧动 ADC0804 芯片右侧的 RE2 电位器时，会向 ADC0804

的模拟输入端提供一个 0～5V 的变化电压。然后将 A/D 转换得到的数字量在前 3 位数码管上以 10 进制数形式显示出来,数值变化范围为 000～255。当然用户也可以采集开发板外的模拟信号,这时直接连接到左侧 ADIN 插针上即可。

9.3   课后作业

1. 理解 A/D 转换器的基本工作原理。
2. 试着用 ADC0804 制作一个电压表,把测量到的电压值显示在数码管上。

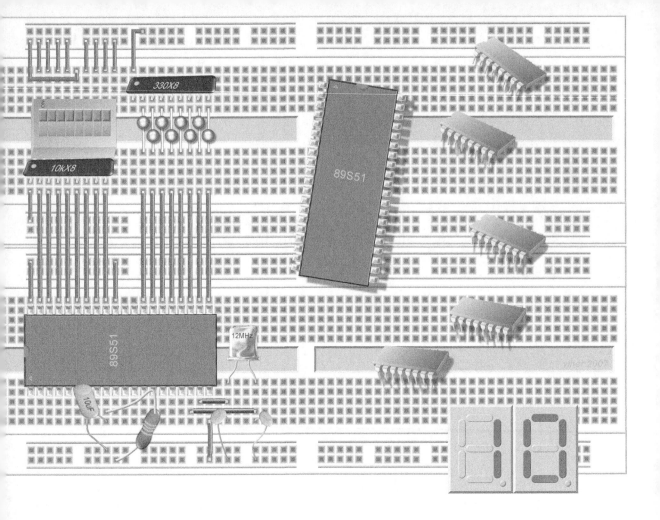

第 10 章 LCD 液晶显示原理及应用

液晶显示模块在电子产品中经常见到，为计算器、万用表、电力终端、仪器仪表等设备的显示部件。本章主要介绍两种在工程中应用最广泛、最有代表性的 1602 字符型液晶和 12864 图形液晶，以及它们的显示原理和应用方法。

1602 液晶显示
原理及应用

10.1 LCD 液晶基础知识

利用液晶的物理特性，通过电压对其显示区域进行控制，从而改变其光学性质来达到显示的效果，这是液晶作为显示器的基本原理。

根据液晶显示功能的不同，液晶可分为段码型液晶模块、字符型液晶模块和图形液晶模块 3 类。具体如下。

- 段码型液晶模块（也称笔段式液晶模块），起源于早期液晶显示模块开始应用之时，主要用于替代 LED 数码管（由 7 个笔段组成，用于显示数字 0~9），有时会加上一些特定的图案，常用于计算器、钟表等，显示内容比较简单，如图 10.1 所示。
- 字符型液晶显示模块是一类专门用于显示 ASCII 码字符的点阵式 LCD，如显示字母、数字、符号等内容。在显示器件的电极图形设计上，它是由若干个 5×7 或 5×11 的点阵字符位组成。每一个点阵字符位都可以显示一个字符。点阵字符位之间有一个点距的间隔，让每个字符、每行间距之间有一个点距的间隔，起到了字符间距和行间距的作用。如常见的 1601 液晶、1602 液晶都属于这类字符型液晶。这类液晶通常按液晶所能显示字符的列数和行数来命名，比如 1602 液晶，表示它每行显示 16 个字符，一共有 2 行显示。图 10.2 所示为 1602 液晶显示。

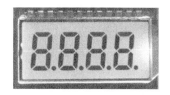

图 10.1　段码型液晶模块

图 10.2　1602 液晶显示

- 图形液晶显示模块，这类液晶可以显示数字、字符、汉字和图形等，功能比较丰富。其型号常按液晶点阵的行、列数来命名，常见的有 12232、12864、19264、320240 等液晶。例如，12864 液晶表示液晶点阵由 128 列、64 行组成，即共有 128×64 个点来显示各种图形。厂家还可以根据用户的需要订制出各种规格的点阵图形液晶。图 10.3 所示为 12864 液晶显示。

LCD 液晶显示屏以其低功耗、小体积、显示内容丰富、操作简单等诸多优点，在通信设备、仪器仪表、电子设备、家用电器等低功耗系统中得到了广泛的应用。它使人机界面变得更加直观形象，目前已广泛应用于电子表、计算器、掌上型电子玩具、复印机、传真机等设备中。

图 10.3　12864 液晶显示

市面上有多种多样的液晶，本章主要介绍在工程中应用最为广泛、最有代表性的两种液晶——1602 字符型液晶和 12864 图形液晶。接下来具体讲解一下它们的显示原理和应用方法。

10.2　1602 液晶介绍与实例分析

在使用液晶的时候，一定要看使用手册。因为不同液晶的接口或者控制器可能会有所不同，在使用上也会有些区别。下面以长沙太阳人电子有限公司制作的 1602 液晶为例，具体介绍其用法。只要把基础性的东西学会了，其他类似的液晶也能使用。

10.2.1　1602 液晶硬件接口介绍

1602 液晶的主要技术参数如表 10.1 所示。

表 10.1　　　　　　　　　　　　　1602 液晶主要技术参数

显示容量	16×2 个字符
芯片工作电压	4.5～5.5 V
工作电流	2.0mA(5.0 V)
模块最佳工作电压	5.0 V
字符尺寸	2.95 mm×4.35 mm（宽×高）

其中，显示容量为 16×2 个字符，是指它每一行能显示 16 个字符、共有 2 行，能同时显示 32 个字符，它能显示英文大小字母、数字和符号等，也就是能显示所有的 ASCII 码。芯片工作电压为 5 V，有些 1602 液晶是 3.3 V 供电的，具体情况可以查看相应的数据手册。工作电流在 5 V 时为 2 mA，这仅仅是指液晶片本身，并不包括液晶模块的背光板所需要的电流。当然有些液晶模块是没有背光的，如果有背光的话，整个液晶模块所需要的电流大约在 10 mA～20 mA 之间。

1602 液晶接口引脚的说明如表 10.2 所示。

表 10.2　　　　　　　　　　　　　1602 液晶接口引脚说明

编号	符号	引脚说明	编号	符号	引脚说明
1	VSS	电源地	9	D2	Data I/O
2	VDD	电源正极	10	D3	Data I/O
3	VL	液晶显示偏压信号	11	D4	Data I/O
4	RS	数据/命令选择端(H/L)	12	D5	Data I/O
5	R/W	读/写选择端(H/L)	13	D6	Data I/O
6	E	使能信号	14	D7	Data I/O
7	D0	Data I/O	15	BLA	背光源正极
8	D1	Data I/O	16	BLK	背光源负极

常见的 1602 液晶模块，它的接口共有 16 个引脚，如表 10.2 所示，下面是引脚功能的详细介绍。

- 第 1 脚 VSS，电源地，也就是接电源负极。
- 第 2 脚 VDD，电源正极，接的是 5 V 工作电压。

- 第 3 脚 VL，液晶显示偏压信号，通过改变 VL 引脚电压可以调节液晶显示的对比度。若对比度过低，可能在液晶上看不到所显示的字符，适当的对比度可以让液晶显示得更加清晰。它外接的电路连接是很简单的，可以通过调整可调电阻器的分压值，改变 VL 的输入电压。不同厂家生产的液晶，所用的偏压值可能会有所不同。为了方便用户可以使用其他厂家的液晶，YL51 开发板上采用了可调电阻器对 VL 进行偏压调整。

- 第 4 脚 RS，数据命令选择端。控制液晶时，该引脚有时写入的是显示数据，有时写入的是命令。通过给 RS 端口赋值一个高电平或者低电平，可以实现要写入的是显示数据还是命令。RS 为高电平时，写入的是显示数据；RS 为低电平时，写入的是命令。

- 第 5 脚 R/W，读写选择端。R/W 为高电平时，可以读取液晶数据；R/W 为低电平时，可以往液晶里写数据。

- 第 6 脚 E 使能信号，是让液晶工作的信号，有点类似之前讲的 A/D、D/A 芯片的片选信号。

- 第 7 脚到 14 脚，D0～D7 是数据端口，是一个 8 位并行的数据口。

- 第 15 脚 BLA、16 脚 BLK 是液晶模块背光灯的正极和负极。带有背光的液晶如果不接是不会亮的。

1602 液晶在开发板上的连接如图 10.4 所示。

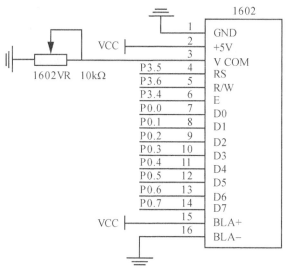

图 10.4　1602 液晶在 YL51 开发板上的连接图

10.2.2　1602 液晶时序操作介绍

1. RAM 地址映射图

1602 液晶内部带有 80×8 位的 RAM 数据缓冲区，用来存储发送的数据，如图 10.5 所示。

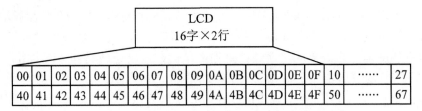

图 10.5   RAM 地址映射图

1602 液晶显示的每一个字符对应一个地址，其中 00～0 F 地址对应液晶显示区的第一行 16 位；40～4 F 地址对应液晶显示区的第二行 16 位。当我们把数据写到 10～27 或者 50～67 的地址时，数据是不会在显示区显示出来的，必须通过移屏指令将它左移或者右移到显示区域方可显示，字幕移动显示也是通过这个过程来实现的。如，输入 0x18 命令后，就会整屏左移 1 位；输入 0x1c 命令后，就会整屏右移 1 位。

2. 状态字说明

状态字说明如表 10.3 所示。

表 10.3   状态字说明

STA7 D7	STA6 D6	STA5 D5	STA4 D4	STA3 D3	STA2 D2	STA1 D1	STA0 D0
STA0～STA6		当前数据地址指针的数值					
STA7		读写操作使能			1：禁止 0：允许		

其中，STA7 为读写操作使能。当 STA7 等于 1 时，禁止进行读写操作，因为 1602 液晶的操作速度是有一定限制的，当它还没忙完的时候，就去对它进行操作是不允许的。用 DSP、ARM 来对它进行操作时，由于控制器的运行速度要比 1602 液晶的运行速度快得多，可以达到每秒几百兆、甚至一个 GB，这个时候每对 1602 液晶操作一次，都要去读它是否忙完了，当等于 0 时才能操作，不然传输的数据就会丢失。但对于用 51 单片机来控制的液晶，就不需要去读它是否忙完了再去操作，因为 51 单片机执行一条指令的时间大约在 1 μs（按 12 MHz 晶振来计算），而 1602 液晶的运算速度是纳秒级的，比 51 单片机要快得多，因此 1602 液晶的状态字读写操作使能，只有在高速操作时才需要用到。

3. 数据指针设置

数据指针设置，如表 10.4 所示。

表 10.4   数据指针设置

指 令 码	功 能
80H+地址码（0～27H，40H～67H）	设置数据地址指针

要在 1602 液晶哪个位置显示字符，首先要设置数据地址指针对 RAM 进行访问，它的指令码是 80H+地址码，而不能直接写地址码表示。比如 80H+01 所在的位置是液晶显示区的第一行、第二个位置。

4. 初始化设置

在使用液晶的时候要进行初始化设置，初始化设置包含显示模式设置和显示开/关及光标设置。

（1）显示模式设置，如表 10.5 所示。

表 10.5　　　　　　　　　　　　　　显示模式设置

指　令　码								功　　能
0	0	1	1	1	0	0	0	设置 16×2 显示、5×7 点阵、8 位数据口

其中，5×7 点阵是指用 35 个点组成的点阵区域显示一个字符，如图 10.6 所示。

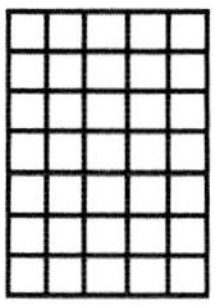

图 10.6　5×7 点阵

（2）显示开/关及光标设置，如表 10.6 所示。

表 10.6　　　　　　　　　　　　　显示开/关及光标设置

指　令　码								功　　能
0	0	0	0	1	D	C	B	D=1，开显示；D=0，关显示 C=1，显示光标；C=0，不显示光标 B=1，光标闪烁；B=0，光标不闪烁
0	0	0	0	0	1	N	S	N=1，当读或写一个字符后地址指针加一，且光标加一 N=0，当读或写一个字符后 地址指针减一，且光标减一 S=1，当写一个字符，整屏显示左移(N=1)或右移(N=0) S=0，当写一个字符，整屏显示不移动

（3）其他设置，如表 10.7 所示。

表 10.7　　　　　　　　　　其他设置

指　令　码	功　　能
01H	显示清屏：1. 数据指针清零 2. 所有显示清零
02H	显示回车：数据指针清零

5．操作时序

（1）基本操作时序，如表 10.8 所示。

表 10.8　　　　　　　　　　基本操作时序

读状态	输入	RS=L，RW=H，E=H	输出	D0～D7=状态字
写指令	输入	RS=L，RW=L，D0～D7=指令码，E=高脉冲	输出	无
读数据	输入	RS=H，RW=H，E=H	输出	D0～D7=数据
写数据	输入	RS=H，RW=L，D0～D7=数据，E=高脉冲	输出	无

其中，D0～D7 可以送指令码也可以送显示数据。比如，写数据时，RS 是高电平，它和

写指令刚好相反，然后给 R/W 一个低电平，接着给 D0～D7 送一个数据，然后给 E 一个高脉冲，这样数据就写入到 1602 液晶上了。写是没输出的，只有读的时候才有输出。表 10.8 和下面的读写时序图是对应的，可以结合时序图一起看。

（2）读写操作时序，如图 10.7 和图 10.8 所示。

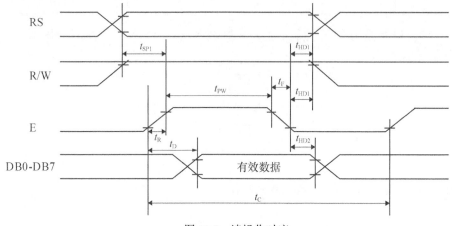

图 10.7　读操作时序

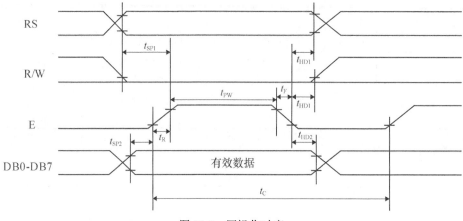

图 10.8　写操作时序

对数字芯片操作的时候，要看懂时序图才能进行操作。表 10.8 和读写时序图是对应的，在这里我们对 1602 液晶的操作是只写、不读，读操作时序就不详细介绍了，这里只介绍一下写操作时序。时间轴还是从左往右走，依次地增加。

- RS 引脚，该图形表示，RS 可以是低电平，也可以是高电平。如果是写命令时，RS 是低电平有效；如果是写数据时，RS 是高电平有效。写命令包括显示模式设置、显示开/关及光标设置等，写数据是指要显示的内容。
- R/W 引脚，刚开始时可以是高电平，也可以是低电平。写操作时是低电平有效，在低电平时将命令或者数据送到数据线上。
- E 使能引脚，从低电平变成高电平，然后再变成低电平，形成一个高脉冲将命令或者数据（DB0～DB7）写入到液晶控制器，完成写操作。

图中的时序参数，如表 10.9 所示。

表 10.9 时序参数

时 序 参 数	符 号	极 限 值			单 位	测 试 条 件
		最小值	典型值	最大值		
E 信号周期	tc	400	—	—	ns	引脚 E
E 脉冲宽度	t_{PW}	150	—	—	ns	
E 上升沿/下降沿时间	t_R, t_F	—	—	25	ns	
地址建立时间	t_{SP1}	30	—	—	ns	引脚 E、RS、R/W
地址保持时间	t_{HD1}	10	—	—	ns	
数据建立时间（读操作）	t_D	—	—	100	ns	引脚 DB0-DB7
数据保持时间（读操作）	t_{HD2}	20	—	—	ns	
数据建立时间（写操作）	t_{SP2}	40	—	—	ns	
数据保持时间（写操作）	t_{HD2}	10	—	—	ns	

t_{SP1}：是指 RS 和 R/W 引脚使能后至少保持 30 ns，使能引脚 E 才可以变成高电平。由于 51 单片机执行一条指令的时间大约是 1 μs，时间已足够了，因此写程序的时候就不用考虑了。

t_{SP2}：是有效数据的建立时间，至少保持 40 ns 使有效数据建立起来，使能引脚 E 才可以从低电平变为高电平进行使能变化。对于 51 单片机，写程序的时候，只要先给 D0～D7 送命令或数据，再给引脚 E 高电平即可。

t_{PW}：是指使能引脚 E 高电平的持续时间至少是 150 ns，因为把命令或者数据写入到液晶控制器也需要一定的时间。

由于 51 单片机运算速度比较慢，这些参数都是纳秒级的，比 51 单片机运算速度快得多，写程序的时候就不用考虑了。不同厂家生产的液晶，时序参数可能会有点区别，具体可以看其对应的数据手册。

10.2.3 1602 液晶实例演示

经过前面的介绍，1602 液晶的工作原理就分析完了。接下来进行一些程序操作，首先来写一个简单的程序，这样读者比较容易理解。

【例 10.1】 让 1602 液晶显示一个 A。程序代码如下：

```
#include<reg52.h>
#define  uchar  unsigned  char
#define  uint  unsigned  int
sbit  rs=P3^5;        //位定义液晶数据命令选择端
sbit  wr=P3^6;        //位定义液晶读写选择端
sbit  leden=P3^4;     //位定义液晶使能端
uint  i,j;

void  delay(uint  x)      //延时函数
{
    for(i=x;i>0;i--)
    {
    for(j=120;j>0;j--);
```

```
        }
    }


    void  write_com(uchar  com)      //写命令函数
    {
        rs=0;              //数据命令选择端，写命令时设为 0
        wr=0;              //读写选择端，写数据时设为 0
        leden=0;
        P0=com;            //将要写的命令送到数据总线上
        leden=1;           //使能端电平变换，形成一个高脉冲将命令写入到液晶控制器
        delay(5);          //延时
        leden=0;
    }


    void  write_data(uchar  dat)      //写数据函数
    {
        rs=1;              //数据命令选择端，写数据时设为 1
        wr=0;              //读写选择端，写数据时设为 0
        leden=0;
        P0=dat;            //将要写的数据送到数据总线上
        leden=1;           //使能端电平变换，形成一个高脉冲将命令写入到液晶控制器
        delay(5);          //延时
        leden=0;
    }


    void  init()      //1602 液晶初始化设置函数
    {
        write_com(0X38);      //显示模式设置，设置 16×2 显示、5×7 点阵、8 位数据口
        write_com(0X08);      //显示关闭
        write_com(0X01);      //显示清屏：数据指针清零，所有显示清零
        write_com(0X06);      //显示光标移动设置：写一个字符后地址指针加一，且光标加一
        write_com(0X0F);      //显示开及光标设置：开显示，显示光标，把光标设置为闪烁
    }


    void  main()
    {
        init();            //1602 液晶初始化设置
        while(1);          //程序在此停下
    }
```

现在只在 main 主函数里对 1602 液晶进行了初始化设置。对程序进行编译，编译结果显示没有错误，有 1 个警告，是因为程序里有一个函数没有调用（写数据函数），现在没有用到，暂时不用管。然后，把程序下载到开发板上，看是不是预期的显示效果。

如图 10.9 所示，在液晶的第一行、第一位出现了一个闪动的光标。这说明 1602 液晶的初始化函数没有问题，接着在光标显示的位置，写一个字符 A。

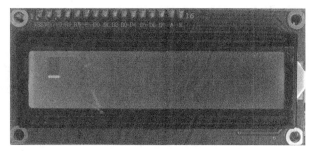

图 10.9　一个闪烁的光标

在主函数里接着写，把 main 主函数写成：

```
void  main()
{
    init();                  //1602 液晶初始化设置
    write_data('A')  ;      //显示 A，用单引号把 A 括起来
    while(1);
}
```

注意：显示的字符加上单引号，是指送的数为该字符的 ASCII 码，即送到液晶的是 A 的 ASCII 码。还要注意的是当显示两个或两个以上字符时要用双引号，只有在显示一个字符时才加单引号。

此时，把程序代码编译后下载到开发板上，1602 液晶就会显示出一个 A 了。这时光标地址指针也自动加了一位，这个光标也可以设置成不闪烁，大家可以自己试一下。

【例 10.2】　现在来介绍多个字符显示，让 1602 液晶的第一行显示 "YL-51 MCU"，第二行显示 "WWW.YUNLONGDZ.CN"。程序代码如下：

```
#include<reg52.h>
#define  uchar  unsigned  char
#define  uint  unsigned  int
sbit  rs=P3^5;            //位定义液晶数据命令选择端
sbit  wr=P3^6;            //位定义液晶读写选择端
sbit  leden=P3^4;        //位定义液晶使能端
uint  i,j;
uchar  num;
uchar  code  table1[]="YL-51  MCU";          //字符串要用双引号括起来，而不是单引号
uchar  code  table2[]="WWW.YUNLONGDZ.CN";

void  delay(uint  x)  //延时
{
    for(i=x;i>0;i--)
    {
    for(j=120;j>0;j--);
    }
}
```

```
void  write_com(uchar  com)        //写命令函数
{
    rs=0;
    wr=0;
    leden=0;
    P0=com;
    leden=1;
    delay(5);
    leden=0;
}

void  write_data(uchar  dat)        //写数据函数
{
    rs=1;
    wr=0;
    leden=0;
    P0=dat;
    leden=1;
    delay(5);
    leden=0;
}

void  init()                //1602 液晶初始化设置函数
{
    write_com(0X38);
    write_com(0X08);
    write_com(0X01);
    write_com(0X06);
    write_com(0X0F);
}

void  main()
{
    init();
    for(num=0;num<9;num++)        //写入 YL51  MCU
    {
        write_data(table1[num]);
        delay(300);
    }
    write_com(0X80+0X40);      //数据指针设置，在第二行的第一个位置开始显示
    for(num=0;num<16;num++)    //写入  WWW.YUNLONGDZ.CN
    {
        write_data(table2[num]);
        delay(300);
    }
```

```
        while(1);
}
```

把程序代码编译后下载到开发板上，1602 液晶就按程序要求开始运行了，显示效果如图 10.10 所示。

图 10.10　例 10.2 在 1602 液晶上的显示效果

细心的读者可能会看到液晶下面的数码管也跟着闪动亮起来，这是由于数码管和 1602 液晶的数据口共用了 P0 口，也可以加入关闭数码管显示的代码。修改后的代码为：

```
#include<reg52.h>
#define  uchar  unsigned  char
#define  uint  unsigned  int
sbit  rs=P3^5;
sbit  wr=P3^6;
sbit  leden=P3^4;
sbit  dula=P2^6;       //数码管段选
sbit  wela=P2^7;       //数码管位选
uint  i,j;
uchar  num;
uchar  code  table1[]="YL-51  MCU";
uchar  code  table2[]="WWW.YUNLONGDZ.CN";

void  delay(uint  x)
{
      for(i=x;i>0;i--)
      {
      for(j=120;j>0;j--);
      }
}

void  write_com(uchar  com)
{
      rs=0;
      wr=0;
      leden=0;
```

```
        P0=com;
        leden=1;
        delay(5);
        leden=0;
}


void  write_data(uchar  dat)
{
        rs=1;
        wr=0;
        leden=0;
        P0=dat;
        leden=1;
        delay(5);
        leden=0;
}


void  init()
{
        write_com(0X38);
        write_com(0X08);
        write_com(0X01);
        write_com(0X06);
        write_com(0X0F);
}


void  main()
{
        P0=0;                //关闭数码管显示
        dula=0;
        wela=0;
        init();
        for(num=0;num<9;num++)
        {
                write_data(table1[num]);
                delay(300);
        }
        write_com(0X80+0X40);
        for(num=0;num<16;num++)
        {
                write_data(table2[num]);
                delay(300);
        }
        while(1);
}
```

1602 液晶的实例就介绍到这里，1602 液晶还可以做出不同的效果，读者可以自行做实验验证。

10.3　12864 液晶介绍与实例分析

12864 点阵图形液晶显示模块，可显示各种字符、汉字及图形，本章介绍的 12864 液晶使用 ST7920 控制 IC，内置 8192 个中文汉字（16×16 点阵）、128 个 ASCII 码字符（8×16 点阵）及 64×256 点阵显示 RAM（GDRAM），与 MCU 接口采用并行或串行两种接口方式。

10.3.1　12864 液晶硬件接口介绍

主要技术参数和显示特性如下所示。

- 电源：VCC 4.5～5.5 V，最佳电压为 5 V。
- 显示内容：128 列×64 行。
- 显示颜色：黄绿、蓝白等。
- 显示角度：6 点钟直视。
- 与 MCU 接口：8 位或 4 位并行/3 位串行。
- 配置 LED 背光。
- 多种软件功能：光标显示、画面移位、自定义字符、睡眠模式等。
- 工作温度（Ta）：0～60℃（常温）/-20～75℃（宽温）。

12864 液晶模块引脚说明，如表 10.10 所示。

表 10.10　模块引脚说明

引脚号	引脚名称	功　能　说　明	引脚号	引脚名称	功　能　说　明
1	GND	模块的电源地	11	DB4	数据 4
2	VCC	模块的电源正极	12	DB5	数据 5
3	V COM	液晶显示对比度调节端	13	DB6	数据 6
4	RS(CS)	并行的指令/数据选择信号(H/L)；串行的片选信号	14	DB7	数据 7
5	R/W(SID)	并行的读写选择信号(H/L)；串行的数据口	15	PSB	并/串行接口选择：H——并行；L——串行
6	E(SCLK)	并行的使能信号；串行的同步时钟	16	NC	空脚
7	DB0	数据 0	17	$\overline{RST}$	复位低电平有效
8	DB1	数据 1	18	V OUT	空脚
9	DB2	数据 2	19	BLA+	背光源正极
10	DB3	数据 3	20	BLA-	背光源负极

12864 液晶在开发板上的连接，如图 10.11 所示。

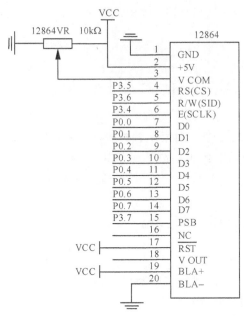

图 10.11 12864 液晶在开发板的并行连接图

10.3.2 12864 液晶时序操作介绍

1. 用户指令集

用户指令集，如表 10.11 和表 10.12 所示。

表 10.11 指令表 1：（RE=0：基本指令集）

指 令	指 令 码									功 能 说 明
	RS	RW	D7	D6	D5	D4	D3	D2	D1	D0	
清除显示	0	0	0	0	0	0	0	0	0	1	将 DDRAM 填满 "20H"，并且设定 DDRAM 的地址计数器（AC）到 "00H"
地址归位	0	0	0	0	0	0	0	0	1	X	设定 DDRAM 的地址计数器（AC）到 "00H"，并且将游标移到开头原点位置
进入点设定	0	0	0	0	0	0	0	1	I/D	S	指定在资料的读取与写入时，设定游标移动方向及指定显示的移位
显示状态开/关	0	0	0	0	0	0	1	D	C	B	D=1：整体显示 ON C=1：游标 ON B=1：游标位置 ON
游标或显示移位控制	0	0	0	0	0	1	S/C	R/L	X	X	设定游标的移动与显示的移位控制位元；这个指令并不改变 DDRAM 的内容
功能设定	0	0	0	0	1	DL	X	RE	X	X	DL=1（必须设为 1） RE=1：扩充指令集动作 RE=0：基本指令集动作

续表

指　令	指　令　码										功　能　说　明
	RS	RW	D7	D6	D5	D4	D3	D2	D1	D0	
设定 CGRAM 地址	0	0	0	1	AC5	AC4	AC3	AC2	AC1	AC0	设定 CGRAM 地址到地址计数器（AC）
设定 DDRAM 地址	0	0	1	AC6	AC5	AC4	AC3	AC2	AC1	AC0	设定 DDRAM 地址到地址计数器（AC）
读取忙碌标志 BF 和地址	0	1	BF	AC6	AC5	AC4	AC3	AC2	AC1	AC0	读取忙碌标志（BF）可以确认内部动作是否完成，同时可以读出地址计数器（AC）的值

表 10.12 　　　　　　　　　　指令表 2：（RE=1：扩充指令集）

指　令	指　令　码										功　能　说　明
	RS	RW	D7	D6	D5	D4	D3	D2	D1	D0	
待命模式	0	0	0	0	0	0	0	0	0	1	将 DDRAM 填满 "20H"，并且设定 DDRAM 的地址计数器（AC）到 "00H"
卷动地址或 IRAM 地址选择	0	0	0	0	0	0	0	0	1	SR	SR=1，允许输入垂直卷动地址 SR=0，允许输入 IRAM 地址
反白选择	0	0	0	0	0	0	0	1	R1	R0	选择4行中的任一行作反白显示，并可决定反白与否
睡眠模式	0	0	0	0	0	0	1	SL	X	X	SL=1：脱离睡眠模式 SL=0：进入睡眠模式
扩充功能设定	0	0	0	0	1	1	X	RE	G	0	RE=1：扩充指令集动作 RE=0：基本指令集动作 G=1：绘图显示 ON G=0：绘图显示 OFF
设定 IRAM 地址或卷动地址	0	0	0	1	AC5	AC4	AC3	AC2	AC1	AC0	SR=1：AC5～AC0 为垂直卷动地址 SR=0：AC3～AC0 为 ICON IRAM 地址
设定绘图 RAM 地址	0	0	1	AC6	AC5	AC4	AC3	AC2	AC1	AC0	设定 CGRAM 地址到地址计数器（AC）

具体标志位如下所示。

- BF 为忙碌标记位。当 BF 为 0 时，方可接受新的指令或数据；当 BF 为 1 时，此时为忙碌状态，正在进行内部操作，不接受外部操作。
- RE 为基本指令集与扩充指令集的选择控制位。当变更 RE 后，往后的指令集将维持在最后的状态，除非再次变更 RE，否则使用相同指令集时，不需每次重设 RE。

2. 具体指令分析

常见的具体指令有如下几条。

- 清除显示。

CODE: RW	RS	DB7	DB6	DB5	DB4	DB3	DB2	DB1	DB0
L	L	L	L	L	L	L	L	L	H

功能：清除显示屏幕，把 DDRAM 位址计数器调整为"00H"。

- 位址归位。

CODE: RW	RS	DB7	DB6	DB5	DB4	DB3	DB2	DB1	DB0
L	L	L	L	L	L	L	L	H	X

功能：把 DDRAM 位址计数器调整为"00H"，游标回原点，该功能不影响显示 DDRAM。

- 进入点设定。

CODE: RW	RS	DB7	DB6	DB5	DB4	DB3	DB2	DB1	DB0
L	L	L	L	L	L	L	H	I/D	S

功能：把 DDRAM 位址计数器调整为"00H"，游标回原点，该功能不影响显示 DDRAM 功能。执行该命令后，所设置的行将显示在屏幕的第一行。显示起始行是由 Z 地址计数器控制的，该命令自动将 A0～A5 位地址送入 Z 地址计数器，起始地址可以是 0～63 内任意一行。Z 地址计数器具有循环计数功能，用于显示行扫描同步，当扫描完一行后自动加一。

- 显示状态开/关。

CODE: RW	RS	DB7	DB6	DB5	DB4	DB3	DB2	DB1	DB0
L	L	L	L	L	L	H	D	C	B

功能：D=1 时，整体显示 ON；C=1 时，游标 ON；B=1 时游标位置 ON。

- 游标或显示移位控制。

CODE: RW	RS	DB7	DB6	DB5	DB4	DB3	DB2	DB1	DB0
L	L	L	L	L	H	S/C	R/L	X	X

功能：设定游标的移动与显示的移位控制位，这个指令并不改变 DDRAM 的内容。

- 功能设定。

CODE: RW	RS	DB7	DB6	DB5	DB4	DB3	DB2	DB1	DB0
L	L	L	L	H	DL	X	0 RE	X	X

功能：DL=1（必须设为 1）；RE=1 时，扩充指令集动作；RE=0 时，基本指令集动作。

- 设定 CGRAM 位址。

CODE: RW	RS	DB7	DB6	DB5	DB4	DB3	DB2	DB1	DB0
L	L	L	H	AC5	AC4	AC3	AC2	AC1	AC0

功能：设定 CGRAM 位址到位址计数器（AC）。

- 设定 DDRAM 位址。

CODE: RW	RS	DB7	DB6	DB5	DB4	DB3	DB2	DB1	DB0
L	L	H	AC6	AC5	AC4	AC3	AC2	AC1	AC0

功能：设定 DDRAM 位址到位址计数器（AC）。

- 读取忙碌状态（BF）和位址。

CODE:	RW	RS	DB7	DB6	DB5	DB4	DB3	DB2	DB1	DB0
	L	H	BF	AC6	AC5	AC4	AC3	AC2	AC1	AC0

功能：读取忙碌状态（BF）可以确认内部动作是否完成，同时可以读出位址计数器（AC）的值。

- 写资料到 RAM。

CODE:	RW	RS	DB7	DB6	DB5	DB4	DB3	DB2	DB1	DB0
	H	L	D7	D6	D5	D4	D3	D2	D1	D0

功能：写入资料到内部的 RAM（DDRAM/CGRAM/TRAM/GDRAM）。

- 读出 RAM 的值。

CODE:	RW	RS	DB7	DB6	DB5	DB4	DB3	DB2	DB1	DB0
	H	H	D7	D6	D5	D4	D3	D2	D1	D0

功能：从内部 RAM 读取资料（DDRAM/CGRAM/TRAM/GDRAM）。

- 待命模式（12H）。

CODE:	RW	RS	DB7	DB6	DB5	DB4	DB3	DB2	DB1	DB0
	L	L	L	L	L	L	L	L	L	H

功能：进入待命模式，执行其他命令都可终止待命模式。

- 卷动位址或 IRAM 位址选择（13H）。

CODE:	RW	RS	DB7	DB6	DB5	DB4	DB3	DB2	DB1	DB0
	L	L	L	L	L	L	L	L	H	SR

功能：SR=1 时，允许输入卷动位址；SR=0 时，允许输入 IRAM 位址。

- 反白选择（14H）。

CODE:	RW	RS	DB7	DB6	DB5	DB4	DB3	DB2	DB1	DB0
	L	L	L	L	L	L	L	H	R1	R0

功能：选择 4 行中的任一行作反白显示，并可决定反白的与否。

- 睡眠模式（015H）。

CODE:	RW	RS	DB7	DB6	DB5	DB4	DB3	DB2	DB1	DB0
	L	L	L	L	L	L	H	SL	X	X

功能：SL=1 时，脱离睡眠模式。SL=0 时进入睡眠模式。

- 扩充功能设定（016H）。

CODE:	RW	RS	DB7	DB6	DB5	DB4	DB3	DB2	DB1	DB0
	L	L	L	L	H	H	X	1 RE	G	L

功能：RE=1 时，扩充指令集动作；RE=0 时，基本指令集动作；G=1 时，绘图显示 ON；G=0 时，绘图显示 OFF。

- 设定 IRAM 位址或卷动位址（017H）。

CODE:	RW	RS	DB7	DB6	DB5	DB4	DB3	DB2	DB1	DB0
	L	L	L	H	AC5	AC4	AC3	AC2	AC1	AC0

功能：SR=1 时，AC5～AC0 为垂直卷动位址；SR=0 时，AC3～AC0 写 ICONRAM 位址。

● 设定绘图 RAM 位址（018H）。

CODE:	RW	RS	DB7	DB6	DB5	DB4	DB3	DB2	DB1	DB0
	L	L	H	AC6	AC5	AC4	AC3	AC2	AC1	AC0

功能：设定 GDRAM 位址到位址计数器（AC）。

3．显示坐标关系

图形显示坐标（水平方向 X——以字节为单位，垂直方向 Y——以位为单位），如图 10.12 所示。

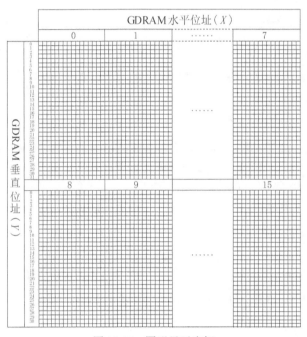

图 10.12　图形显示坐标

汉字显示坐标，如表 10.13 所示。

表 10.13　汉字显示坐标

Y 坐标	X 坐标							
Line1	80H	81H	82H	83H	84H	85H	86H	87H
Line2	90H	91H	92H	93H	94H	95H	96H	97H
Line3	88H	89H	8AH	8BH	8CH	8DH	8EH	8FH
Line4	98H	99H	9AH	9BH	9CH	9DH	9EH	9FH

12864 液晶可以显示 4 行，每行显示 8 个汉字或 16 个字符，不同的地址在不同的位置上显示字符。

4．操作时序

12864 液晶模块有并行和串行两种连接方法（时序如下）。

并行读写操作时序图，如图 10.13 和图 10.14 所示。

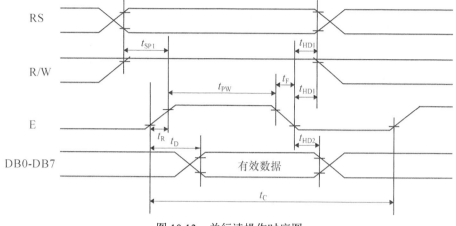

图 10.13 并行读操作时序图

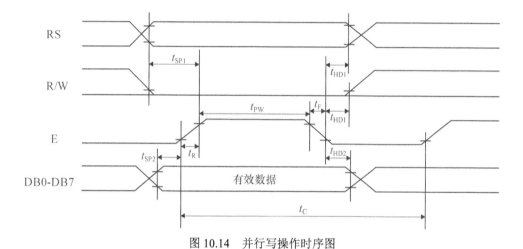

图 10.14 并行写操作时序图

串行读/写操作时序图，如图 10.15 所示。

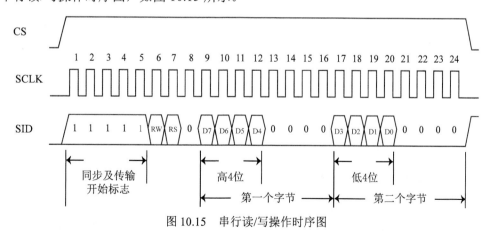

图 10.15 串行读/写操作时序图

12864 液晶的并行操作方法和 1602 液晶基本相同，在此不作详细介绍。12864 液晶串行操作时序信号介绍如下。

（1）CS，液晶片选信号，在进行数据操作时需处于高电平状态。

（2）SCLK，串行同步时钟信号，对每一位数据进行操作都要一个 SCLK 的上升沿跳变，即在 SCLK 由低电平变为高电平时，液晶控制器将 SID 上的数据写入或读出。

（3）SID，串行数据信号，单片机和液晶之间传送一个串行数据需要 24 个脉冲，刚开始以 5 个连续的"1"作为同步传输开始标志，接着"RW"位用于选择读或写数据，"RS"位用于选择内部数据寄存器或指令寄存器，后一位固定为 0。传送的命令或数据拆分为高 4 位和低 4 位，其高 4 位被放在第一个字节的高 4 位上发送，第 1 个字节的低 4 位补 0；其低 4 位被放在第 2 个字节的高 4 位发送，第 2 个字节的低 4 位补 0。

10.3.3　12864 液晶实例演示

12864 液晶的工作原理就分析到这里，现在市面上大部分 12864 液晶在出厂时一般默认设置为并行接口，要转换成串行接口需在液晶模块上作跳点连接设置（具体设置方法需咨询卖家），YL51 开发板采用的是并行连接，如图 10.11 所示。

【例 10.3】　编写一个程序，让 12864 液晶第 1 行显示"云龙电子"，第 2 行显示"WWW.YUNLONGDZ.CN"，第 3 行显示"YL-51 开发板"，第 4 行显示"带您入门走向精通"，程序代码如下：

```
#include  <reg52.h>
#define  uchar  unsigned  char
#define  uint    unsigned  int
#define  DataPort  P0          //液晶数据口定义，液晶 DB0～DB7 <------> 单片机  P0
sbit   RS=P3^5;              //数据命令选择
sbit   RW=P3^6;              //液晶读写选择
sbit   E=P3^4;               //液晶脉冲使能
sbit   PSB=P3^7;             //串并方式选择
sbit   wela=P2^6;
sbit   dula=P2^7;
uchar  code   table1[]={"云龙电子"};
uchar  code   table2[]={"WWW.YUNLONGDZ.CN"};
uchar  code   table3[]={"YL-51  开发板"};
uchar  code   table4[]={"带您入门走向精通"};

void  delay(int  t)     //延时函数
{
      while(--t);
}

void  lcd_busy()      //检查 12864 忙状态
  {
      RS=0;
      RW=1;
      E=1;
```

```
        DataPort=0xff;
        while((DataPort&0x80)==0x80);      //忙则等待
        E=0;
    }
void lcd_wcmd (uchar cmd) //12864 写命令函数，RS 为 L, RW 为 L, E 为高脉冲, D0~D7 为指令码
{
        lcd_busy();
        RS=0;
        RW=0;
        E=0;
        delay(10);
        DataPort = cmd;      //送入命令
        delay(10);
        E = 1;
        delay(10);
        E = 0;
}
void lcd_wdat (uchar dat)  //12864 写数据函数，RS 为 H, RW 为 L, E 为高脉冲, D0~D7 为数据
{
        lcd_busy();
        RS=1;
        RW=0;
        E=0;
        delay(10);
        DataPort = dat;      //送入数据
        delay(10);
        E=1;
        delay(10);
        E=0;
}


void  lcd_pos(uchar  X,uchar  Y)      //设定位置显示字符函数
{
    uchar    pos;
    if  (X==0)
        {X=0x80;}          //第 1 行，第 1 个位置，和表 10.13 汉字显示坐标对应
    else  if  (X==1)
        {X=0x90;}          //第 2 行，第 1 个位置
    else  if  (X==2)
        {X=0x88;}          //第 3 行，第 1 个位置
    else  if  (X==3)
        {X=0x98;}          //第 4 行，第 1 个位置
    pos  =  X+Y  ;
    lcd_wcmd(pos);        //字符显示地址
}
```

```
void   lcd_init()        //  12864 初始化
{
      wela=0;            //关闭数码管显示
      dula=0;
      PSB= 1;           //使用 8 位并口通讯
      lcd_wcmd(0x34);  //扩充指令操作
      delay(50);
      lcd_wcmd(0x30);  //基本指令操作
      delay(50);
      lcd_wcmd(0x0C);  //开显示, 关光标
      delay(50);
      lcd_wcmd(0x01);  //清除显示, 并且设定地址指针为 00H
      delay(50);
}


   main()               //主程序
{
      uchar  i;
      lcd_init();        //12864 初始化
      lcd_pos(0,0);     //显示位置设为第 1 行的第 1 个字符
       i = 0;
      while(table1[i]   !=  '\0') // '\0'表示空字符, 直到 table1[i]是空字符, 才退出循环
        {
            lcd_wdat(table1[i]);   //显示字符
            i++;
        }
       lcd_pos(1,0);                //显示位置设为第 2 行的第 1 个字符
        i =  0;
       while(table2[i]   !=  '\0')
        {
         lcd_wdat(table2[i]);        //显示字符
         i++;
        }
        lcd_pos(2,0);               //显示位置设为第 3 行的第 1 个字符
        i =  0;
       while(table3[i]   !=  '\0')
        {
         lcd_wdat(table3[i]);        //显示字符
         i++;
        }
        lcd_pos(3,0);               //显示位置设为第 4 行的第 1 个字符
        i =  0;
       while(table4[i]   !=  '\0')
         {
```

```
        lcd_wdat(table4[i]);      //显示字符
        i++;
    }
    while(1);
}
```

把程序代码编译后下载到开发板上，12864液晶显示效果如图10.16所示。

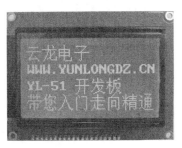

图10.16 显示效果

12864液晶的实例介绍就到这里，12864液晶还可以做出不同的显示效果，大家可以自行进行验证。

10.4 课后作业

1. 了解1602液晶硬件原理和操作时序。
2. 了解12864液晶硬件原理和操作时序。
3. 写一个程序，在1602液晶上滚动显示任意字符串。
4. 写一个程序，显示一段汉字在12864液晶上。

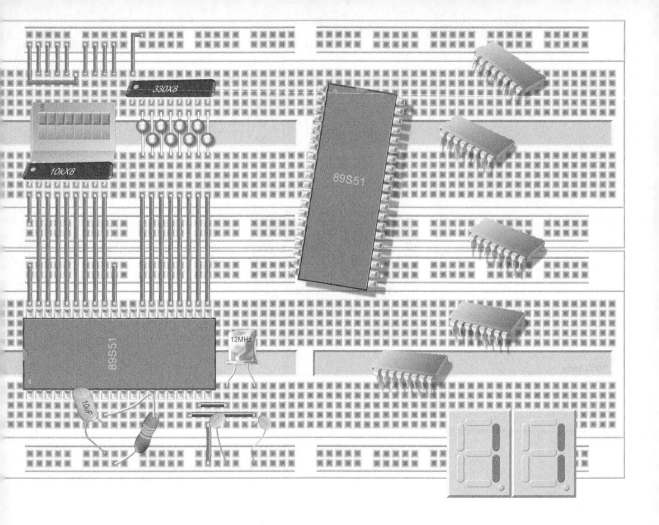

第11章 串行口通信原理及应用

单片机不但具有控制功能，还有另一个重要的功能，即通信功能。在前面章节中介绍到的发光二极管的亮灭控制、数码管显示、1602 液晶显示等，都是用单片机的控制功能来实现。单片机的通信功能可以用来实现单片机与单片机之间或者是单片机与计算机之间的信息交换。

串行口通信
原理及应用

11.1　通信基础知识

首先介绍一下通信的基础知识，计算机通信是指计算机与外部设备或计算机与计算机之间的信息交换。通信有并行通信和串行通信两种方式，在多微机系统以及现代测控系统中信息的交换多采用串行通信方式。

11.1.1　并行通信

并行通信通常是用多条数据线同时传送数据字节，如图 11.1 所示。

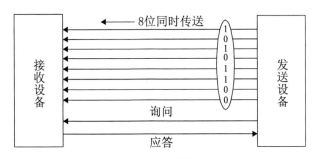

图 11.1　并行通信方式

发送设备输出的 8 位数据，以并行的方式同一时间发送到接收设备上。下面的两根线分别作为询问和应答。询问在发送数据时给接收设备发一个信息，询问接收设备准备好了没有，如果接收设备回一个信息，说准备好了，那么发送设备就把 8 位数据发送过去。这就是并行通信的工作流程。

并行通信的特点：把数据字节用几条线同时进行传输，传输速度快，信息率高。但使用的传输线多，在长距离传输时成本高。

11.1.2　串行通信

串行通信是将数据字节分成一位一位的形式在一条传输线上逐个传送，如图 11.2 所示。

图 11.2　串行通信方式

接收设备和发送设备之间只有一根数据线，发送设备把一个数据字节拆分开一位一位地从低位开始传送过去，首先传送的是低位 D0，然后是 D1、D2，一直到 D7，接收设备把这 8 位都收齐之后，再还原成一个字节。这种传送方式就是串行通信。

串行通信的特点：使用的传输线少，布线比较简单，在远距离通信时成本较低，但传输速度没有并行通信快。

11.2　串行通信的分类

串行通信可分为异步通信和同步通信两类。

11.2.1　异步通信

异步通信是指两个互不同步的设备通过计时机制或其他技术进行数据传输，数据常以字符或者字节为单位组成字符帧传送，字符帧由发送设备逐帧发送，通过传输线被接收设备逐帧接收。发送设备和接收设备由各自的时钟来控制数据的发送和接收，这两个时钟源彼此独立，互不同步。如图 11.3 所示，右边是一个发送设备，它把字符构成的一帧数据分开，一位一位从低位开始传输过去，这一帧的数据不一定是 10 个，其他个数也可以。每一帧数据包含了起始位、数据位、奇偶较验位和停止位，其中起始位和停止位为该帧开始和结束的标志。在每一帧之间有一个空闲，这个空闲所占用的时间是任意的，等多久都是可以的。

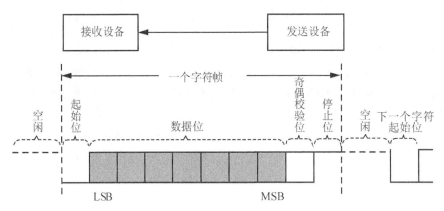

图 11.3　异步串行通信数据格式

异步通信中典型的帧格式是：1 位起始位，7 位（或 8 位）数据位，1 位奇偶校验位，1 位停止位。这个格式要牢记，51 单片机的串行口用的就是异步通信。

（1）起始位：表示传送一个数据的开始，用一个位宽的低电平表示。当接收设备接收到起始位后，就知道下一位是要传输的数据了。不然在间隙后直接来一个数据，接收设备就不知道要传输的是不是数据，因此在进行异步通信的时候每一帧数据的开始都必须加一个起始位。

（2）数据位：是要传送的数据的具体内容。数据从低位开始传送，LSB 表示最低位，依次到最高位 MSB。这个数据位是不固定的，多少位都可以。

（3）校验位：是用来检测在传输数据的时候有没有出错，如果传输出错了，它会告诉发送设备重新发送一遍。

（4）停止位：表示一个数据发送结束。用一个位宽的高电平表示。然后是空闲，等待下一个字符的起始位。

11.2.2 同步通信

同步通信是把许多字符组成一个数据帧，字符可以一个一个地传输，在每组数据帧的开始处要加上同步字符，在没有数据传输时，要填上空字符，因为同步传输不允许有间隙。同步方式下，发送方除了发送数据外，还要传输同步时钟信号，信息传输的双方用同一个时钟信号确定传输过程中每一位的位置。同步通信如图 11.4 所示。

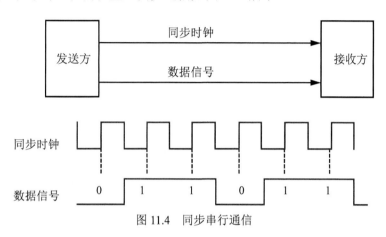

图 11.4 同步串行通信

同步通信的硬件结构比较复杂，它是串行通信的另一种方式，单片机使用的是异步通信。因此同步通信作为了解即可。

11.2.3 串行通信方式

从通信双方信息的传输方向看，串行通信方式有 3 种模式，如图 11.5 所示。

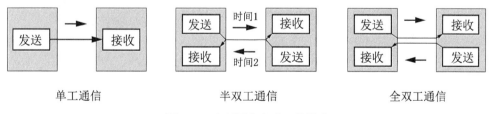

图 11.5 串行通信方式 3 种模式

（1）单工通信：是指数据传输仅能沿一个方向，不能实现反向传输。它有点类似于电视闭路信号，只负责传送信号给电视机。

（2）半双工通信：是指数据传输可以沿两个方向，但需要分时进行。在发送信息的时候，不能同时接收对方的信息；接收信息的时候，不能同时发送信息给对方。现在的对讲机很多都是采用这种工作方式。

（3）全双工通信：是指数据可以同时进行双向传输，发送与接收装置同时工作。像电话机，说话和接听都可以同时进行。

11.3   串行通信接口标准

串行通信接口也叫串行通信接口，简称串行口。该接口是计算机与其他设备传送信息的一种标准接口，下面我们来作具体介绍。

11.3.1   RS232 接口

RS232 是美国电子工业协会（EIA）1969 年修订的 RS232 标准。RS232 定义了数据终端设备（DTE）与数据通信设备（DCE）之间的物理接口标准。连接器的尺寸及每个插针的排列位置都有明确的定义，如图 11.6 所示。

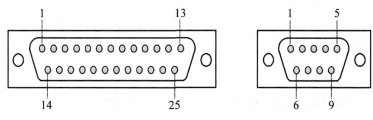

图 11.6   串行接口座（串行口座）

串行口座有 25 针的，也有 9 针的。左边 25 针串行口座是很久以前的常用串行口座，现在常见的是 9 针串行口座，YL51 开发板用的也是 9 针串行口座。串行口座有公头、母头之分，如图 11.7 和图 11.8 所示。接口带针的叫作公头，带孔的叫作母头，YL51 开发板上用的是母头。

图 11.7   串行口公座

图 11.8   串行口母座

通过串行口线可以将串行口座连接到计算机的串行口座上，如图 11.9 所示。根据线两端的接头不同，串行口线有公头对母头的，有母头对母头的，有公头对公头的。

图 11.9   串行口线（公对母）

按串行口线内部 2 脚和 3 脚的接线方式，串行口线分为直联的和交叉的。什么是直联和交叉呢？

- 直联串行口线表示线两端的串行口头 2 脚是和另一头的 2 脚相连，3 脚和另一头的 3 脚相连，它是直通的。

- 交叉串行口线表示线两端的串行口头 2 脚是和另一头的 3 脚相连，3 脚和另一头的 2 脚相连，它是交叉的。

11.3.2　RS232 串行口通信电路

YL51 开发板使用到的串行口线是直联的公头对母头串行口线。图 11.10 为 YL51 开发板串行口部分的电路图。

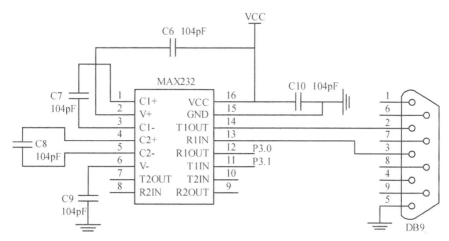

图 11.10　YL51 开发板串行口部分电路图

串行口座的 9 个引脚的定义如下：引脚 1，数据载波检测（DCD）；引脚 2，串行口数据输入（RXD）；引脚 3，串行口数据输出（TXD）；引脚 4，数据终端就绪（DTR）；引脚 5，地线（GND）；引脚 6，数据发送就绪（DSR）；引脚 7，发送数据请求（RTS）；引脚 8，清除发送（CTS）；引脚 9，铃声指示（RI）。

在单片机与计算机串行口通信中，只用到引脚 2（RXD）、引脚 3（TXD）和引脚 5（GND）。通过 MAX232 电路进行电平转换，把计算机端的 RS232 电平转换为 TTL 电平，再连接到单片机的 P3.0 引脚和 P3.1 引脚。因为计算机串行口使用的 RS232 电平，它是一个负逻辑电平，–3 V 到–15 V 代表数字 1；3 V 到 15 V 代表数字 0。单片机使用的是 TTL 电平，0 V 代表数字 0，5 V 代表数字 1。因此，计算机的串行口是不能直接连接到单片机的串行通信口上的，必须经过电平转换电路来完成电平转换。

11.3.3　USB 转串行口通信电路

RS232 串行口在工业控制中应用非常广泛，但随着科技的进步，现在的计算机一般都没有串行口了。为了实现单片机和计算机进行串行口通信，YL51 开发板上带有 USB 转串行口通信电路。当连接到计算机 USB 口后，会在计算机上生成一个虚拟串行口和单片机进行通信。图 11.11 所示为 YL51 开发板 USB 转串行口通信部分的原理图。

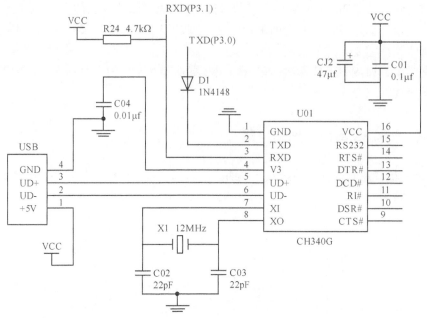

图 11.11 YL51 开发板 USB 转串行口部分电路图

　　USB 转串行口电路采用的是 CH340G 芯片，它的外围电路非常简单，如果大家想要进一步了解，可以查看芯片的数据手册。在使用时需要注意的是，如果你的计算机是第一次使用开发板的 USB 口，在使用前需要安装 CH341SER.exe 驱动，然后再用 USB 线把开发板和计算机连接起来，按提示直至完成硬件安装，安装完成后会在设备管理器上显示出一个虚拟的串行口号，供用户使用。

11.4　80C51 串行口的结构

11.4.1　80C51 串行口基本工作原理

　　图 11.12 所示的是单片机自带的串行口结构图，51 单片机串行口主要由发送缓冲寄存器 SBUF、发送控制器、发送控制门、接收缓冲寄存器 SBUF、接收控制器、移位寄存器和中断等部分组成。

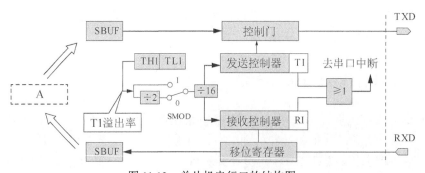

图 11.12　单片机串行口的结构图

单片机接收外部数据的时候，是通过 RXD 引脚（单片机的 P3.0 脚）接收外部数据的。之前介绍过，P3 口是具有第二功能的，P3.0 脚不但具有控制功能，还具有通信功能。如果单片机要发送一个数据，是通过 TXD 引脚（单片机的 P3.1 脚）进行发送。该通信口是一个全双工的串行通信口，可以同时发送和接收数据。

SBUF：为两个物理上独立的接收、发送缓冲器，它们有相同的名字和地址空间，共用地址 99H，但不会产生冲突。因为接收缓冲器只能被 CPU 读出数据，发送缓冲器只能被 CPU 写入数据，所以不会产生重叠错误。比如发送字符 A，只要向发送缓冲器 SBUF 写入数据，通过控制门即可发送出去。这个 SBUF 既可作为发送缓冲器，也可以作为接收缓冲器，它是一个可寻址的专用寄存器。

TH1、TL1：为定时器 1（即 T1）的高 8 位和低 8 位，T1 溢出率是指定时器 1 的溢出率，T1 溢出率决定了发送控制器和接收控制器的工作速率。

SMOD：为 PCON 寄存器的最高位，它为波特率倍增位。当它等于 0 时，T1 溢出率进行 32 分频；当 SMOD 等于 1 时，T1 溢出率进行 16 分频。

TI：发送中断标志位，当每发送完一帧数据的时候，发送中断标志 TI 会置 1，并向 CPU 发出中断请求。

RI：接收中断标志位，如果是接收数据时，每接收完一帧数据，接收中断标记位 RI 置 1，并向 CPU 发出中断请求。

当 CPU 接收到中断请求后，如果是接收数据时，就知道一帧数据接收完了。这时可以设置一个变量，比如 A，让 A 等于 SBUF（即 A=SBUF），就可以把数据读走。如果是发送数据，比如发送字符 A，只要向发送缓冲器 SBUF 写入数据（即 SBUF=A），通过控制门即可发送出去。这就是单片机串行口的基本工作原理。

11.4.2　80C51 串行口的控制寄存器

接着介绍串行口通信有关的控制寄存器，下面分别进行介绍。

1．串行控制寄存器 SCON

SCON 是 51 单片机的一个按位寻址的专用寄存器，单元地址 98H，用于设定串行口的工作方式、接收/发送控制以及设置状态标志等，如表 11.1 所示。

表 11.1　　　　　　　　　　　　　串行控制寄存器 SCON

位序号	D7	D6	D5	D4	D3	D2	D1	D0
位符号	SM0	SM1	SM2	REN	TB8	RB8	TI	RI

SCON 中的每一位在 reg51 头文件里已经声明好了，因此，读者可以直接进行位操作。接下来详细介绍每一位的含义。

（1）SM0 SM1——串行口工作方式选择位。

串行口的 4 种工作方式不同之处在于其通信协议不同，即帧格式与波特率的不同。4 种工作方式与相应的帧格式、波特率的对应关系如表 11.2 所示。

表 11.2　　　　　　　　　　　　　串行口工作方式选择位

SM0	SM1	方式	说　明	波　特　率
0	0	0	同步移位寄存器方式	$f_{osc}/12$
0	1	1	10 位异步收发器（8 位数据）	可变
1	0	2	11 位异步收发器（9 位数据）	$f_{osc}/64$ 或 $f_{osc}/32$
1	1	3	11 位异步收发器（9 位数据）	可变

（2）SM2——多机通信控制位，主要用于方式 2 和方式 3。

- 当 SM2=1 时，只有接收到第 9 位数据（RB8）为 1，RI 才会置 1（此时 RB8 具有控制 RI 激活的功能，进而在中断服务中将数据从 SBUF 读走）。

- 当 SM2=0 时，收到字符 RI 就置 1，使收到的数据进入 SBUF（即此时 RB8 不具有控制 RI 激活的功能）。通过控制 SM2，可以实现多机通信。

（3）REN——允许串行接收位。

由软件置 REN=1，则启动串行口接收数据；若软件置 REN=0，则禁止接收。

（4）TB8——在方式 2 或方式 3 中，是发送数据的第 9 位。

可以用软件规定其作用，也可以用作数据的奇偶校验位，或在多机通信中，作为地址帧/数据帧的标志位。在方式 0 和方式 1 中，该位未用，默认为 0。

（5）RB8——在方式 2 或方式 3 中，是接收到数据的第 9 位。

在方式 2 或方式 3 中，是接收到数据的第 9 位，是奇偶校验位或地址帧/数据帧的标志位。在方式 1 时，若 SM2=0，则 RB8 是接收到的停止位。

（6）TI——发送中断标志位。

在方式 0 时，当串行发送完第 8 位数据后，该位由硬件置位。或在其他方式下，在发送停止位之前，由内部硬件使 TI 置 1，并向 CPU 发中断申请，表示帧发送结束，其状态既可供软件查询使用，也可向 CPU 请求中断。TI 位必须由软件清 0，以取消此中断申请。

（7）RI——接收中断标志。

在方式 0 时，当串行接收完第 8 位数据后，该位由硬件置位。或在其他方式下，当接收到停止位时，该位由硬件置位。因此 RI=1，表示帧接收结束。其状态既可供软件查询使用，也可以向 CPU 请求中断。RI 位必须由软件清 0，取消此中断申请。

2. 电源控制寄存器 PCON

在 PCON 中只有一位 SMOD 与串行口工作有关，它是串行口波特率的倍增位，如表 11.3 所示。

表 11.3　　　　　　　　　　　　电源控制寄存器 PCON

位序号	D7	D6	D5	D4	D3	D2	D1	D0
位符号	SMOD	—	—	—	GF1	GF0	PD	IDL

SMOD（PCON.7）为波特率倍增位。在串行口方式 1、方式 2、方式 3 时，波特率与 SMOD 有关，当 SMOD=1 时，波特率提高一倍。复位时，SMOD=0。

如图 11.12 所示，当 SMOD 等于 0 时，T1 溢出率是进行是 32 分频的；当 SMOD 等于 1 时，T1 溢出率是进行 16 分频。如果不对它进行设置，默认值为 0，那么就是 32 分频。当设为 1 时，频率就增加一倍。一般情况下，默认为 0 即可。

11.4.3　80C51 串行口的工作方式

串行口工作方式共有 4 种，其中方式 1 是最为常用的。在单片机之间、单片机与计算机、计算机与计算机串行口通信时，基本选择方式 1。下面进行详细介绍。

（1）串行口方式 0（同步移位寄存器方式）。

- 当 SM0＝0、SM1＝0 时，串行口选择为方式 0。
- 数据传输波特率固定为（1/12）f_{osc}。
- 由 RXD（P3.0）引脚输入或输出数据，
- 由 TXD（P3.1）引脚输出同步移位时钟。
- 接收/发送的是 8 位数据，传输时低位在前。
- 发送：当执行任何一条写 SBUF 的指令时，就启动串行数据的发送，如图 11.13 所示。
- 接收：当满足 REN＝1（允许接收）且接收中断标志 RI 位清除时，就会启动一次接收过程，如图 11.14 所示。

使用方式 0 实现数据的移位输入输出时，实际上是把串行口变成并行口使用。串行口作为并行输出口使用时，要有"串入并出"的移位寄存器（例如 CD4094、74LS164 或 74HC164 等）配合，其电路连接如图 11.15 所示。

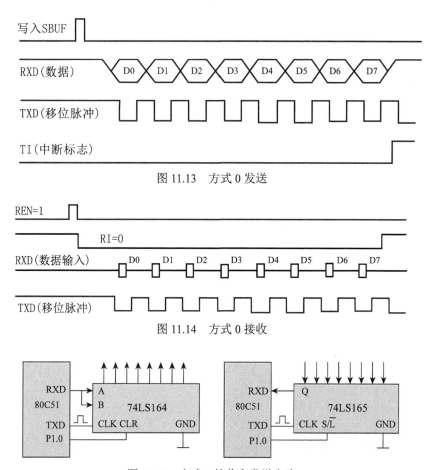

图 11.13　方式 0 发送

图 11.14　方式 0 接收

图 11.15　方式 0 接收和发送电路

（2）串行口方式 1（8 位 UART）。

- 当 SM0＝0、SM1＝1 时，串行口选择方式 1。
- 波特率由定时器/计数器 T1 的溢出决定。
- 由 TXD（P3.1）引脚发送数据。
- 由 RXD（P3.0）引脚接收数据。
- 发送或接收一帧信息为 10 位：1 位起始位（"0"）、8 位数据位（低位在前）和 1 位停止位（"1"）。帧格式如图 11.16 所示。

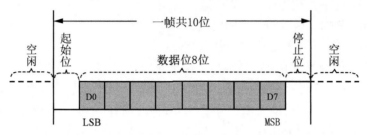

图 11.16　串行口方式 1 传送一帧数据的格式

- 以方式 1 发送时，如图 11.17 所示。数据从引脚 TXD 发送，当数据被写入 SBUF 寄存器后，由内部硬件自动加入起始位和停止位，构成一个完整的帧格式，然后发送器自动开始发送。在发送停止位之前，由内部硬件让 TI 置 1，向 CPU 发中断申请，表示帧发送结束。TI 位必须由软件清 0，取消此中断申请后，才能接着发送下一帧数据。

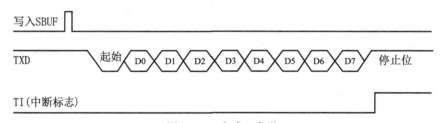

图 11.17　方式 1 发送

- 以方式 1 接收时，如图 11.18 所示。当用软件置 REN＝1 时，接收器以所选择波特率的 16 倍速率采样 RXD 引脚电平，当采样到 RXD 引脚电平由 1 到 0 的负跳变时，确认是起始位（"0"），就开始接收这一帧信息。当 RI＝0 且停止位为 1（或者 SM2＝0）时，将接收到的 8 位数据装入接收缓冲器 SBUF，停止位进入 RB8，并由硬件置中断标志位 RI 等于 1，向 CPU 发中断申请，表示这一帧信息接收结束。RI 位必须由软件清 0，取消此中断申请后，才能继续接收下一帧数据。

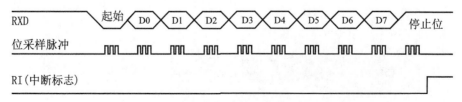

图 11.18　方式 1 接收

（3）串行口方式 2 和方式 3。

- 方式 2 或方式 3 为 11 位数据的异步通信口。TXD 为数据发送引脚，RXD 为数据接收引脚。

- 当 SM0=1、SM1=0 时，串行口选择方式 2。

- 当 SM1=1、SM0=1 时，串行口选择方式 3。

- 发送或接收一帧信息为：1 位起始位（"0"），数据 9 位（含 1 位附加的第 9 位，发送时为 SCON 中的 TB8，接收时为 RB8），停止位 1 位，一帧数据为 11 位。帧格式如图 11.19 所示。

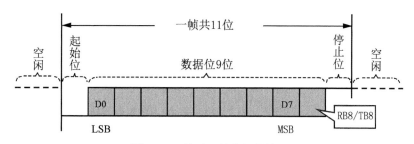

图 11.19　传送一帧数据的格式

- 方式 2 和方式 3 的不同之处在于它们波特率的产生方式不同。方式 2 的波特率是固定的，为振荡器频率的 1/32 或 1/64。方式 3 的波特率则由定时器/计数器 T1 和 T2 的溢出决定，可用程序设定。

- 发送开始时，如图 11.20 所示。先把起始位 0 输出到 TXD 引脚，然后发送移位寄存器的输出位（D0）到 TXD 引脚。每一个移位脉冲都使输出移位寄存器的各位右移一位，并由 TXD 引脚输出。第一次移位时，停止位 "1" 移入输出移位寄存器的第 9 位，以后每次移位，左边都移入 0。当停止位移至输出位时，左边其余位全为 0。检测电路检测到这一条件时，让控制电路进行最后一次移位，并置 TI=1，向 CPU 请求中断。

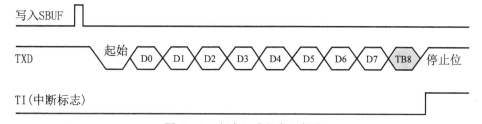

图 11.20　方式 2 或方式 3 发送

- 接收时，如图 11.21 所示。数据从右边移入输入移位寄存器，在起始位 0 移到最左边时，控制电路进行最后一次移位。当 RI=0 且 SM2=0（或接收到的第 9 位数据为 1）时，接收到的数据装入接收缓冲器 SBUF 和 RB8（接收数据的第 9 位），置 RI=1，向 CPU 请求中断。如果条件不满足，则数据丢失，且不置位 RI，继续搜索 RXD 引脚的负跳变。

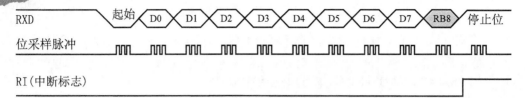

图 11.21　方式 2 或方式 3 接收

11.5　波特率的计算

波特率是指数据传递的速率，指每秒传送二进制数据的位数，单位为位/秒（bit/s）。例如，传递速率为 960 个字符/秒，每个字符为 10 位（1 位起始位、8 位数据位、1 个停止位），则其波特率为：$10 \times 960 = 9\ 600$ bit/s。

在串行通信中，发送设备和接收设备对发送或接收的数据速率要有一定的约定，串行口的 4 种工作方式对应着 3 种波特率。其中，方式 0 和方式 2 的波特率是固定的，而方式 1 和方式 3 的波特率是可变的，由定时器 T1 的溢出率决定。由于输入的移位时钟的来源不同，所以，各种方式的波特率计算公式也不同。

（1）串行工作方式 0 的波特率。

串行工作方式 0 的波特率是固定的，其值为：

$$波特率 = f_{osc}/12$$

其中 f_{osc} 表示外部振荡器频率。$f_{osc}/12$ 即外部振荡脉冲的 12 分频。在串行工作方式 0 下，每个机器周期产生一个移位脉冲、进行一次串行移位。其波特率固定，不存在设置波特率的问题。

（2）串行工作方式 2 的波特率。

串行工作方式 2 的波特率也是固定的，但有两个数值。其计算公式为：

$$波特率 = f_{osc} \times 2^{smod}/64$$

其中 $smod$ 是串行口波特率倍增位 SMOD 的值。这两种固定的波特率可根据需要选择，而选择的方法是设置 PCON 寄存器中 SMOD 位的状态。

（3）串行工作方式 1 和方式 3 的波特率。

51 单片机是以定时器 T1 作为波特率发生器（通常选用可自动装入初值模式，即定时器 1 方式 2，如图 11.22 所示），以其溢出脉冲产生串行口的移位脉冲，通过计算 T1 的计数初值就可以设置波特率。

在定时器 1 方式 2 中，TL1 作为计数用，而自动装入的初值放在 TH1 中，假设计数初值为 X，则每过 "$256-X$" 个机器周期，定时器 T1 就会产生一次溢出。这时溢出率取决于 TH1 中的计数值。因此，计数溢出周期为：

$$(12/f_{osc}) \times (256-X)，（其中：12/f_{osc} 表示一个机器周期）$$

T1 溢出率为溢出周期的倒数：

$$T1 溢出率 = f_{osc}/[12 \times (256-X)]$$

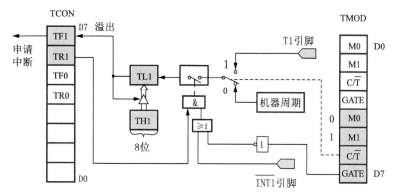

图 11.22　定时器 1 方式 2 结构图

则波特率计算公式为：

$$波特率 = (2^{smod}/32) \times (T1 \text{ 溢出率}) = (2^{smod}/32) \times \{f_{osc}/[12 \times (256-X)]\}$$

一般不用太关注波特率的计算，需要关注的是，如何通过选用的波特率去反推定时器 1 方式 2 的初值（TH1），根据上述波特率计算公式，得出计数初值的计算公式为：

$$X = 256 - (f_{osc} \times 2^{smod})/(12 \times 32 \times 波特率)$$

【例 11.1】　51 单片机时钟振荡频率为 11.059 2 MHz，在串行口方式 1 下进行串行通信，使用的波特率为 4800 bit/s，求定时器 T1 的初值。

解：11.059 2 MHz = 11.059 2×10^6 Hz，设波特率控制位 SMOD=0，则：

$X = 256 - (11.059\ 2 \times 10^6 \times 2^0)/(12 \times 32 \times 4800) = 250$，换成十六进制数为 0xfa。

那么 TH1=TL1=0xfa。

注意：定时器 1 方式 2（自动重装模式）是 8 位计数器，所以 TL1 计数溢出时，会将 TH1 的值自动重装到 TL1，所以 TH1 和 TL1 初值是一样的。

在单片机的应用中，常用的晶振频率为 12 MHz 和 11.059 2 MHz。所以，选用的波特率也相对固定，常用的串行口波特率以及各参数的关系如表 11.4 所示。

表 11.4　　　　　　　　　　常用波特率与定时器 1 的参数关系表

串行口工作方式	波特率（bit/s）	f_{osc}(MHz)	SMOD	定时器 T1		
				C/T̄	工作方式	初值
方式 1、3	62 500	12	1	0	2	FFH
方式 1、3	19 200	11.059 2	1	0	2	FDH
方式 1、3	9 600	11.059 2	0	0	2	FDH
方式 1、3	4 800	11.059 2	0	0	2	FAH
方式 1、3	2 400	11.059 2	0	0	2	F4H
方式 1、3	1 200	11.059 2	0	0	2	E8H

11.6　实例讲解

串行口工作之前，应对其编程进行初始化设置，前面主要介绍了如何进行串行口应用。

串行口初始化主要是设置产生波特率的定时器1、串行口控制和中断控制。具体步骤如下。

（1）确定 T1 的工作方式——设置 TMOD 寄存器的值。

（2）通过计算或查表确定 T1 的初值——对 TH1、TL1 装初值。

（3）启动 T1，产生串行通信需要的时钟——使 TCON 中的 TR1 位置 1。

（4）确定串行口工作方式——设置 SCON 寄存器的 SM0、SM1 串行口工作方式选择位。

（5）若串行口在中断方式工作时，需开总中断和源中断——设置 IE 寄存器，IP 寄存器。

下面举例介绍串行口方式 1 具体应用方法。

【例 11.2】 写个程序，用串行口调试助手在 YL51 开发板上实现。发送一个数据给单片机，当单片机收到相应的数据时，把对应的发光二极管点亮。例如发 01，第一个发光二极管点亮；发 02，第二个发光二极管被点亮。程序代码如下：

```c
#include<reg52.h>
#define  uchar  unsigned  char
#define  uint  unsigned  int
uchar  i;
sbit  D0=P1^0;          //8 个发光二极管位定义
sbit  D1=P1^1;
sbit  D2=P1^2;
sbit  D3=P1^3;
sbit  D4=P1^4;
sbit  D5=P1^5;
sbit  D6=P1^6;
sbit  D7=P1^7;

void  init_uart(void)  //串行口初始化函数
{
      TMOD=0X20;           //设为定时器 1 工作方式 2
      TH1=0XFD;            //T1 定时器装初值   （波特率设为 9600bit/s）
      TL1=0XFD;            //T1 定时器装初值
      TR1=1;              //启动定时器 1
      SCON=0X50;          //设为串行口工作方式 1
      EA=1;              //开总中断
      ES=1;              //开串行口中断
}

void  main  (void)       //主函数
{
      init_uart();        //首先对串行口进行初始化
      while(1)
      {
            while(!RI);     //等待接收中断标记位 RI 置 1
            RI=0;          //用软件对 RI 清 0，取消此中断申请，方便下一个数据的接收
            i=SBUF;         //用变量 i 把 SBUF 接收到的数据读走
```

```
            switch(i)         //发光二极管的控制语句
            {
                case  0x01  :D0=~D0;break;        //和i的数据比对,把相应的发光二极管点亮
                case  0x02  :D1=~D1;break;
                case  0x03  :D2=~D2;break;
                case  0x04  :D3=~D3;break;
                case  0x05  :D4=~D4;break;
                case  0x06  :D5=~D5;break;
                case  0x07  :D6=~D6;break;
                case  0x08  :D7=~D7;break;
            }
        }
}
```

"void init_uart（void）为串行口初始化函数。在本函数中，T1 定时器的初值（TH1、TL1）是当波特率为 9600 bit/s、SMOD=0 时得到的。这个值我们通过公式计算或者查表 11.4 可得到，也可以通过工具软件算出来，如图 11.23 所示。

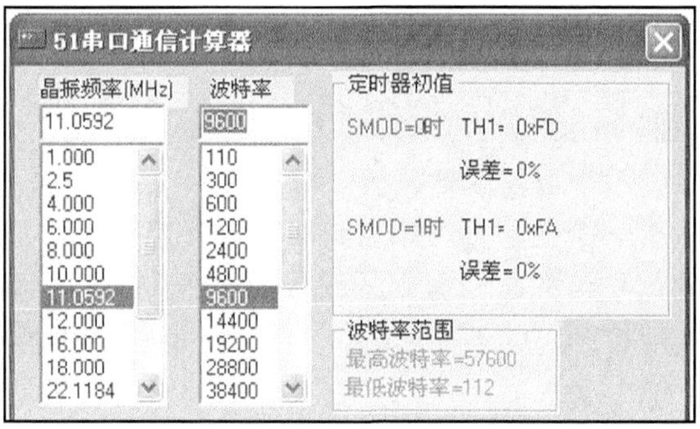

图 11.23　51 串行口通信计算器

当 51 串行口通信计算器上的晶振频率选择为 12 MHz 晶振、波特率为 9 600 bit/s 时，读者会看到，这时 TI 定时器的初值还是 0xfd，但它的误差达到 8.51%，那么就是说，如果要是用 12 MHz 晶振做串行口通信的时候，有可能会收不到数据，或收到的是一个误码。如果选用 11.059 2 MHz 的时候，波特率在 14 400、9 600、4 800、2 400 等时，它的误差可以为 0，这也是常用 11.059 2 MHz 晶振作为开发板标配频率的原因。用软件来计算这个初值是很简单的，读者需要掌握。

把编译好的程序代码下载到开发板后，打开串行口调试助手，如图 11.24 所示。

在使用串行口调式助手前，我们要对它作一些设置。

- 选择相应的串行口号，这个串行口号的选择和 STC-ISP 下载软件用的串行口号是一样的，它可以用开发板上的串行口，通过一根 RS232 串行口线连接到电脑的串行口上进行通信。也可以用板上自带的 USB 转串行口芯片生成的虚拟串行口号进行通信。串行口调式助手串行口号最多只能选到 COM4，如果你用的 COM 号大于 4，可以在设备管理器→USB SERIAL CH340 属性→端口设置→高级中把串行口号修改到 4 以内。

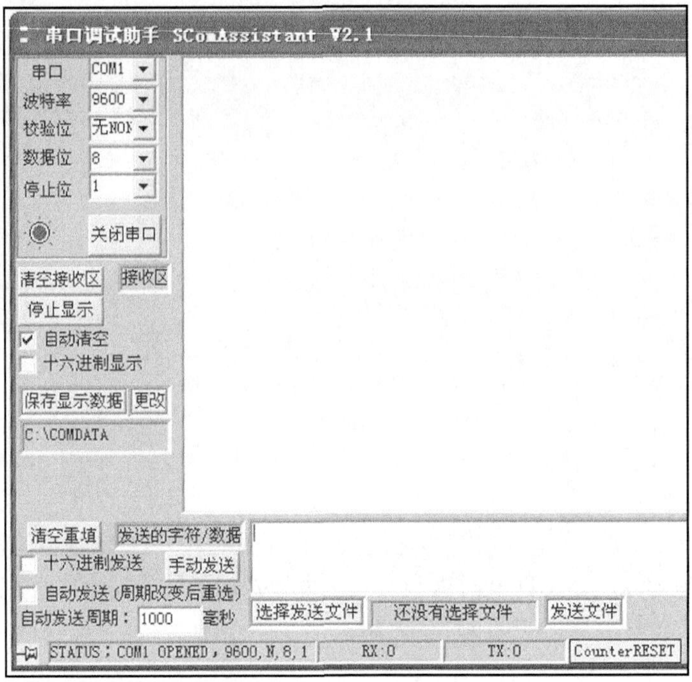

图 11.24 串行口调试助手

- 选择波特率，我们使用默认的 9 600 即可。
- 校验位、数据位、停止位使用默认值。
- 在停止位的下方有一个指示灯，串行口处于关闭状态时，它是黑色的；串行口处于打开状态时，它是红色的。大家用的时候要注意，同一个串行口号，不能被其他软件同时使用，像现在助手软件使用时，STC-ISP 软件就不能用了。
- 在"以十六进制数发送"前面打勾，如果不勾上发送的将是 ASCII 码。

串行口调试助手设置完成后，在下面的发送区填上相应的编号（比如 01 或 02、03、04、05、06、07、08），注意只能填一个编号，然后单击"手动发送"，在开发板上相应的发光二极管被点亮，再单击一次"手动发送"，相应的发光二极管会熄灭，说明单片机能收到计算机转送过来的数据。

【例 11.3】让单片机把从串行口调试助手接收到的数据再原样返回给计算机。程序代码如下：

```c
#include<reg52.h>
#define  uchar  unsigned  char
#define  uint  unsigned  int
uchar  i,flag;
void  init_uart(void)      //串行口初始化函数
{
    TMOD=0X20;             //设为定时器1工作方式2
    TH1=0XFD;              //T1定时器装初值（波特率设为9 600bit/s）
    TL1=0XFD;              //T1定时器装初值
    TR1=1;                 //启动定时器1
```

```
        SCON=0X50;          //设为串行口工作方式 1
        EA=1;               //开总中断
        ES=1;               //开串行口中断
}


void  main  (void)      //主函数
{
        init_uart();        //串行口初始化
        while(1)
        {
                if(flag==1)     //判断 flag 是否等于 1，如果等于 1，说明单片机已接收完一帧的数据
                {
                        ES=0;       //把串行口中断关掉，因为要把单片机接收到的这一帧数据发送给计算机
                                    //在数据发送之前，中断函数不能再接收下一帧数据，不然就容易造成混乱
                        flag=0;   //把 flag 清 0，让它在接收下一个数据时，再变为 1
                        SBUF=i;//向 SBUF 写入刚才 i 收到的数据，这时，单片机就会自动将数据发送到计算机
                        while(!TI);//判断一下 TI 有没有置 1，如果 TI 等于 0，说明没有发完，那么它会
                                    //一直在这里等待。如果发送完了，TI 等于 1，1 取反的数为 0，那么
                                    //就会跳出这一条语句
                        TI=0;       //发送完了，要把 T1 发送标记位清 0
                        ES=1;       //然后打开串行口中断，让中断函数进行下一个数据的接收
                }
        }
}


void  serial( )  interrupt  4         //串行口串断服务函数
{
        RI=0;     //中断进来，把接收标志位 RI 清 0，方便下一帧数据的接收
        i=SBUF; //用变量 i 把数据从 SBUF 读走
        flag=1; //在这里设置一个标记位，在单片机每接收完一帧数据后，让 flag 等于 1
}
```

【例 11.2】是用查寻法来判断 RI 接收标志位是否置 1。如果置 1，说明收到了数据，可以把数据读走。本例是通过一个中断函数 "void serial（ ） interrupt 4" 去判断，因为 RI 置 1 后，会向 CPU 申请中断，这种方法，叫 "中断法"。

把编译好的程序代码下载到开发板后，重新打开串行口调试助手，对串行口调试助手作一些设置，但需注意的是现在不是发送十六进制数，而是发送 ASCII 码。当在发送区写入字符，比如 "www.yunlongdz.cn" 时，单击 "手动发送"，在接收区会收到相应的字符，如图 11.25 所示。

图 11.25　实验效果图

11.7　课后作业

1. 以 2 400 bit/s 的波特率从计算机发送任一字节数据给单片机，当单片机收到该数据后，在此数据基础上加 1，然后把加 1 后的数据返回给计算机。

2. 以十六进制从计算机发送 0～65 536（两字节）的任一数给单片机，当单片机收到后在数码管上动态地显示出来，波特率自定。

3. 用 A/D 以 1 Hz 的频率采集模拟信号，然后转换成数字量，再将其以 1 200 bit/s 的波特率发送到计算机上，并在计算机上显示。

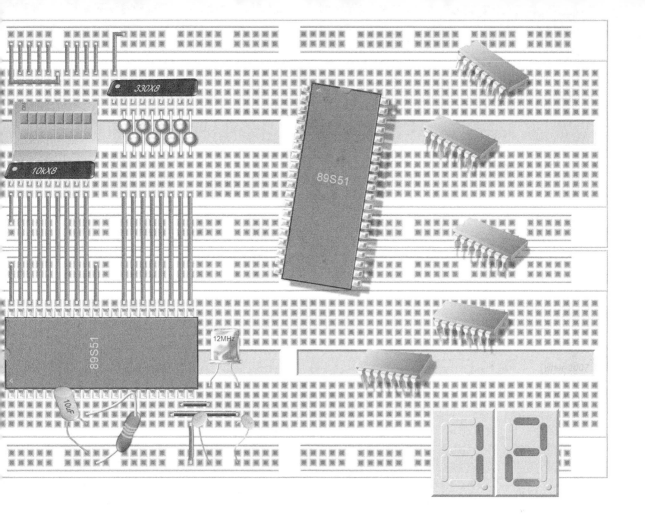

第 12 章 I²C 总线原理和模块化编程方法

　　常用的串行扩展总线有 I²C 总线（Inter IC BUS）、单总线（1 – Wire Bus）、SPI 总线（Serial Peripheral Interface Bus）及 Microwire/PLUS 等。常见的 EEPROM 芯片按其接口方式来分，可分为 I²C、Microwire 和 SPI 3 种。本章主要讨论 I²C 总线工作原理和如何用模块化方法进行编程。

I²C 总线原理和
模块化编程方法

12.1   I²C 总线概述

12.1.1   I²C 总线简介

I²C（Inter IC BUS）总线是 Phlips 公司推出的一种串行总线，具备多主机系统所需的包括总线裁决和高低速器件同步功能的高性能串行总线。I²C 总线只有两根双向信号线，一根是数据线 SDA，另一根是时钟线 SCL，如图 12.1 所示。

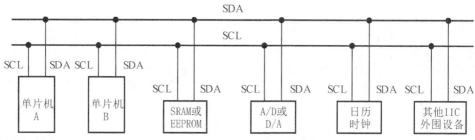

图 12.1   I²C 总线系统硬件连接示意图

凡是具有 I²C 通信接口的器件，不论其功能差别有多大，都具有相同的电气接口，因此都可以挂接到 SDA、SCL 这两根线上，挂接的器件可多达数十个，甚至更多。每一个器件都有唯一的地址，就像电话机一样，只有拔通各自的号码才能工作。对各器件的寻址为软寻址方式，因此节点上没有必须的片选线，器件地址给定完全取决于器件类型与单元结构。器件间可以进行双向通信，每一个器件既可以作为发送器，也可以作为接收器，这取决于它所完成的功能来定义。I²C 总线标准传输速率为 100 kbit/s，在快速模式下为 400 kbit/s，在高速模式下可达 3.4 Mbit/s。

另外 I²C 总线能在总线竞争过程中进行总线控制权的仲裁和时钟同步，并且不会造成数据丢失，因此由 I²C 总线连接的多机系统可以是一个多主机系统，支持多主控。在 51 单片机应用系统的串行总线扩展中，经常遇到的是以 51 单片机为主机，其他接口器件为从机的单主机情况。

12.1.2   I²C 器件接口

如图 12.2 所示，一般具有 I²C 总线的器件其 SDA 和 SCL 管脚都是漏极开路（或集电极开路）输出结构。因此实际使用时，SDA 和 SCL 信号线都必须要加上拉电阻 Rp，上拉电阻一般取值 3～10 kΩ。因为是开漏结构，所以不同器件的 SDA 与 SDA 之间、SCL 与 SCL 之间可以直接相连，不需要额外的转换电路。当总线空闲时，两根线均为高电平。连到总线上的任一器件输出的低电平，都将使总线的信号变低，即各器件的 SDA 及 SCL 都是线"与"关系。

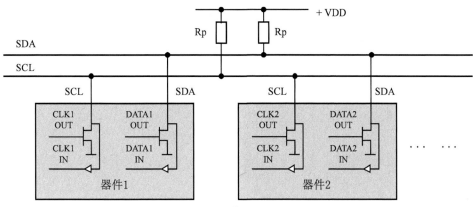

图 12.2　I²C 器件接口

12.2　I²C 总线的数据传送

12.2.1　I²C 总线数据操作有效性规定

在 I²C 总线上，数据是伴随着时钟脉冲，由高到低一位一位地传送，每位数据占一个时钟脉冲。在时钟线 SCL 为高电平期间，数据线 SDA 的状态就表示要传送的数据。高电平为数据 1，低电平为数据 0。在数据传送时，SDA 上数据的改变要在时钟线为低电平时完成，而 SCL 为高电平时，SDA 必须保持稳定，否则 SDA 上的变化会被当作起始或终止信号而致使数据传输停止。如图 12.3 所示。

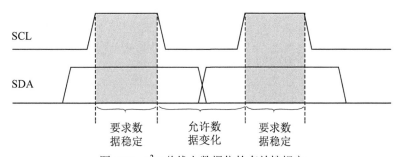

图 12.3　I²C 总线上数据位的有效性规定

12.2.2　I²C 总线的数据传送格式

如图 12.4 所示，I²C 总线在传送数据时包含以下几种信号：起始信号、寻址信号（7 位地址及 1 位读/写位）、应答信号、数据（8 位）和终止信号。

1. 起始信号和终止信号

如图 12.5 所示，SCL 线为高电平期间，SDA 线由高电平向低电平的变化表示起始信号，SDA 线由低电平向高电平的变化表示终止信号。

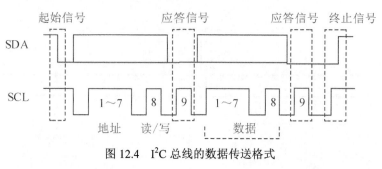

图 12.4　I²C 总线的数据传送格式

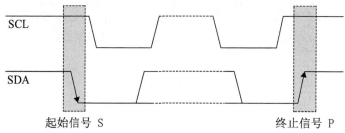

图 12.5　起始信号和终止信号

　　起始和终止信号都是由主机发出的。在起始信号产生后，总线就处于被占用的状态；在终止信号产生后，总线就处于空闲状态。

　　主机可以采用不带 I²C 总线接口的单片机，如 STC89C51、AT89C2051 等单片机，它们利用软件实现 I²C 总线的数据传送，即软件与硬件结合的信号模拟。I²C 总线的起始信号、终止信号可以让单片机 I/O 口不断地发送"0"和发送"1"以模拟时序。

　　2. 寻址信号

　　I²C 总线采用独特的寻址约定，规定起始信号后的第一个字节为寻址字节，用来寻址被控器件，并规定数据传送方向。

　　寻址字节的位定义，如表 12.1 所示，D7～D1 位组成从机的地址。D0 位是数据传送方向，为"0"时表示主机向从机写数据，为"1"时表示主机向从机读数据。

表 12.1　　　　　　　　　　　　　寻址字节的位定义

位	D7	D6	D5	D4	D3	D2	D1	D0
	从机地址							R/$\overline{\text{W}}$

　　寻址字节发出后，总线上的所有器件都将寻址字节中的 7 位地址与自己器件地址比较。如果两者相同，则该器件认为被主控器寻址，并发送应答信号，被控制器根据 R/$\overline{\text{W}}$ 位确定自身是作为发送器还是接收器。

　　如表 12.2 所示，从机地址由 4 位"固定地址"和 3 位"引脚地址"构成。固定地址编码在 I²C 器件出厂时就已经给定，不可更改；引脚地址编码由 I²C 器件的地址引脚（A2、A1、A0）决定，根据其在电路中是接电源正极还是接地（接电源正极表示 1，接地表示 0），以形成不同的地址代码。

表 12.2　　　　　　　　　　　　从机地址组成（I²C 器件地址）

定义	DA3	DA2	DA1	DA0	A2	A1	A0	R/$\overline{\text{W}}$
	固定地址				引脚地址			方向位

图 12.6 所示为 I²C 器件 AT24C02 在 YL-51 开发板上的原理图。在 AT24C02 数据手册中给出高 4 位固定地址为 1010，低 3 位（A2、A1、A0）根据设计为 000，一共 7 位形成该器件的地址码。R/$\overline{W}$ 位为该器件的读写控制位，该位为 0 时表示对器件进行写操作；该位为 1 时表示对器件进行读操作。

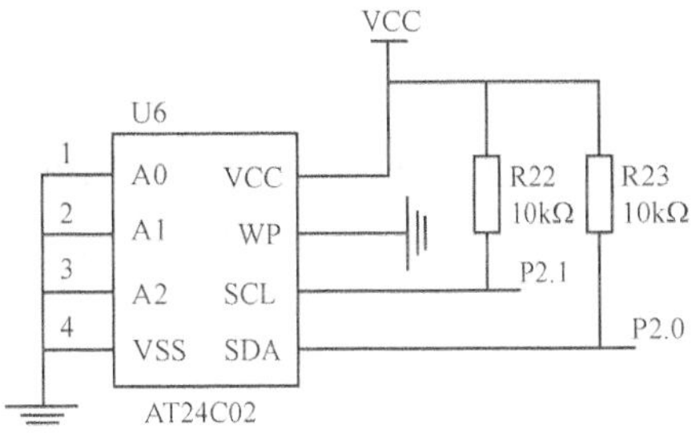

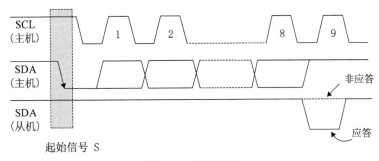

图 12.6 I²C 器件 24C02 连接原理图

3. 应答信号

应答信号分为应答信号 ACK 和非应答信号 NACK。应答信号用一个低电平表示，非应答信号用一个高电平表示，如图 12.7 所示。

图 12.7 应答信号

（1）应答信号 ACK：I²C 总线的数据都是以字节（8 位数据或者地址及命令）的方式传送的。发送器每发送一个字节之后，在时钟的第 9 个脉冲期间释放 SDA 数据线，由接收器发送一个应答信号（即把数据线电平拉低，回复一个"0"）来表示数据成功接收。

（2）无应答信号 NACK：当主机为接收器时，它收到最后一个字节后，则需发送非应答信号"1"（即把 SDA 置为高电平），以通知被控从机结束数据发送，并释放总线，以便主机发送一个终止信号，最终结束通信。

12.3 单片机的普通 I/O 口模拟 I²C 通信

51 系列单片机本身没有 I²C 接口，有一些具有 I²C 接口的单片机往往是高端产品，一方面价格不菲，另一方面也没有必要使用。通常可以通过编程 51 系列单片机的 I/O 口来模拟实现 I²C 总线通信，下面把要用到的相关信号时序作详细分析。

12.3.1 I²C 总线信号时序分析

I²C 的通信协议对起始信号、应答信号、非应答信号、终止信号有着严格的时序要求，以保证数据传送的可靠性。下面对各信号进行介绍。

1. 起始信号

起始信号如图 12.8 所示。

注意阴影部分，SCL 在高电平期间，SDA 在下降沿时开始起动。这个时候需要注意，SDA 在变成低电平之前持续的高电平时间要大于 4.7 μs。在 SDA 变为低电平之后，持续时间也要大于 4 μs，有着严格的时序要求。单片机响应的时间是微秒级的，所以写程序时这段时间也要考虑进去，不能忽略，程序代码如下：

```
void  start( )          //起始信号
{
    SDA=1;
    SCL=1;
    delay();
    SDA=0;
    delay();
}
```

2. 应答信号

应答信号如图 12.9 所示。

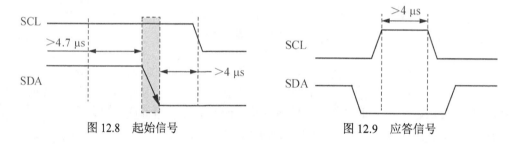

图 12.8　起始信号　　　　　　　图 12.9　应答信号

应答信号是在第 9 个时钟脉冲期间，要等待从机把 SDA 变为一个低电平，如果过了一段时间，还没响应，就默认从机收到数据了，因为程序不能永远在此停留。程序代码如下：

```
void  ack()      //应答信号
{
    uchar  i;
    SCL=1;
    delay();
    while((SDA==1)&&(i<250))  i++;      //SDA 等于 0 时或等待一段时间（即 i 自加后的
                                        //值比 250 大）后，即退出等待
    SCL=0;
    delay();
}
```

3. 非应答信号

非应答信号如图 12.10 所示。

非应答信号是主机给从机的一个信号，即在第 9 个时钟脉冲的时候，需要发送非应答信号 "1"（即把 SDA 置为高电平）以通知从机结束数据发送并释放总线，以便主机发送一个终止信号，最终结束通信。程序代码如下：

```
void   nack()      //非应答信号
{
        SCL=1;
        delay();
        SDA=1;
        SCL=0;
        delay();
}
```

4. 终止信号

终止信号如图 12.11 所示。

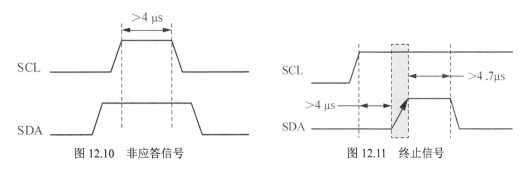

图 12.10　非应答信号　　　　　图 12.11　终止信号

注意灰色部分，SCL 在高电平期间，SDA 一个上升沿结束通信。和起始信号一样，终止信号也有严格的时间限制，SDA 由低电平变成高电平之前，要保持 4 μs 以上的时间；变成高电平之后，也要保持 4.7 μs 以上的时间。程序代码如下：

```
void   stop()      //终止信号
{
        SDA=0;
        SCL=1;
        delay();
        SDA=1;
        delay();
}
```

12.3.2　I²C 总线基本操作时序分析

1. 发送一个字节到 I²C 总线

发送到 SDA 线上的每一个字节为 8 位长度。数据传送时，数据伴随着时钟脉冲由高到低一位一位地传送。依据 I²C 总线规定，SCL 线呈高电平期间，SDA 线上的电平必须保持稳定。只有 SCL 线为低电平，SDA 线上的电平才允许变化。因此，发送数据函数可在 SCL 线为低电平期间将数据赋值给 SDA 线，由于每一个字节为 8 位，因此循环 8 次即可将数据传送给从器件。程序代码如下：

```
void  write_byte(uchar  date)        //发送一个字节到 I²C 总线
{
    uchar  i,temp;
    temp=date;
    for(i=0;i<8;i++)          //循环 8 次
    {
        temp=temp<<1;         //左移一位，让 temp 的最高位移到 PSW 状态寄存器的 CY 位当中
        SCL=0;
        delay();
        SDA=CY;               //把 CY 位的值赋给 SDA，这样就实现了先传送 temp 的最高位
        delay();
        SCL=1;
        delay();
    }
    SCL=0;
    delay();
    SDA=1;        //把 SDA 数据线释放，因为我们把字节发送完后，要读取从机的应答信号，
                  //由于应答信号是低电平，如果不释放让 SDA 数据线变为高电平，我们无法
                  //判断是不是应答信号
    delay();
}
```

2. 从 I²C 总线读一个字节

I²C 总线每次传输的是一个字节数据，对于 I²C 数据的接收同样也应接收 8 位作为一字节的数据，因此循环 8 次即可接收一个字节数据。程序代码如下：

```
uchar  read_byte()             //从 I²C 总线读一个字节
{
    uchar  i,j,k;
    SCL=0;
    delay();
    for(i=0;i<8;i++)    //循环 8 次
    {
        SCL=1;
        delay();
        j=SDA;          //把 SDA 的值赋给 j
        k=(k<<1)|j;     //k 左移一位后，最低位为 0；而 j 的数要么是 1，要么是 0；
                        //k 和 j 进行或运算后，相当于把 j 的数放到了 k 的最低位上了
        SCL=0;
        delay();
    }
    return  k;     //返回 k
}
```

12.4　I²C 器件 AT24C02 的应用

12.4.1　I²C 器件 AT24C02 简介

掉电后数据不丢失的存储器件，常见的有铁电、EEPROM 和 FLASH。当然 RAM 也是存储器件，但它掉电后数据会丢失，而这里指的是掉电后数据不会丢失的存储器件。其各自特点如下。

- 铁电：理论上可以无限次擦写，操作简单，但容量小。
- EEPROM：理论上擦写次数在 30 万次到 100 万次不等，操作简单，容量中等。
- FLASH：理论上擦写次数在 10 万次到 100 万次不等，容量大，但操作复杂，若要改变一个字节需要改变整个扇区。

单片机系统用得最多的是 I²C 接口的 EEPROM，比如 24C 系列的有 24C01、24C02、24C04、24C08 等，其中字母 C 后面的数字代表器件自身的容量有多少 KB，比如 01 表示 1KB，02 表示 2KB 等。YL51 开发板用的是 AT24C02，它在板上的电路连接如图 12.12 所示。

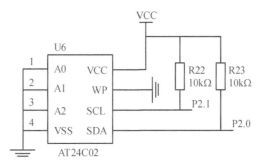

图 12.12　I²C 器件 24C02 原理图

AT24C02 器件各引脚功能的描述如表 12.3 所示。

表 12.3　　　　　　　　　　　　　　AT24C02 各引脚描述

管 脚 名 称	功 能 描 述
A0、A1、A2	器件地址选择
SDA	I²C 串行数据/地址
SCL	I²C 串行时钟
WP	写保护
Vcc	+1.8～6.0 V 工作电压
Vss	电源地

其中，

（1）当 WP 为高电平时进入写保护状态，只能读不能写；当 WP 为低电平时可对器件进行读/写操作。因此，在开发板上把该引脚直接接地。

（2）器件选择地址 A2、A1、A0 在开发板上为接地（接电源正极表示 1，接地表示 0），即 A2、A1、A0 均为 0。与该器件出厂时固定的高 4 位地址 1010 组成该器件的地址编码 1010000，其地址控制格式为 1010000R/$\overline{\text{W}}$。R/$\overline{\text{W}}$ 位为该器件的读写控制位，该位为 0 时表示对器件进行写操作；该位为 1 时表示对器件进行读操作。在 12.2 节有详细介绍。

12.4.2　I²C 器件 AT24C02 的读/写时序

1. 写操作时序

AT24C02 数据手册给出了两种写入方式，分别是"字节写入方式"和"页写入方式"，下面分别进行介绍。

字节写入方式如图 12.13 所示。

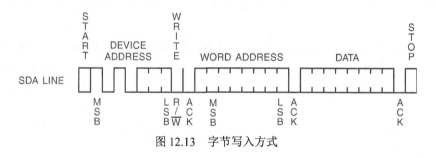

图 12.13　字节写入方式

基本步骤如下：

（1）主机在检测到总线空闲的状况下，首先发送一个起始信号掌管总线；

（2）主机发送一个从机器件地址（包括 7 位地址码和一位 R/$\overline{\text{W}}$，写入时 R/$\overline{\text{W}}$ 为 0）；

（3）从机检测到主机发送的地址与自己的地址相同时，从机返回一个应答信号（ACK）；

（4）主机收到应答信号后，开始发送 WORD ADDRESS（数据存储地址）；

（5）等待从机返回一个应答信号；

（6）主机收到应答信号后，开始发送 DATA（数据）；

（7）等待从机返回一个应答信号；

（8）主机发送完全部数据后，发送一个终止信号，结束整个通信并且释放总线。

程序代码如下：

```
void  write_at24c02(uchar  address ,uchar  date)        //字节写入函数
{
     start();              //主机发送起始信号
     write_byte(0xa0);     //主机发送 AT24C02 器件地址
     ack();                //等待 AT24C02 返回一个应答信号
     write_byte(address);  //主机发送数据的存储地址
     ack();
     write_byte(date);     //主机发送要写入的数据
     ack();
     stop();               //终止信号，结束本次数据写入
}
```

页写入方式如图 12.14 所示。

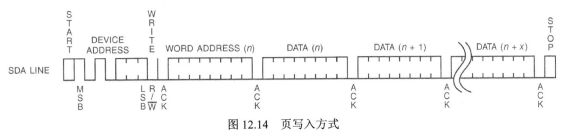

图 12.14　页写入方式

　　主机先发送启动信号，再发送从机器件地址，再发送数据存储器起始单元地址。主机被允许最多发送 1 页的数据，数据顺序存放在起始地址开始的相继单元中，主机发送完全部数据后，发送一个终止信号，结束整个通信并且释放总线。页写入方式在本章中仅作为了解即可。

　　2. 读操作时序

　　从 AT24C02 器件里把写入的数据读出来有 3 种方式，分别是"当前地址读""随机读"和"连续读"，下面分别进行介绍。

　　当前地址读方式如图 12.15 所示。

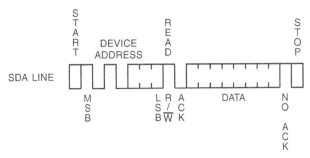

图 12.15　当前地址读方式

　　从当前地址读出一个字节的数据：如果知道数据的当前地址（即 EEPROM 内部指针指向的地址，也就是上一次读/写操作的地址加 1），可以用这个时序读。主机在检测到总线空闲的状况下，首先发送一个 START 起始信号掌管总线，然后发送一个地址字节（包括 7 位地址码和一位 R/W）。当从机器件检测到主机发送的地址与自己的地址相同时，发送一个应答信号（ACK）。主机收到 ACK 后释放数据总线，开始接收第一个数据字节，主机收到数据后发送 NACK 表示接收数据结束。然后主机发送一个终止信号 STOP，结束整个通信并且释放总线。

　　随机读方式如图 12.16 所示。

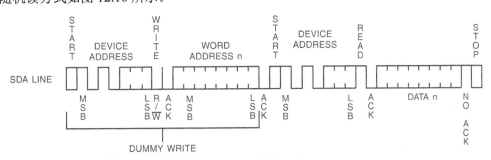

图 12.16　随机读方式

随机读是最常用的，可以随便读取 EEPROM 任一地址上的数据。主机首先产生 START 起始信号，然后紧跟着发送一个从机地址，注意此时该地址的第 8 位为 0，表明是向从机写命令，这时候主机等待从机的应答信号（ACK）。当主机收到应答信号时，发送要访问的地址，继续等待从机的应答信号。当主机收到应答信号后，主机要改变通信模式（即主机将由发送变为接收，从机将由接收变为发送），因此，主机重新发送开始信号，然后紧跟着发送一个从机地址，注意此时该地址的第 8 位为 1，表明将主机设置成接收模式开始读取数据。这时候主机等待从机的应答信号，当主机收到应答信号时，就可以接收 1 个字节的数据。当接收完成后，主机发送非应答信号，表示不再接收数据，主机进而产生终止信号，结束传送过程。程序代码如下：

```
uchar  read_at24c02(uchar  address)        //随机读函数
{
    uchar  date;
    start();                    //主机发送起始信号
    write_byte(0xa0);           //主机发送 AT24C02 器件地址
    ack();                      //等待 AT24C02 返回一个应答信号
    write_byte(address);        //主机发送要读取数据的存储地址
    ack();                      //等待 AT24C02 返回一个应答信号
    start();                    //主机重新发送一个起始信号
    write_byte(0xa1);           //再次导址，这时为读操作
    ack();                      //等待 AT24C02 返回一个应答信号
    date=read_byte();           //读取数据
    nack();                     //主机发送一个非应答信号
    stop();                     //主机发送终止信号，结束本次数据读取
    return  date;               //返回 date 值
}
```

连续读方式如图 12.17 所示。

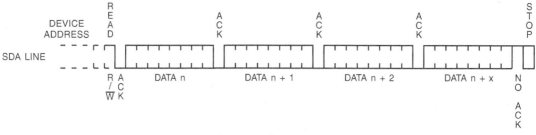

图 12.17　连续读方式

从当前地址或某一指定地址开始连续读若干字节的数据（没有字节限制），连续读操作可通过当前读或随机读操作方式启动，在 AT24C02 发送完一个 8 位字节数据后，主器件（单片机）产生一个应答信号来告知 AT24C02 要求更多的数据。对应每个主机产生的应答信号，AT24C02 将发送一个 8 位数据字节。当主器件不发送应答信号而发送一个非应答信号和一个终止信号时结束此操作。从 AT24C02 输出的数据按顺序由 N 到 N+1 输出，读操作时地址计数器在 AT24C02 整个地址内增加，这样整个寄存器区域可在一个连续读操作内全部读出，当读取的字节超过 AT24C02 的最高地址时计数器将翻转到零地址并继续输出数据字节。

12.4.3 用模块化编程对 AT24C02 进行操作

1. 模块化编程简介

随着代码量的增加，将所有代码都放在同一个.c 文件中，会使得程序结构混乱、可读性与可移植性变差，而模块化编程是解决这个问题的常用而有效的方法。

（1）模块化设计原则："高内聚，低耦合。"

- 高内聚：一个 C 文件里面的函数，只有相互之间的调用，而没有调用其他文件内的函数，这样可以视为高内聚。尽量减小不同文件内函数的交叉引用。

- 低耦合：一个完整的系统中，模块与模块之间尽可能独立存在。也就是说，让每一个模块，尽可能地独立完成某个特定的子功能。模块与模块之间的接口，尽可能得少而简单。

（2）模块化编程——创建步骤。

第 1 步：创建头文件。

建立一个.c 文件（源文件）和一个.h 文件（头文件）。原则上文件可以任意命名，但强烈推荐如下原则：.c 文件与.h 文件同名；文件名要有意义，最好能够体现该文件代码的功能定义。例如：I²C 函数相关的源文件与头文件命名为 i2c.c 与 i2c.h。

第 2 步：头文件中需要防重复包含处理。

当头文件在被多个文件引用时，编译器在编译时不会对其进行重复编译。

在.h 文件中加入如下代码：

```
1  #ifndef    XXX
2  #define    XXX
3 此处添加代码（比如声明或定义语句）
4  #endif
```

其中的 **XXX** 为头文件的宏名，原则上可以是任意字符，在同一个工程中各个头文件（.h 文件）的宏名不能相同，因此，头文件的宏名书写格式强烈推荐如下：将.h 文件的文件名全部都大写，"." 替换成下划线 "_"，首尾各添加两个下划线 "__" 作为宏名。比如头文件 i2c.h 的宏名写成__I2C_H__表示。

第 3 步：代码封装。

将需要模块化的代码封装成函数与宏定义。

.c 文件中放置内容如下。

- 函数体。
- 或者只被本.c 文件调用的宏定义。

.h 文件中放置内容如下。

- 需要被外部调用的函数要在.h 文件中声明一下。
- 需要被外部调用的宏定义要放在.h 文件中。

第 4 步：添加源文件。

将.c 文件添加到工程之中；.h 文件不用添加到工程里面。同时在.c 文件里把对应的.h 文件包含进去。

2. 应用实例

【例 12.1】用模块化编程,在 YL51 开发板上实现如下功能:记录 S2 按键被按下次数(0~100),并在前 3 位数码管上显示,每重新按一次 S2 按键,数码管显示的数字加 1 计数,数据掉电后不丢失。

程序代码分为 i2c.c 文件、i2c.h 头文件和 main.c 文件,3 个文件的代码如下。

(1)i2c.c 文件程序代码。

```
#include  "i2c.h"        //包含 i2c.h 头文件, 注意自建的头文件是用双引号
void  delay()            //微秒级延时函数
{
     ;;            //用两个空语句实现短时间延时, 当晶振为 11.059 2 MHz 时, 延时约为 4~5 μs
}
void  start()  //起始信号
{
     SDA=1;
     SCL=1;
     delay();
     SDA=0;
     delay();
}

void  stop()    //终止信号
{
     SDA=0;
     SCL=1;
     delay();
     SDA=1;
     delay();
}

void  ack()     //应答信号
{
     uchar  i;
     SCL=1;
     delay();
     while((SDA==1)&&(i<250))i++;
     SCL=0;
     delay();
}

void  nack()    //无应答信号
{
     SCL=1;
     delay();
     SDA=1;
```

```
        SCL=0;
        delay();
}

void  write_byte(uchar  date)       //写入一个字节到 I²C 总线
{
        uchar  i,temp;
        temp=date;
        for(i=0;i<8;i++)
        {
                temp=temp<<1;
                SCL=0;
                delay();
                SDA=CY;
                delay();
                SCL=1;
                delay();
        }
        SCL=0;
        delay();
        SDA=1;
        delay();
}

uchar  read_byte()       //从 I²C 读一个字节
{
        uchar  i,j,k;
        SCL=0;
        delay();
        for(i=0;i<8;i++)
        {
            SCL=1;
            delay();
            j=SDA;
            k=(k<<1)|j;
            SCL=0;
            delay();
        }
        return  k;
}

void  write_at24c02(uchar  address ,uchar  date)       //AT24C02 按字节写入函数
{
        start();
        write_byte(0xa0);
```

```
        ack();
        write_byte(address);
        ack();
        write_byte(date);
        ack();
        stop();
}


uchar   read_at24c02(uchar   address)        //对 AT24C02 随机读函数
{
        uchar   date;
        start();
        write_byte(0xa0);
        ack();
        write_byte(address);
        ack();
        start();
        write_byte(0xa1);
        ack();
        date=read_byte();
        nack();
        stop();
        return   date;
}
```

i2c.c 文件中包含的程序代码，在前面的小节中都有详细介绍。

（2）i2c.h 头文件代码如下，要完全参照模块化编程所需格式书写。

```
#ifndef   __I2C_H__              //文件名全部都大写，首尾各添加 2 个下划线"__"
#define   __I2C_H__
#include   <reg52.h>
#define   uchar   unsigned   char
sbit   SDA=P2^0;                        //AT24C02 芯片 SDA 引脚位定义
sbit   SCL=P2^1;                        //AT24C02 芯片 SCL 引脚位定义
void   delay();                         //分别对各函数声明
void   start();
void   stop();
void   ack();
void   nack();
void   write_byte(uchar   date);
uchar   read_byte();
void   write_at24c02(uchar   address   ,uchar   date);
uchar   read_at24c02(uchar   address);
#endif
```

（3）main.c 文件代码。

```c
#include  <reg52.h>
#include  "i2c.h"
#define  uchar  unsigned  char
#define  uint  unsigned  int
sbit  dula=P2^6;        //数码管段选
sbit  wela=P2^7;        //数码管位选
sbit  key=P3^4;         //S2 按键位定义
uint  disnum;
uchar  code  table_du[]={0x3f,0x06,0x5b,0x4f,0x66,0x6d,0x7d,0x07,0x7f,0x6f,0x77,0x7c,
0x39,0x5e,0x79,0x71};        //数码管段码

void  delay_ms(uchar  x)    //延时函数
{
     uchar  a,b;
     for(a=x;a>0;a--)
         for(b=200;b>0;b--);
}

void  display(uint  disnum)         //数码管显示函数
{
     P0=table_du[disnum/100];
     dula=1;
     dula=0;
     P0=0xfe;
     wela=1;
     wela=0;
     delay_ms(10);

     P0=table_du[disnum%100/10];
     dula=1;
     dula=0;
     P0=0xfd;
     wela=1;
     wela=0;
     delay_ms(10);

     P0=table_du[disnum%100%10];
     dula=1;
     dula=0;
     P0=0xfb;
     wela=1;
     wela=0;
     delay_ms(10);
}
```

```
init_Timer0()        //定时器0初始化
{
    EA=1;
    ET0=1;
    TMOD=0X01;
    TH0=(65536-20000)/256;              //使定时器20ms中断一次
    TL0=(65536-20000)%256;
}


void  main()          //主函数
{
    start();             //单片机给AT24C02芯片发送一个始起信号
    disnum=read_at24c02(10);         //在AT24C02的地址10中读出保存的数据赋给disnum
    init_Timer0();    //定时器0初始化
    TR0=1;            //启动定时器0，让显示函数display(disnum)  循环扫描显示
    key=1;            //先给S2按键对应的I/O口置1，方便下面做按键检测
    while(1)          //进入大循环不断检测有没有S2按键按下
    {
        if(!key)
        {
            delay_ms(50);
            if(!key)
            {
                while(!key);
                disnum++;             //若S2按键被按下，disnum的值自加1
                if(disnum>100)        //如果disnum的值大于100，清零
                {
                disnum=0;
                }
                write_at24c02(10,disnum);//在AT24C02的地址10中写入数据disnum
            }
        }
    }
}


void  time0()   interrupt  1      //定时器0服务中断函数
{
    TH0=(65536-20000)/256;
    TL0=(65536-20000)%256;
    display(disnum);            //每间隔20ms数码管显示函数循环显示一次
}
```

注意：（1）在 Keil 工程中需要建立 3 个文件，分别是 i2c.c 文件、i2c.h 头文件和 main.c 文件，以编写相应的程序代码，编写完成后将其保存到当前工程中。其中 i2c.c 文件和 main.c

文件需手动添加到工程中，i2c.h 头文件无需手动添加到工程中，工程在编译时会像 reg52.h 文件一样自动将其加入到工程中。

（2）全新的 AT24C02 芯片或已被写入过数据的芯片，首次在程序中读出来的数据可能会是一个 255 或是其他数字，因此开发板第一次显示的数字是不准确的。但当按下 S2 按键让显示的数字加到 100 之后，再按一次，它就会归零，重新计数。实验效果如图 12.18 所示。

图 12.18　实验效果图

12.5　课后作业

1. 理解 I²C 通信原理及通信时序。
2. 熟悉对 EEPROM 器件进行读写操作。
3. 编写一个 99 s 计数器，数据掉电后不丢失。

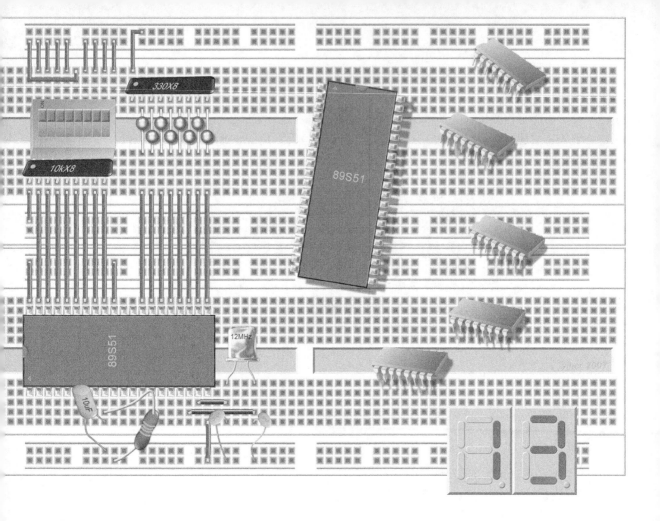

第13章 红外通信原理及应用

红外通信是目前应用最为广泛的通信和遥控手段之一。本章将以红外遥控为代表,详细讲解红外通信的具体过程。

红外通信原理
及应用

13.1 红外线简介

13.1.1 红外线

在光谱中，波长在 0.76～1 000 μm 的一段，我们称为红外线。它介于可见光和微波之间，属于不可见光。所有高于绝对零度（−273.15℃）的物质都可以产生红外线，当然不同物质的红外辐射效率也不相同。

13.1.2 红外信号发生电路

我们通常采用红外辐射效率高的材料（如，砷化镓 GaAs、砷铝化镓 GaAlAs 等材料）制成 PN 结，外加正向偏压向 PN 结注入电流激发出波长为 0.94 μm 的红外线，用来产生这种红外线的器件称为红外发光二极管，如图 13.1 所示。其外形和普通发光二极管相似，它的正向压降约 1.4 V，工作电流一般小于 20 mA。为了适应不同电路的工作电压，回路中通常串接限流电阻，如图 13.2 所示，其发射控制端可以直接连到单片机 I/O 口。

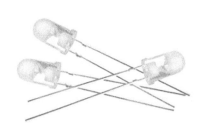

图 13.1　红外发光二极管

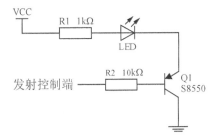

图 13.2　红外发射基本控制电路

13.1.3 红外信号接收电路

红外接收二极管是用来接收红外线信号的器件，如图 13.3 所示，它能很好地接收红外发光二极管发射的波长为 0.94 μm 的红外线信号，而对于其他波长的光线则不能接收。当它处于反向偏置状态时，反向电流随着红外线信号强度的增强而上升。图 13.4 所示是一个简单的红外信号接收电路。

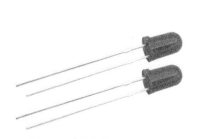

图 13.3　线外接收二极管

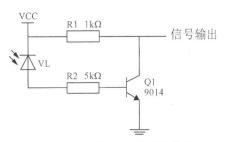

图 13.4　简单的红外信号接收电路

13.2　红外通信原理

红外通信是利用红外技术实现两点间的近距离保密通信和信息转发，它一般由红外发射系统和接收系统两部分组成。本章以红外遥控为代表，来介绍红外通信的具体过程。

常用的红外遥控系统一般分为发射和接收两个部分，应用编/解码专用集成电路芯片来进行控制操作，如图13.5所示。发射部分包括键盘、编码/调制和红外发光二极管；接收部分一般采用一体化红外接收头进行接收，其内部包括红外监测二极管、放大器和解调电路等。当红外线合成信号进入一体化红外接收头时，在其输出端便可以得到原先红外遥控器发出的数字编码，再送给单片机解码，便可以得知红外遥控器按下了哪一个按键，然后就可以根据需要，做出相应的控制处理，来完成红外遥控的动作。这就是整个红外遥控系统的工作过程。

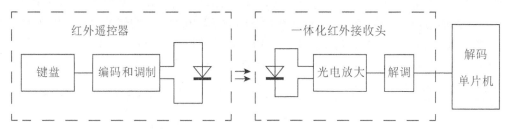

图13.5　红外遥控系统结构图

13.2.1　红外基带信号发送协议

红外遥控器在编码时采用的协议常见的有日本NEC协议和飞利浦RC-5协议。本章基于目前广泛使用的NEC协议来为大家进行介绍，它采用高、低电平组合的不同宽度来表示一个二进制信息（"0"或者"1"），如图13.6所示。

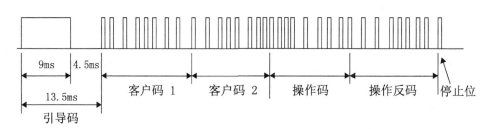

图13.6　NEC红外基带信号发送协议

这是一帧的数据，也就是说每按下一个按键（红外遥控器中的按键），它就会连续地发出这一帧信号。首先是引导码，然后是客户码1，接着是客户码2，这两个客户码可以是相同的，也可以是互为反码。然后是操作码，接着是操作反码（操作码的反码）。最后一位是停止位。

1. 各组编码的作用介绍

- 引导码：相当于一把钥匙，单片机只有检测到引导码了才确认接收后面的数据，以保证数据接收的正确性。

- 客户码：用来区分各红外遥控设备，使之不会互相干扰。
- 操作码：用户实际需要的编码，按下不同的键产生不同的操作码，接收端可根据其做出相应的操作处理。
- 操作反码：为操作码的反码，目的是接收端接收到所有数据之后，将其取反与操作码比较，若不相等则表示在传输过程中编码发生了变化，视为此次接收的数据无效，操作反码可提高接收数据的准确性。
- 停止位：主要起隔离作用，一般不进行判断，在编写程序时不需处理（通常省略）。

（1）引导码。

NEC 协议的红外发射芯片（比如日本 NEC 的 uPD6121G 红外编码芯片），定义的引导码是由 9 ms 的高电平加 4.5 ms 的低电平组成，如图 13.7 所示。

实际上，当我们自己设计红外发射电路时，引导码的时间是可以自己定义的（注意：为了保证接收的准确性，引导码高电平的时间不能过短）。

图 13.7 引导码

（2）客户码和操作码。

客户码和操作码都为 8 位的二进制编码，NEC 协议编码芯片定义的"0"和"1"如下。

- "0"为 0.56 ms 的高电平 + 0.565 ms 的低电平组成，如图 13.8 所示。
- "1"为 0.56 ms 的高电平 + 1.685 ms 的低电平组成，如图 13.9 所示。

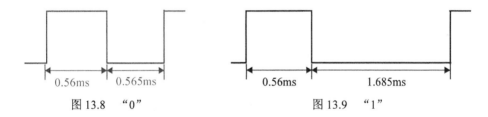

图 13.8 "0"   图 13.9 "1"

同样如果是我们自己设计红外发射电路，数码"0"和"1"的占空比也可以自己定义。

2. 基带信号编码格式

假如要发送一个数据 C8H（操作码），其客户码 1 为 AAH，客户码 2 为 55H。把它们对应的二进制数按 NEC 协议排列依次是 1010 1010、0101 0101、1100 1000 和 0011 0111，在数据前加上引导码后，其发送的波形如图 13.10 所示，数据发送时是低位在前，高位在后，从左到右依次传送。

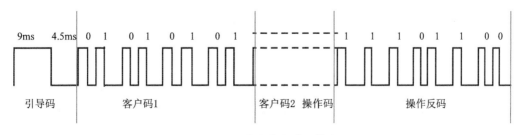

图 13.10 基带信号编码格式

13.2.2 红外基带信号调制

1. 基带信号调制

基带信号调制方法可分为两种：硬件调制与软件调制。软件调制直接用软件产生调制后的信号；硬件调制将基带编码信号与载波通过与门进行调制，如图 13.11 所示。电路中的 2 个三极管在这里相当于一个开关，3 个电阻起限流作用，红外发光二极管把电信号转换成红外信号。

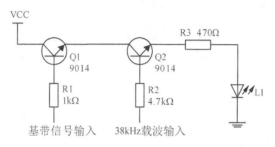

图 13.11　红外发射部分电路

基带信号是最原始的二进制编码信号，与 38 kHz 载波进行调制，变成一系列脉冲信号，以便于红外信号进行传输，如图 13.12 所示。它类似于无线电通信，把低频的音频信号调制到高频的载波上，让传播的距离更远，更有利于接收。

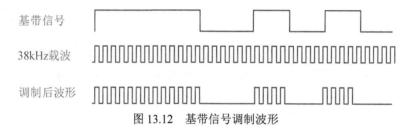

图 13.12　基带信号调制波形

基带信号通过调制后再进行发送，可以减少周边环境对红外信号的干扰。因为经过调制后，我们在接收时，可以选择性接收。比如现在发送的是 38 kHz 的红外信号，那接收时只接收 38 kHz 的信号，其他频率的一概不收。另外经过载波的二次调制还可以提高发射效率，达到降低电源功耗的目的。

2. 关于载波频率的选择

载波频率一般为 30～60 kHz，大多数使用的是 38 kHz，占空比为 1/3 的方波。如图 13.13 所示。

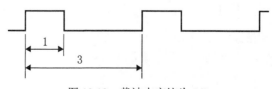

图 13.13　载波占空比为 1/3

之所以采用 38 kHz 是由发射端所使用的 455 kHz 晶振决定的。在发射端要对晶振进行整数分频，分频系数一般取 12，所以 455 kHz÷12≈38 kHz。

13.2.3 红外信号解调

红外遥控系统中，接收部分大多数采用一体化红外接收头作为红外接收电路。一体化红外接收头封装大致分为两种，如图 13.14 所示，一种是采用金属壳屏蔽，一种是采用塑料封装。都只有 3 个引脚，即电源正极（V_{DD}）、电源地（GND）、数据输出端（OUT），其引脚排列顺序因型号或厂家不同，排列也不尽相同，具体可参考厂家给出的使用说明。

OUT
GND
V_{DD}

图 13.14 一体化红外接收头

一体化红外接收头能够接收的频率是固定的，不可调整，因此在选用一体化红外接收头时，应根据发射端调制载波的不同来选用相应解调频率的接收头。在 YL-51 开发板上选用的型号是 HX1838 一体化红外接收头，其电路连接如图 13.15 所示，数据输出端接到单片机的外部中断 0 引脚（INT0），C_X 电容主要起电源滤波作用。

一体化红外接收头主要参数如下。

* 工作电压：2.7～5.5 V。
* 工作电流：1.7～2.7 mA。
* 接收频率：38 kHz。
* 峰值波长：980 nm。
* 静态输出：高电平。
* 输出低电平：≤0.4 V。
* 输出高电平：接近工作电压。

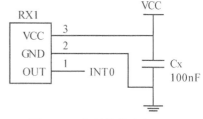

图 13.15 红外接收头在 YL51
开发板上的电路连接

一体化红外接收头内部电路包括红外监测二极管、放大器、限幅器、带通滤波器、解调电路、比较器等。其内部工作流程为：当红外监测二极管监测到红外信号后，把信号送到放大器和限幅器，限幅器把脉冲幅度控制在一定的水平，而不受红外发射器和接收器的距离远近的影响。经放大的信号进入带通滤波器，带通滤波器可以通过 30 kHz 到 60 kHz 的载波，然后通过解调电路和积分电路进入比较器，比较器输出高低电平，还原出发射端的信号波形。注意输出的高低电平和发射端是反相的，如图 13.16 所示。

由图 13.16 可以看出，红外发射信号经过红外接收头接收进行解调后，会将信号进行反向。同时还可以看出，收到的"0"码、"1"码只是高电平所占的时间宽度不同，那么在编程时就可以通过时间宽度来判断是"0"码还是"1"码。在使用单片机进行解码时的程序代码，就是根据这个波形来编写的。

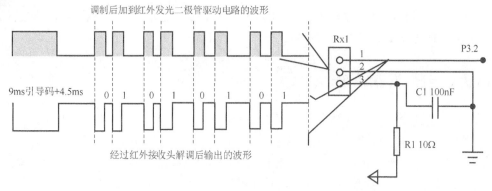

图 13.16 经过红外接收头解调后的波形

13.3 红外解码实例介绍

通过前面的介绍，我们知道了红外信号的调制与解调原理。下面编写程序进行实例分析。

【例 13.1】 对 NEC 协议红外遥控器进行解码，在 YL51 开发板的前 2 位数码管显示出客户码 1，后 2 位数码管显示出操作码。程序代码如下：

```c
#include<reg52.h>
#define  uchar  unsigned  char
#define  uint  unsigned  int
sbit  ir=P3^2;                      //红外接收头输出引脚位定义
uchar  irtime;
uchar  irdata[33];
uchar  bitnum;
uchar  startflag;
uchar  irok;
uchar  ircode[4];
uchar  irprosok;
uchar  disnum[8];
sbit  dula=P2^6;
sbit  wela=P2^7;
uchar  code  table_du[]={0x3f,0x06,0x5b,0x4f,0x66,0x6d,0x7d,0x07,0x7f,0x6f,0x77,0x7c,
0x39,0x5e,0x79,0x71};      //数码管段选编码
uchar  code  table_we[]={0xfe,0xfd,0xff,0xff,0xef,0xdf};       //位选编码

void  timer0init(void)    //定时器 0 工作方式 2 初始化，间隔 0.256ms 中断一次
{
    TMOD=0x02;            //定时器 0 工作方式 2
    TH0=0x00;            //自动重装初值
    TL0=0x00;            //装初值
    ET0=1;              //开中断
    EA=1;
```

```
        TR0=1;
}


void   irpros(void)    //红外码值处理函数，对外部中断0服务函数存放在数组irdata中的33个时
                       //间值进行处理，把它转换成相应的客户码1、客户码2、操作码、操作反码
{
        uchar  mun,k,i,j;
        k=1;     //由于irdata数组中的第一个元素是引导码，那么要从第二个元素开始提取
        for(j=0;j<4;j++)//进行4次循环，因为有4组编码：客户码1、客户码2、操作码、操作反码
        {
                for(i=0;i<8;i++)        //进行8次循环，因为每组编码均有8位
                {
                        mun=mun>>1;   //对数据进行位右移，因为遥控器发送数据时低位在前、高位在后
                        if(irdata[k]>6)//如果第k中的元素满足条件，大于6说明该元素对应的码值是1
                        {
                                mun=mun  |  0x80;      //num与0x80进行按位或运算，把最高位置1
                        }
                        k++;
                }
                ircode[j]=mun;      //提取出来的num值放在数组ircode中保存起来
        }
        irprosok=1;        //设置一个标记志irprosok，表示红外处理已经结束了，方便主函数判断
}


void   irwork(void)       //红外码值转换函数，把数组ircode中的4个16进制数值（即：客户码1、
                          //客户码2、操作码、操作码的反码）进行拆解开，方便在显示函数进行显示
{
        disnum[0]=ircode[0]/16;//数组ircode第0个元素对16求模，并存放在数组disnum[0]中
        disnum[1]=ircode[0]%16;//数组ircode第0个元素对16求余，并存放在数组disnum[1]中
        disnum[2]=ircode[1]/16;
        disnum[3]=ircode[1]%16;
        disnum[4]=ircode[2]/16;
        disnum[5]=ircode[2]%16;
        disnum[6]=ircode[3]/16;
        disnum[7]=ircode[3]%16;
}


delay(uchar  x)         //延时
{
        uchar  a,b;
        for(a=x;a>0;a--)
                for(b=200;b>0;b--);
}


display()        //数码管显示函数
```

```
{
    uchar  i;
    for(i=0;i<6;i++)
    {
        P0=0xff;
        wela=1;
        wela=0;
        P0=table_du[disnum[i]];
        dula=1;
        dula=0;
        P0=table_we[i];
        wela=1;
        wela=0;
        delay(10);
    }
}

void  int0init(void)      //外部中断 0 初始化, 设置成下降沿触发
{
 IT0=1;
 EX0=1;
 EA=1;
}

void  main()        //主函数
{
    timer0init();        //定时器 0 初始化, 并始动
    int0init();          //外部中断 0 初始化, 设置成下降沿触发
    while(1)
    {
        if(irok==1)          //判断外部中断 0 服务函数是否已完成一帧数据的接收
        {
            irpros();      //红外码值处理
            irok=0;
        }
        if(irprosok==1)      //判断红外码值处理函数是否已完成一帧数据的处理
        {
            irwork();      //红外码值转换
            irprosok=0;
        }
        display();            //在数码管上显示
    }
}

void  int0  ()  interrupt  0 //外部中断 0 服务函数, 把收到的每一帧数据中的 33 个码值进行时间记录
```

```
{
        if(startflag)      //设置标记位 startflag，当其等于 1 时，再进行判断
          {
                if(irtime>32&&irtime<63)      //在 8～16ms 之间，我们认为收到的是引导码
                {
                      bitnum=0;   //设置标记位 bitnum，用来表示是数组 irdata 的第几个元素
                }
                irdata[bitnum]=irtime;       //现在装的是第一个元素，引导码对应的时间值
                irtime=0;       //装完了之后，要把 irtime 清零，我们下一个数据还要用到它
                bitnum++;
                if(bitnum==33)   //一帧的数据共有 33 位（即引导码，客户码1、2，操作码、操作码反码）
                {
                      bitnum=0;   //33 位接收完后，bitnum 清零
                      irok=1;     //设置标记志位 irok，表示一帧的数据接收完成，方便主函数判断
                }
          }
        else   //刚开始 startflag 没有赋值，默认为 0，因此本中断服务函数从 else 语句开始运行
          {
          irtime=0;         //首先把 irtime 这个时间变量清 0，以便于进行时间计算
          startflag=1;      //然后再把 startflag 置 1
          }
}


void  timer0 ()  interrupt  1      //定时器 0 服务函数
{
        irtime++;          //定时器 0 中断一次，irtime 自身加 1，用于计算时间
}
```

"void int0init（void）"为外部中断 0 初始化设置，设置成下降沿触发，是因为经红外接收头解调后输出的信号如图 13.16 所示。不管是引导码、0 码、或者 1 码，它们都是由一个低电平和一个高电平组成，然后都是由一个下降沿开始。根据它的特点，我们把红外接收头输出的信号接到了单片机的 P3.2 脚，也就是中断 0 引脚。我们用中断 0 对这个信号进行快速接收，一有信号来，我们就接收，这样就不会错过这个信号。

"void int0 () interrupt 0"为外部中断 0 服务程序，把接收到的每一帧数据中的 33 个码值（即引导码，客户码 1、客户码 2，操作码、操作反码，共 33 位码值）进行时间记录，并存放在数组 irdata 中。

"void irpros（void）"为红外码值处理函数，把外部中断 0 服务函数存放在数组 irdata 中的 33 个时间值进行处理，把它转换成相应的客户码 1、客户码 2、操作码、操作反码，并以 16 进制数表示，存放在数组 ircode 中。

"void irwork（void）"为红外码值转换函数，把数组 ircode 中的 4 个 16 进制数值（即客户码 1、客户码 2、操作码、操作反码），拆成 8 个便于在数码管上显示出来。比如，它的客户码 1 是 EC，那么在 YL51 开发板上，就要用到两个数码管显示：一个显示 E，另一个显示 C。

把程序代码编译后下载到开发板上，当红外遥控器对着红外接收头按下任意按键，实验

效果如图13.17所示，前2位数码管显示出相应的客户码1，后2位数码管显示出相应的操作码。其中客户码1是保持不变的，不同按键的操作码是不一样的。

图13.17　实验效果图

我们对红外遥控器进行解码是为了得到其相应的客户码1、客户码2、操作码、操作反码，但这不是最终的目的。我们在实际应用中，主要是想通过红外遥控器去实现一些控制功能。那么当知道红外遥控器各编码后，就可以通过编程实现按键对其他功能模块的控制了。在简单应用中我们一般只用到操作码，通过各按键不同的操作码去实现不同的控制功能。

13.4　课后作业

1．理解红外通信调制与解调原理，掌握 NEC 编码协议。

2．在数码管上显示出红外遥控器上的 1～9 按键对应键号。

3．用红外遥控器按键 1、按键 2 实现对 D1 发光二极管的开关控制，实现按键 1 开、按键 2 关的功能。

加油

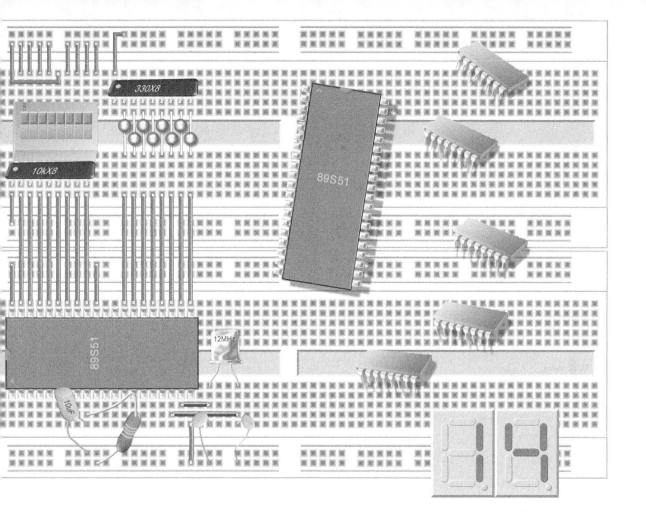

第 14 章　DS18B20 测温原理及应用

温度是反映物体冷热状态的物理参数，是与人类生活息息相关的物理量。传统的温度检测系统一般采用热电偶或热敏电阻作为传感器，利用其电阻值随着温度变化而变化的特性得到对应温度值的模拟信号，然后经 A/D 转换器转换成数字信号，由 CPU 进行处理，存在着结构复杂、成本高、精度差等缺点。一体化温度传感器由于其电路连接简单、精度高、可靠性高等优点，得到了广泛应用。

DS18B20 测温原理
及应用

14.1   DS18B20 简介

DS18B20 是由美国 DALLAS（达拉斯）公司生产的一种单总线数字温度传感器。它将温度测量和 A/D 转换集于一体，直接输出数字量。其硬件电路结构简单，与单片机连接几乎不需要外围元件。

14.1.1   DS18B20 封装及引脚说明

DS18B20 有 TO-92 和 SOIC 两种封装，如图 14.1 所示。

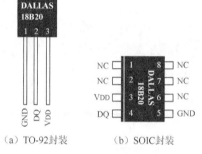

（a）TO-92封装　　　（b）SOIC封装

图 14.1   DS18B20 封装

- 第 1 个是 TO-92 封装，为直插式，共有 3 个引脚。外形跟直插的三极管是一样的，在 YL51 开发板中用的就是这种封装。第 1 个引脚是 GND，接电源的负极；第 2 个引脚是 DQ，为数据线；第 3 个引脚是 VDD，接电源的正极。它只需一个引脚 DQ 进行通信。
- 第 2 个是 SOIC 封装，为贴片式，共有 8 个脚，但一般只用到第 3 脚 VDD、第 4 脚 DQ 和第 5 脚 GND。上面标有 NC 的 1 脚、2 脚、6 脚、7 脚、8 脚是没有用到的，NC 表示留空的意思。这种封装相对 TO-92 封装要小一些。

14.1.2   功能特性

DS18B20 的功能特性如下所示。

- 它采用单总线接口方式，与 CPU 连接时仅需一个端口引脚，即可实现 CPU 与 DS18B20 的双向通信。单总线具有经济性好，使用方便等优点，用户可轻松地组建传感器网络。
- 每一个器件都有唯一的 64 位序列号存储在内部寄存器中，从而支持多点组网功能。多个 DS18B20 可以并接在唯一的单线上，实现多点测温。
- 测量温度范围宽，测量精度高。DS18B20 的测量范围为-55～＋125℃。在-10～＋85℃ 范围内，精度为 ±0.5℃。
- 在使用中不需要任何外围元件。
- 分辨率可编程，DS18B20 的测量分辨率可由用户通过程序设定 9～12 位。其中 9～12 位对应的温度分辨率分别为 0.5℃、0.25℃、0.125℃和 0.062 5℃。
- 温度数字量转换时间快，在 12 位分辨率时最多在 750 ms 内将温度值转换成 12 位数字。
- 负压特性，电源极性接反时，温度计不会因发热而烧毁，只是不能正常工作。
- 带掉电保护功能，DS18B20 内部含有 EEPROM，在系统掉电以后，它仍可保存分辨率及报警温度的设定值。

14.1.3 两种供电方式

DS18B20 可以设置成两种供电方式：寄生电源供电方式和外部供电方式。下面分别进行介绍。

（1）寄生电源供电方式，DS18B20 从数据线上汲取能量，在数据线处于高电平期间把能量储存在内部电容里，在数据线处于低电平期间消耗电容上的电能工作，直到高电平到来再给寄生电源（电容）充电。其电路连接如图 14.2 所示。

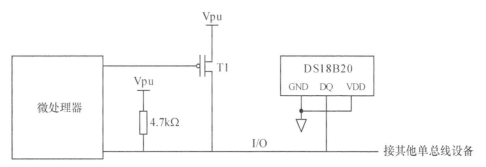

图 14.2 寄生电源供电方式

在寄生电源供电方式下，仅用一根数据线即可实现温度测量，电路非常简洁，但要求数据线的负载能力要比较强。如图中的场效应管 T1，就是用来增强数据线的带载能力的，这种接法比较适合传感器远离单片机主机的场合。比如，把 DS18B20 放在楼顶，单片机主机放在办公室，这样做可以节省一根电源线，降低布线成本。

（2）外部电源供电方式，这是我们最常用的一种供电方式。DS18B20 工作电源由 VDD 引脚接入，这样就不存在电源供电不足的问题，从而保证温度的转换精度，同时在总线上可以挂接多个 DS18B20 传感器，组成多点测温系统。其电路连接如图 14.3 所示。

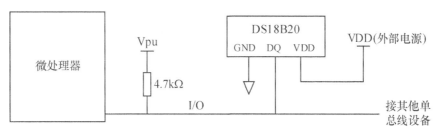

图 14.3 外部电源供电

14.2 DS18B20 内部结构及功能

14.2.1 DS18B20 内部结构

DS18B20 的温度检测与数据处理输出全集成在一个芯片之上，其内部结构如图 14.4 所示，它主要由 64 位 ROM、暂存器、温度传感器、非易失性温度报警触发器（高温触发器 TH 和低温触发器 TL）、配置寄存器和 8 位 CRC 发生器组成。

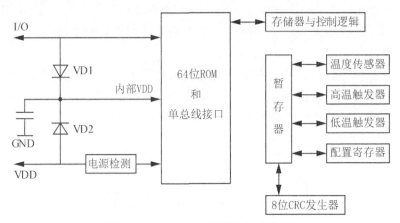

图 14.4　DS18B20 内部结构功能图

其中，暂存器用于存放温度传感器、非易失性温度报警触发器（高温触发器 TH 和低温触发器 TL）、配置寄存器和 8 位 CRC 发生器的数值。暂存器内部有 9 个字节的暂存单元（包括 EEPROM），其结构如图 14.5 所示。

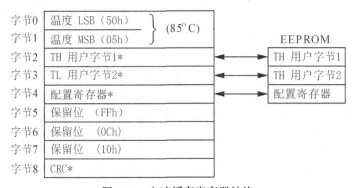

图 14.5　高速缓存寄存器结构

其中各字节用途如下。

- 字节 0～1：温度值存储单元，用来存储转换好的温度值。
- 字节 2～3：用户可以设置最高温度报警值和最低温度报警值，可以通过软件来实现。
- 字节 4：配置寄存器，用来配置温度转换精度，让 DS18B20 工作在 9～12 位。
- 字节 5～7：保留位。
- 字节 8：CRC 校验位。是 64 位 ROM 中的前 56 位编码的校验码。由 CRC 发生器产生。

14.2.2　功能介绍

1．64 位 ROM

表 14.1 所示为 64 位 ROM。

表 14.1	64 位 ROM	
64 位 ROM 从高位到低位依次排列		
8 位 CRC	48 位序列号	8 位系列码

- 8 位 CRC：是单总线系列器件的编码，DS18B20 定义为 28H。
- 48 位序列号：是每个器件自身唯一的序列号。
- 8 位系列码：由 CRC 发生器产生，作为 ROM 中的前 56 位编码的校验码。

ROM 中的 64 位序列号在出厂前已刻好，它可以看作该 DS18B20 的地址序列号，且每个 DS18B20 器件的地址序列号都不相同,这样就可以实现一根总线上挂接多个 DS18B20 的目的。

2. 温度寄存器

表 14.2 所示为温度寄存器。

表 14.2				温度寄存器				
LS Byte	bit7	bit6	bit5	bit4	bit3	bit2	bit1	bit0
	2^3	2^2	2^1	2^0	2^{-1}	2^{-2}	2^{-3}	2^{-4}
MS Byte	bit15	bit14	bit13	bit12	bit11	bit10	bit9	bit8
	S	S	S	S	S	2^6	2^5	2^4

注：MS Byte 是指温度寄存器的高 8 位，LS Byte 是指温度寄存器的低 8 位。

- 温度寄存器由两个字节组成，分为低 8 位和高 8 位，一共 16 位。
- 其中，第 0 位到第 3 位，存储的是温度值的小数部分。
- 第 4 位到第 10 位存储的是温度值的整数部分。
- 第 11 位到第 15 位为符号位。全 0 表示是零上温度，全 1 表示是零下温度。
- 表格中的数值，如果相应的位为 1，表示该位数值存在。如果相应的位为 0，表示该位数值不存在。

该如何理解呢？下面来举例介绍一下：大家看表 14.3 中列出的输出数据和温度的对应关系，该表中的温度值是根据表 14.2 进行换算得来的。我们把表 14.3 的输出数据和表 14.2 中的温度值对应起来看，如果相应的位为 1，表示该位的数值有效；如果相应的位为 0，表示该位的数值无效。然后把有效的位对应的数值加起来，就是对应的温度值。需要注意的是：如果温度是一个零下温度，其对应的二进制数据需要取反加 1 再进行换算。

表 14.3	温度和数据之间的关系转换表	
温 度	数据输出（二进制）	数据输出（十六进制）
+125	0000 0111 1101 0000	07D0h
+85	0000 0101 0101 0000	0550h
+25.0625	0000 0001 1001 0001	0191h
+10.125	0000 0000 1010 0010	00A2h
+0.5	0000 0000 0000 1000	0008h
0	0000 0000 0000 0000	0000h
−0.5	1111 1111 1111 1000	FFF8h
−10.125	1111 1111 0101 1110	FF5Eh
−25.0625	1111 1110 0110 1111	FE6Eh
−55	1111 1100 1001 0000	FC90h

3. 配置寄存器

表 14.4 所示为配置寄存器。

表 14.4 配置寄存器

bit7	bit6	bit5	bit4	bit3	bit2	bit1	bit0
0	R1	R0	1	1	1	1	1

配置寄存器一共有 8 位，其中低 5 位和第 7 位，它的值是固定不变的。R1、R0 在开机时，默认值是 11。可以给它赋值，赋不同的值得到的温度值的精度会不一样，如表 14.5 所示。

表 14.5 温度计精确度配置

R1	R0	精　度	温度分辨率	最大转换时间
0	0	9-bit	0.5℃	93.75 ms
0	1	10-bit	0.25℃	187.5 ms
1	0	11-bit	0.125℃	375 ms
1	1	12-bit	0.062 5℃	750 ms

14.3　单总线简介

14.3.1　单总线概述

One-Wire 单总线是 DALLAS 公司研制开发的一种通信协议。它采用单根信号线，既传输时钟，又传输数据，而且数据传输是双向的。它具有节省 I/O 线资源、结构简单、成本低廉、便于总线扩展和维护等诸多优点。

One-Wire 单总线适用于单个主机系统，每一个符合 One-Wire 协议的从机设备都有一个唯一的地址，包括 48 位的序列号、8 位的家族代码和 8 位的 CRC 代码。主机依据这 64 位序列号的不同来对一个或多个从机设备进行控制。当只有一个从机位于总线上时，系统可按照单节点系统操作；当多个从机位于总线上时，则系统按照多节点系统操作。

14.3.2　单总线信号类型

单总线信号类型分为 3 类：单总线通信初始化（包括主机复位脉冲和从机应答脉冲），位写入时序（包括写 1 和写 0）和位读取时序（包括读 1 和读 0）。所有这些信号，除了应答脉冲以外，其他都由主机发出同步信号，并且发送的命令和数据都是从低位开始传送。各信号的工作时序如下所述。

1. 单总线通信初始化

单总线上的所有通信都是从初始化时序开始，如图 14.6 所示。

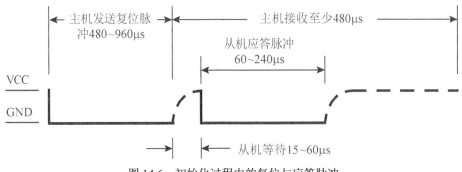

图 14.6　初始化过程中的复位与应答脉冲

初始化时序包括主机发出的复位脉冲和从机发出的应答脉冲。主机通过拉低单总线 480～960 μs 产生复位脉冲，然后由主机释放总线，并进入接收模式。主机释放总线时，会产生一个由低电平跳变为高电平的上升沿，从机检测到该上升沿后，延时 15～60 μs，接着从机通过拉低总线 60～240 μs 来产生应答脉冲。主机接收到从机的应答脉冲后，说明有单总线器件（从机）在线，到此初始化完成。然后主机就可以开始对从机进行 ROM 命令和功能命令的操作。

2．写时隙时序

写时隙是指主机向单总线器件写入数据，在每一个时隙中总线只能传输一位数据。写时隙分为写 0 时隙和写 1 时隙，如图 14.7 所示。

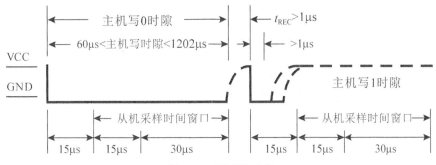

图 14.7　写时隙时序

当主机把总线从高电平拉到低电平的时候，写时隙开始。所有写时隙（即写 0 和写 1）必须最少持续 60 μs，且在两次独立的写时隙之间至少需要 1 μs 的恢复时间。在写时隙开始后的 15～60 μs 期间，如果在此期间单总线器件采样总线的电平状态为低电平，则写入的就是 0；如果为高电平，则写入的就是 1。

- 主机要生成一个写 0 时隙，必须把总线拉到低电平并保持 60 μs。
- 主机要生成一个写 1 时隙，主机在拉低总线后，必须在 15 μs 之内释放总线，并允许上拉电阻把总线拉到高电平。

3．读时隙时序

读时隙是指主机从单总线器件读取数据，在每一个时隙中总线只能读取一位数据。读时隙分为读 0 时隙和读 1 时隙，如图 14.8 所示。

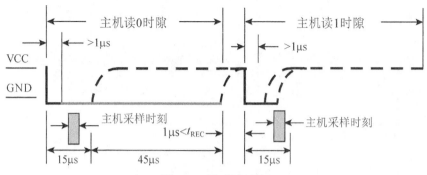

图 14.8 读时隙时序

所有的读时隙（读 0 和读 1）必须至少有 60 μs 的持续时间，相邻两个读时隙必须要有至少 1 μs 的恢复时间。主机把总线从高电平拉低，并保持至少 1 μs 后释放总线，并在 15 μs 内读取从单总线器件输出的数据。

14.4　DS18B20 时序过程

DS18B20 工作过程一般遵从以下协议：单总线初始化——ROM 操作命令——存储器操作命令——数据处理。

14.4.1　单总线初始化

单总线上的所有处理均从初始化时序开始。在初始化时序中，主机通过拉低单总线至少 480μs 来发送复位脉冲，然后主机释放总线并进入接收模式。接着 DS18B20 发出应答脉冲，以通知主机它在总线上并且准备好操作了。

14.4.2　ROM 操作命令

ROM 操作命令主要用于选定在单总线上的 DS18B20，分为 5 个命令。
（1）读出 ROM，代码为 33H，用于读出 DS18B20 的序列号，即 64 位光刻 ROM 代码。
（2）匹配 ROM，代码为 55H，用于识别（或选中）某一特定的 DS18B20 进行操作。
（3）搜索 ROM，代码为 F0H，用于确定总线上的节点数以及所有节点的序列号。
（4）跳过 ROM，代码为 CCH，当总线仅有一个 DS18B20 时，不需要匹配。
（5）报警搜索，代码为 ECH，主要用于鉴别和定位系统中超出程序设定的报警温度界限的节点。

14.4.3　存储器操作命令

存储器操作命令共有 6 个，如下所示。
（1）启动温度转换，代码为 44H，用于启动 DS18B20 进行温度测量，执行温度转换命令后 DS18B20 保持等待状态。如果主机在这条命令之后跟着发出读时间隙，而 DS18B20 又忙于温度转换的话，DS18B20 将在总线上输出"0"；若温度转换完成，则输出"1"。

（2）读暂存器，代码为 BEH，用于读取暂存器中的内容，从字节 0 开始最多可以读取 9 个字节，如果不想读完所有字节，主机可以在任何时间发出复位命令来终止读取。

（3）写暂存器，代码为 4EH，用于将数据写入到 DS18B20 暂存器的地址 2 和地址 3（TH 和 TL 字节）。可以在任何时刻发出复位命令来终止写入。

（4）复制暂存器，代码为 48H，用于将暂存器的内容复制到 DS18B20 的非易失性 EEPROM 中，即把温度报警触发字节存入到非易失性存储器里。

（5）重读 EEPROM，代码为 B8H，用于将存储在非易失性 EEPROM 中的内容重新读入到暂存器中。

（6）读电源，代码为 B4H，用于将 DS18B20 的供电方式信号发送到主机。若在这条命令发出之后发出读时间隙，DS18B20 将返回它的供电方式，"0"为寄生电源，"1"为外部电源。

14.4.4 数理处理

数据在传送时是低位在前，高位在后。当温度转换命令发出后，经转换所得的温度值以字节形式分别存放在温度存寄器的高 8 位和低 8 位中。此时，CPU 即可通过数据线读取该温度值。

14.5 DS18B20 应用实例

DS18B20 在 YL51 开发板上的连接图如图 14.9 所示。电路连接非常简单。其中，R20 电阻作为单总线的上拉电阻，阻值为 10 kΩ。单总线直接连接到单片机的 P2.2 引脚。

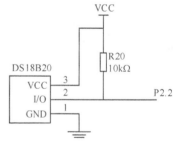

图 14.9 DS18B20 在 YL51
开发板上的连接图

【例 14.1】下面来编写一个程序把 DS18B20 驱动起来，让 DS18B20 检测到的当前温度值在 YL51 开发板的前 3 位数码管上显示出来。让前 2 位数码管显示温度值的整数部分，第 3 位数码管显示温度值的小数部分。程序代码如下：

```c
#include  <reg52.h>
#include  <intrins.h>
#define  uchar  unsigned  char
#define  uint  unsigned  int
bit  flag;
sbit  ds=P2^2;                 //DS18B20 的数据引脚位定义
sbit  dula=P2^6;
sbit  wela=P2^7;
uchar  code  table_du[]={0x3f,0x06,0x5b,0x4f,0x66,0x6d,0x7d,0x07,0x7f,0x6f,0x77,
0x7c,0x39,0x5e,0x79,0x71};
uint  temp;
```

```
delay(uchar  x)               //延时函数
{
      uchar  a,b;
      for(a=x;a>0;a--)
            for(b=200;b>0;b--);
}


void  delayus(uint  t)        //微秒级的延时函数
{
      while(t--);
}


void  ds_reset()              //单总线初始化函数
{
      ds=1;                   //总线先置高，让 ds 等于 1
      delayus(5);             //延时
      ds=0;                   //主机发送复位脉冲
      delayus(80);            //延时（480～960 μs）
      ds=1;                   //释放总线，让 ds 等于 1
      delayus(14);            //等待（15 ～60 μs）
      if(ds==0)               //判断总线 ds 是否等于 0
            flag=1;           //flag 等于 1 表示 DS18B20 存在
      else
            flag=0;           //flag 等于 0 表示 DS18B20 不存在
      delayus(20);
}


bit  ds_read_bit()            //读时隙（即位读取）函数
{
      bit  dat;               //定义一个位的变量 dat
      ds=0;                   //主机把总线拉低
      _nop_();                //延时一个机器周期，一个机器周期大约为 1 μs
      _nop_();                //再延时一个机器周期，保证延时大于 1 μs
      ds=1;                   //释放总线，把总线交给 DS18B20 进行控制
      _nop_();                //延时约 1 μs，让总线上的数据保持稳定
      dat=ds;                 //把总线上的数据赋给 dat
      delayus(10);            //延时，让整个读时序至少会持续 60 μs
      return  dat;            //把读到的值 dat 返回
}


uchar  ds_read_byte()         //读一个字节函数
{
      uchar  i,j,k;
      for(i=0;i<8;i++)        //循环 8 次
      {
```

```
              j=ds_read_bit();      //读到的位值赋给 j
              k=(j<<7)|(k>>1);      //由于 DS18B20 在传输数据的时候，都是低位在先。我们读到
                                    //的第一位，就是最低位。把 j 读到的数据先左移 7 位后，
                                    //原来最低位就变成了最高位了。比如刚开始最低位 j 的
                                    //值是 1，左移 7 位之后，就变成了 1000 0000。k 在没有赋值时，
                                    //默认值是 0，右移一位还是 0000 0000。将 j 和 k 进行或运算，
                                    //结果是 1000 0000。当第二位的值过来时，比如 j 还是 1，
                                    //左移 7 位之后就变成了 1000 0000，但这个时候 k 的值再右移
                                    //的时候，就变成了 0100 0000，j 和 k 进行或运算之后结果就是 1100
                                    //0000，这样依次循环 8 次。k 就读到了一个字节
       }
       return  k;        //把读到的 k 值返回
}


void  ds_write_byte(uchar  dat)     //写一个字节函数
{
       uchar  i;
       for(i=0;i<8;i++)             //循环 8 次
       {
              ds=0;                 //把总线拉为低电平
              _nop_();              //延时一机器周期，约 1 μs
              ds=dat&0x01;          //dat 和 0x01 按位与，目的是先传送 dat 的最低位
              delayus(6);           //延时，让整个读时序持续 60～120 μs
              ds=1;                 //把总线释放，让 ds 等于 1
              dat=dat>>1;           //将 dat 右移一位，准备下一位的写入
       }
       delayus(6);                  //延时，让每个函数之间都有一定的间隔
}


uint  read_temperature()           //读取温度函数
{
       uchar  a,b;
       ds_reset();                  //单总线初始化
       ds_write_byte(0xcc);         //发送跳过 ROM 指令，板上只接了一个 DS18B20，不需要匹配
       ds_write_byte(0xbe);         //读取温度值，即读暂存器（代码为 BEH）
       a=ds_read_byte();            //调用读一个字节的函数，把读到的低 8 位赋值给 a
       b=ds_read_byte();            //把读到的高 8 位赋值给 b
       temp=b;
       temp=temp<<8;
       temp=temp|a;                 //把高 8 位 b 和低 8 位 a 组成 16 位数据赋给 temp 保存
       temp=temp*0.0625*10+0.5;     //把 temp 乘以 0.0625 就是它的实际温度值，我们平常的温度
                                    //一般都是正温度，也不会超过 100 度，那么我们现在就
                                    //把它当成一个几十度的正温度值来处理，我们在数码管上就
                                    //显示 3 位数：2 位整数，1 位小数。在这里，为了方
                                    //便写显示函数，先把这个数放大 10 倍，那么在显示的时候，
                                    //就当成百位、十位、个位来处理。到时在十位加个小数点就
```

```
                                            //可以。后面的小数部分，就四舍五入。如
                                            //果后面的小数大于 0.5，就向个位进 1，如果小于 0.5 就不要向个位进 1
        return  temp;     // 返回 temp 值
}

display(uint  temp)     //数码管显示函数
{
        P0=table_du[temp/100];
        dula=1;
        dula=0;
        P0=0xfe;
        wela=1;
        wela=0;
        delay(10);

        P0=table_du[temp%100/10]|0x80;       //与 0x80 或，目的是在第 2 个数码管上显示出小数点
        dula=1;
        dula=0;
        P0=0xfd;
        wela=1;
        wela=0;
        delay(10);

        P0=table_du[temp%100%10];
        dula=1;
        dula=0;
        P0=0xfb;
        wela=1;
        wela=0;
        delay(10);
}

void  main()        //主函数
{
        while(1)
        {
                ds_reset();                     //单总线初始化
                ds_write_byte(0xcc);            //跳过 ROM
                ds_write_byte(0x44);            //启动温度传换
                display(read_temperature()); //显示当前温度
        }
}
```

把程序代码编译后下载到开发板上，温度显示效果如图 14.10 所示。

图 14.10 实验效果

14.6 课后作业

1. 了解 DS18B20 工作原理。
2. 掌握 DS18B20 的时序过程，能够理解每一位读写的时序。
3. 通过对 DS18B20 的学习，从而理解单总线器件的操作方法。
4. 自行编写程序，在 1602 液晶上显示出 DS18B20 的温度值。

加油

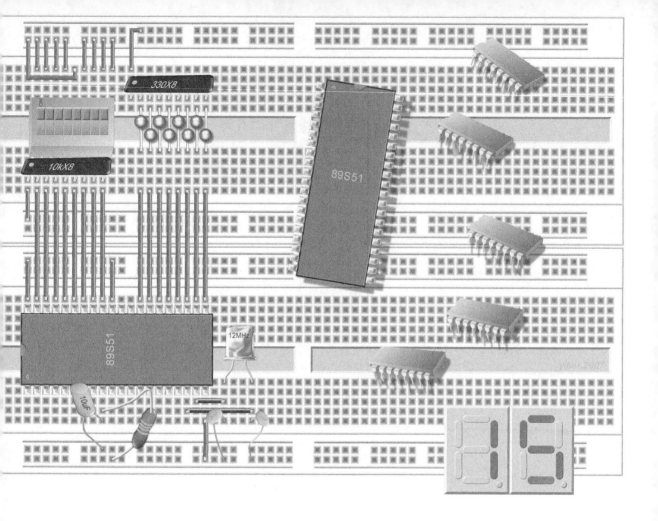

第15章 步进电机驱动原理及应用

步进电机作为执行元件，是机电一体化的关键产品之一，广泛应用于各种自动化控制系统中。如打印机、刻字机、喷涂设备、医疗设备、精密仪器、工业控制系统和机器人等领域，基本上涉及定位的场合都用步进电机。

步进电机驱动原理
及应用

15.1 步进电机概述

15.1.1 步进电机的认识

步进电机是数字控制系统中的一种执行元件，其作用是将脉冲信号转换为角位移或直线位移，即给一个脉冲电信号，步进电机就会转动一个角度或前进一步，它是机电一体化的关键产品之一。图 15.1 为一些常见的步进电机实物图。

（a）普通步进电机　　　　（b）减速步进电机　　　　（c）直线步进电机

图 15.1　步进电机实物图

在非超载的情况下，电机的转速、停止的位置只取决于脉冲信号的频率和脉冲数，而不受负载变化的影响。我们可以通过控制脉冲个数来控制角位移量，从而实现准确定位的目的，同时也可以通过控制脉冲频率来控制电机转动的速度和加速度，从而实现调速的目的。

15.1.2 步进电机分类

步进电机在构造上有 3 种主要类型：反应式（Variable Reluctance，VR）、永磁式（Permanent Magnet，PM）和混合式（Hybrid Stepping，HS）。

- **反应式**：反应式步进电机的定子由绕组组成，转子由软磁材料组成。这种步进电机具有结构简单、成本低、步距角小（一般为 1.2°）等优点，但它动态性能差、效率低、发热大，可靠性难保证。
- **永磁式**：永磁式步进电机的定子由绕组组成，转子由永磁材料制成，转子的极数与定子的极数相同。其特点是动态性能好、输出力矩大，但这种电机精度差一些，步矩角大（一般为 7.5°或 15°）。该步进电机价格低，广泛用在消费性产品中。
- **混合式**：混合式步进电机综合了反应式和永磁式的优点，其定子上有多相绕组，转子采用永磁材料，转子和定子上均有多个小齿用以提高步矩精度。其特点是输出力矩大、动态性能好，步距角小，但结构复杂、成本相对较高，主要用于工业控制。

15.1.3 步进电机的主要技术指标

步进电机的技术指标可分成静态技术指标和动态技术指标两大类。

1. 步进电机的静态技术指标

（1）**相数**：是指电机内部产生不同对极 N、S 磁场的激磁线圈对数，即电机内部的线圈组数。目前常用的有二相、三相、四相和五相步进电机。电机相数不同，其步距角也不同，一般二相电机的步距角为 0.9°/1.8°、三相的为 0.75°/1.5°、五相的为 0.36°/0.72°。在没有细分驱动器时，用户主要靠选择不同相数的步进电机来满足自己对步距角的要求。

（2）**拍数**：是指完成一个磁场周期性变化所需脉冲数或导电状态，用 n 表示，也指电机转过一个步距角所需脉冲数。以四相电机为例，四相四拍的运行方式为 AB-BC-CD-DA-AB，四相八拍的运行方式为 A-AB-B-BC-C-CD-D-DA-A，具体含义在 15.2.2 节介绍。

（3）**步距角（步进角度）**：表示控制系统每发送一个脉冲信号电机所转动的角度。即在没有减速齿轮的情况下，对于一个脉冲信号，转子所转过的机械角度。一般电机在出厂时都会给出一个步进角的值，常见的有 3°/1.5°、1.5°/0.75°、3.6°/1.8°。如，对于步距角为 1.8° 的步进电机，转动一圈所用的脉冲数为 360/1.8=200 个脉冲。

（4）**定位转矩**：是指电机在没有通电的情况下，电机转子自身由于磁场齿形的谐波以及机械误差造成的锁定力矩。

（5）**保持转矩**：是指步进电机通电但没有转动时，定子锁住转子的力矩。它是步进电机最重要的参数之一，步进电机在低速时的力矩通常接近保持转矩。由于步进电机的输出力矩随速度的增大而不断衰减，输出功率也随速度的增大而变化，所以保持转矩就成为了衡量步进电机最重要的参数之一。比如，当人们说 2 N•m 的步进电机，在没有特殊说明的情况下是指保持转矩为 2 N•m 的步进电机。

2. 步进电机的动态技术指标

（1）**步距角精度**：步进电机每转过一个步距角的实际值与理论值的误差。用百分比表示，等于误差/步距角×100%。不同运行拍数的步距角精度不同，四拍运行时应在 5% 之内，八拍运行时应在 15% 以内。

（2）**失步**：电机运转时，运转的步数不等于理论上的步数，称为失步。

（3）**失调角**：转子齿轴线偏移定子齿轴线的角度，电机运转必存在失调角。由失调角产生的误差，采用细分驱动是无法解决的。

（4）**最大空载启动频率**：电机在某种驱动形式、电压及额定电流下，在不加负载的情况下，能够直接启动的最大频率。

（5）**最大空载运行频率**：电机在某种驱动形式、电压及额定电流下，电机不带负载的最高转速频率。

除了以上常用的技术参数外，步进电机还有很多其他参数，在此不在一一介绍。因为这不是我们的重点内容，如有需要，大家可以自行查看相关技术资料。

15.2　步进电机工作原理

15.2.1　步进电机的驱动

步进电机种类很多，有二相、三相、四相、五相步进电机等，但其驱动原理都是一样的，都是以脉冲信号电流来驱动。本章以常见的四相五线步进电机为例，介绍步进电机的基本工作原理及应用方法。图 15.2 所示为四相五线步进电机驱动原理图。

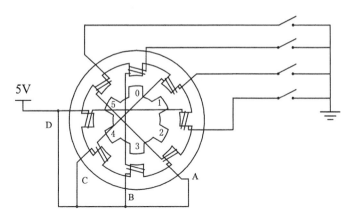

图 15.2 四相五线步进电机驱动原理图

如图 15.2 所示，所谓 4 相，就是说定子上有 4 对线圈，共 8 个线圈。该线圈是用来产生磁力线的，因此也叫作激磁线圈。每两个组成一对，分别用 A、B、C、D 表示，每一相引出一根控制线，共 4 根控制线，四相共用 1 根电源线，一共 5 根线，所以称为四相五线步进电机。大家也许听说过四相六线的步进电机，它多了 1 根电源线，它是每两相共用一根电源线。

中间部分是转子，由永磁体做成，图上为 6 个磁极（0～5），边上的是定子绕组。当定子的某一相绕组通电时，将产生一个电磁场，如果这个磁场的方向和转子磁场方向不在同一条直线上，那么定子和转子的磁场将产生一个扭力将转子扭转，若依次改变定子绕组的磁场，就可以使转子正转或反转（比如通电次序为 A→B→C→D 正转，反之则反转）。改变磁场切换的间隔时间，就可以控制转子的转速，这就是步进电机的驱动原理。

15.2.2 步进电机的励磁方式

步进电机的励磁方式一般分为：1 相（单向）励磁方式、2 相（双向）励磁方式和 1-2 相（单－双向）励磁方式。

（1）**1 相励磁方式**：是指在任何时间，步进电机中只有一相导通。每送一个励磁信号，步进电机旋转一个步进角。其优点是精度好，消耗电力小，但输出转矩小，振动大。若以 1 相励磁方式控制步进电机正转，其励磁顺序如表 15.1 所示。若需步进电机反转，反向传送励磁信号即可。

表 15.1　　　　　　　　　1 相励磁顺序：按 A-B-C-D 循环通电

STEP	A	B	C	D
1	1	0	0	0
2	0	1	0	0
3	0	0	1	0
4	0	0	0	1

（2）**2 相励磁方式**：是指在任何时间，步进电机会有二相同时导通。每送一个励磁信号，步进电机旋转一个步进角。其转矩大，振动小，是目前使用最多的励磁方式。若以 2 相励磁

方式控制步进电动机正转，其励磁顺序如表 15.2 所示。若需步进电机反转，反向传送励磁信号即可。

表 15.2　2 相励磁顺序：按 AB-BC-CD-DA 循环通电

STEP	A	B	C	D
1	1	1	0	0
2	0	1	1	0
3	0	0	1	1
4	1	0	0	1

（3）**1-2 相励磁方式**：是 1 相励磁和 2 相励磁交替使用的方式，属于半步的方式，也就是说每送一个励磁信号，步进电机旋转角度为前两种方式的一半。其特点是精度高，运转平滑，使用范围较为广泛。若以 1-2 相励磁方式控制步进电动机正转，其励磁顺序如表 15.3 所示。若需步进电机反转，反向传送励磁信号即可。

表 15.3　1-2 相励磁顺序：按 A-AB-B-BC-C-CD-D-DA 循环通电

STEP	A	B	C	D
1	1	0	0	0
2	1	1	0	0
3	0	1	0	0
4	0	1	1	0
5	0	0	1	0
6	0	0	1	1
7	0	0	0	1
8	1	0	0	1

15.3　28BYJ-48 步进电机应用

下面来介绍 28BYJ-48 这款步进电机的应用，其实物如图 15.3 所示。28BYJ-48 的含义如下。

28——步进电机的有效最大外径是 28 mm。

B——步进电机。

Y——永磁式。

J——减速型。

48——采用四相八拍工作方式（即 1-2 相励磁方式）。

图 15.3　28BYJ-48 步进电机实物图

15.3.1 28BYJ-48 步进电机参数

28BYJ-48 步进电机的主要参数如表 15.4 所示。

表 15.4　　　　　　　　　　28BYJ-48 步进电机参数表

供电电压 V	相数	相电阻 Ω	步进角度	减速比	启动频率 P.P.S	转矩 g.cm	噪声 dB	绝缘介电强度
5	4	50+10%	5.625°/64	1:64	≥550	≥300	≤35	600VAC

其中，步进角度为 5.625°/64 是怎样得来的呢？我们来分析一下。

$$步进角度算式：\theta b = \frac{360^o}{M \times Z \times C}$$

式中：M 为定子相数，Z 为转子磁极对数，C 为励磁方式。当 $C=1$ 时，为 1 相励磁方式或 2 相励磁方式；$C=2$ 时，为 1-2 相励磁方式。

由于 28BYJ-48 步进电机为 4 相，励磁方式采用 1-2 相励磁方式，即为四相八拍。转子磁极对数为 8。那么代入算式结果为：

$$\theta b = \frac{360^o}{4 \times 8 \times 2} = 5.625^o$$

那步进角度为什么是 5.625°/64，而不是 5.625° 呢？那是由于这个步进电机的转子和输出轴之间配有减速齿轮，如图 15.4 所示，中间的为转子，最外边为输出轴，输出轴和转子之间有 3 个减速齿轮，从表 15.4 中可知，输出轴和转子之间的减速比是 1:64，也就是说，输出轴的转动角度是转子转动角度的 1/64，因此该电机的步进角度是 5.625°/64。

另外，启动频率≥550，单位为 P.P.S，启动频率是指步进电机能够不失步启动的最高脉冲频率，P.P.S 表示每秒脉冲数，它这里指启动频率应该大于或者等于550 个脉冲数/每秒。但我们为了能够稳定启动运行，一般不要超过这个数，在这里我们选用 500P.P.S，让 1

图 15.4　步进电机内部减速齿轮示意图

秒钟产生的脉冲数为 500 个，那么我们换算成单节拍持续时间为 1 s÷500=2 ms，这个参数对于我们能否把步进电机转动起来是非常重要的。

15.3.2 28BYJ-48 步进电机驱动电路

步进电机驱动电路可以选用专用驱动芯片，也可以采用分立元件搭建。由于分立元件搭建的电路，布线比较麻烦，且占用空间大，可靠性较差等，在实际应用中一般都采用专用驱动芯片进行电路搭建。对于小型步进电机，由于其对电压和电流的要求都不是很高，我们通常采用 ULN2003 驱动芯片进行电路搭建，如图 15.5 所示。

J03 为步进电机连接口，分别与步进电机的 4 根控制线 A 相（橙色线）、B 相（黄色线）、C 相（粉色线）、D 相（蓝色线）和一根电源线 VCC（红色线）相连。其中 4 根控制线经 ULN2003 芯片后连接到 J01 端子的 ABCD，在 J01 端子中经跳线帽连接到单片机的 P0.5、P0.4、P0.3、P0.2 引脚。如图 15.6 所示。

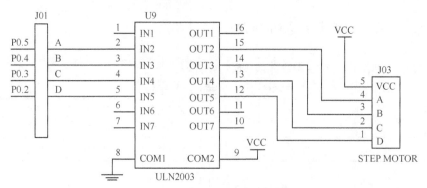

图 15.5 步进电机驱动电路

图 15.6 步进电机与开发板连接实物图

ULN2003 为达林顿驱动器，是一个非门电路，包含 7 个单元，如图 15.7 所示。每一个单元由达林顿管组成驱动电路，在输入端的每一对达林顿管都串联一个 2.7 kΩ的基极电阻，在 5 V 的工作电压下它能与 TTL 和 CMOS 电路直接相连。在输出端采用集电极开路输出，输出电流大，灌电流可达 500 mA，并且能够在关断状态时承受 50 V 的电压，二极管用于吸收感性负载的反向电动势，保护达林顿管不被击穿。

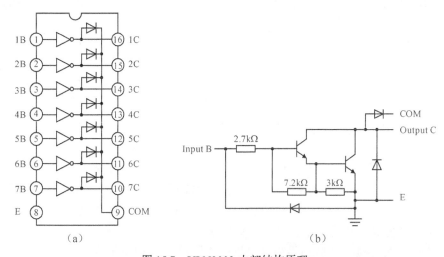

图 15.7 ULN2003 内部结构原理

15.3.3 步进电机应用实例

【例15.1】 在 YL51 开发板的驱动下,采用 1-2 相励磁方式使步进电机正向转动起来。程序代码如下:

```
#include  <reg52.h>
#define  uint  unsigned  int
#define  uchar  unsigned  char
sbit  dula=P2^6;                       //数码管段选位定义
uchar  code  step_table[]={0xc4,0xcc,0xc8,0xd8,0xd0,
                          0xf0,0xe0,0xe4};//A 相对应的是 P0.5,B 相对应的是 P0.4,
                          //C 相对应的是 P0.3,D 相对应的是 P0.2。其他没用
                          //到的 I/O 口:P0.6、P0.7 默认为 1;P0.1、P0.0 默
                          //认为 0。根据 1-2 相励磁方式,得到步进电机正
                          //向转动编码

void  delay  (uint  t)    //延时函数
{
  while(t--);
}

void  main()
{
    uint  i;
    P0=00;              //关闭数码管显示
    delay(500);
    dula=1;
    delay(500);
    dula=0;
    while(1)
    {
        for(i=0;i<8;i++)                    //8 个工作节拍,依次送给步进电机
        {
            P0=step_table[i];
            delay(200);                    //约 2 ms,用于控制步进电机转速
        }
    }
}
```

把程序代码编译后下载到开发板上,连接好步进电机,并把相应跳线帽设置好,步进电机即可按程序要求转动起来。

【例15.2】 让 28BYJ-48 步进电机正向转动 360°,然后反向转动 360°,连续不断地反复运行。程序代码如下:

```
#include  <reg52.h>
#define  uint  unsigned  int
#define  uchar  unsigned  char
```

```
sbit  dula=P2^6;
uchar  code  step_table[]={0xc4,0xcc,0xc8,0xd8,0xd0,
                           0xf0,0xe0,0xe4};//A相对应的是P0.5，B相对应的是P0.4，
                                          //C相对应的是P0.3，D相对应的是P0.2；其他没用
                                          //到的I/O口：P0.6、P0.7默认为1；P0.1、P0.0 默
                                          //认为0。根据1-2相励磁方式，得到的步进电机正
                                          //向转动编码

void  delay  (uint  t)     //延时函数
{
   while(t--);
}


void  main()
{
     uint  i,j;
     P0=00;                //关闭数码管显示
     delay(500);
     dula=1;
     delay(500);
     dula=0;
     while(1)
     {
          for(j=8*64;j>0;j--) //由于该电机的步进角度是5.625/64，即转子的步进角是5.625°，现在
                             //采用1-2相励磁方式，一个周期有8个节拍，那么实行一个周期脉冲为
                             //45°（5.625×8=45°），那么要转360°，只要8个周期脉冲即可。
                             //但由于输出轴减速比为1/64，那么此时输出轴的转动角度只有360°/64
                             //如果输出轴要转动360°，那么需要8×64个周期脉冲
          {
               for(i=0;i<8;i++)    //8个工作节拍，正向依次送给步进电机，使步进电机正转
               {
                    P0=step_table[i];
                    delay(200);
               }
          }

          for(j=8*64;j>0;j--)
          {
               for(i=8;i>0;i--)       //8个工作节拍，反向依次送给步进电机，使步进电机反转
               {
                    P0=step_table[i];
                    delay(200);
               }
          }
     }
}
```

　　把程序代码编译后下载到开发板上，连接好步进电机，并把相应跳线帽设置好，步进电机即可按程序要求转动起来。

注意：在不使用步进电机时，请把跳线帽取下，防止 ULN2003 驱动芯片影响单片机 P0 口输出。

15.4 课后作业

1．理解步进电机的相关基础知识。

2．能够编程实现对步进电机正反转控制和实现任意角度转动的控制。

3．编程对步进电机进行控制，S2 按键——起动/停止，S3 按键——加速，S4 按键——减速，S5 按键——正转/反转。

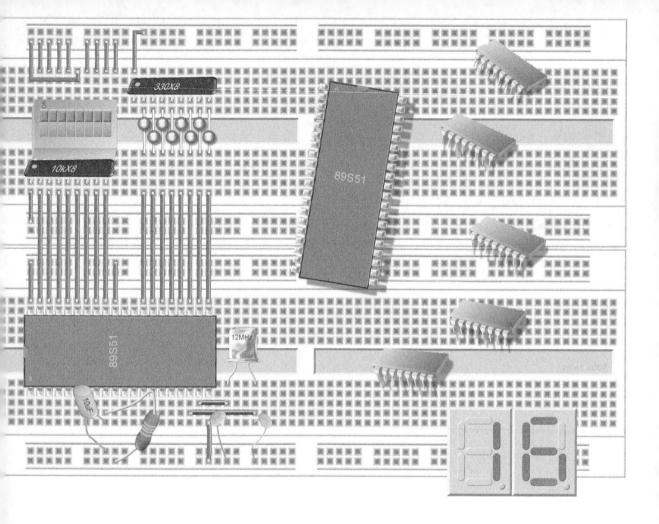

第 16 章　LED 点阵驱动原理及应用

　　LED 点阵屏可以显示变化的数字、文字和图形等。它不仅可以用于室内环境还可以用于室外环境，具有亮度高、工作电压低、功耗小、寿命长、耐冲击和性能稳定等优点，目前已广泛应用于车站、码头、机场、商场、银行、工业企业管理和其他公共场所。

LED 点阵驱动原理
及应用

16.1   LED 点阵简介

图 16.1 所示的是一个 LED 点阵广告牌。在结构上，它由多个 8×8 的点阵模块组成，LED 点阵屏的大小由用户自身需求决定。对于我们学习来说，只要把最基本的单元模块搞清楚了，以后要做多大的点阵屏都是不成问题的。

图 16.1   由多个 8×8 的点阵组成的广告牌

16.1.1   认识 8×8 点阵模块

8×8 点阵模块一共由 64 个发光二极管组成，以 8 行、8 列进行排列，是正方形的形状，带有 16 个控制引脚，如图 16.2 所示。

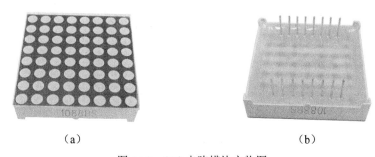

（a）   （b）

图 16.2   8×8 点阵模块实物图

1. 行和列的识别

由于 8×8 点阵模块的外形是一个正方形，每一行和每一列都是由 8 个发光二极管组成，当给它转动 90°后，是不是很容易就搞不清楚哪个该为行，哪个该为列了呢？关于这个问题，这里简单地给大家介绍一下。

大家看一下点阵的侧面，如图 16.2（a）所示，有一侧是印有字的，这里印的是该点阵的型号。就按图示摆放的位置，从上往下数依次是它的 1～8 行，从左往右数依次是它的 1～8 列。

2. 引脚的排列

有的点阵在背面标有第 1 引脚序号，但是有的没有标写，它的引脚定义和 IC 的引脚排列顺序是一样的。一般将侧面有字（点阵型号）的那一面左边的第 1 引脚为 1 脚，然后按逆时针排序至 16 脚，如图 16.3 所示。

3. 8×8 点阵内部结构

点阵和数码管一样，也有共阳极和共阴极之分。图 16.4 所示为共阳极的点阵内部结构图，图 16.5 所示为共阴极的点阵内部结构图。如果将每一行发光二极管的阳极连接在一起作为行引出脚的，称为共阳极点阵；如果将每一行发光二极管的阴极连接在一起作为每行引出脚的，称为共阴极点阵。

图 16.3 8×8 点阵引脚图

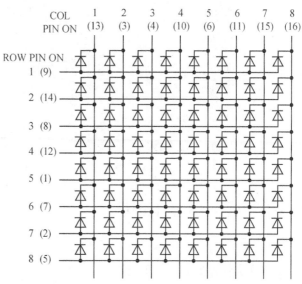

图 16.4 共阳极点阵内部结构图

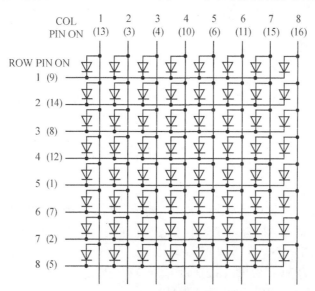

图 16.5 共阴极点阵内部结构图

YL51 开发板配的是共阳极点阵，下面以共阳极点阵来介绍其基本应用原理。在图 16.4 中我们看到每一个引脚都带有 2 个序号，其中带括号的序号为该引脚的引脚号（即第几个引脚），另一个为该行或该列的序号（即哪一行或哪一列），即，第 1 行接的是第 9 脚，第 2 行接的是 14 脚，第 3 行接的是第 8 脚等，其余引脚与其类似。

16.1.2 8×8 点阵与单片机连接

YL51 开发板采用的是共阳极点阵，点阵与单片机电路连接如图 16.6 所示。点阵的控制电路分为行控制电路和列控制电路，在开发板中，点阵的行用一个 74HC573（U10）进行控制，接到了单片机的 P0 口；点阵的列用一个 74HC573（U1）进行控制，它和数码管的段选共用一个 74HC573，然后也接到了 P0 口，RS1～RS8 在这里作为限流电阻（阻值为 220 Ω）。

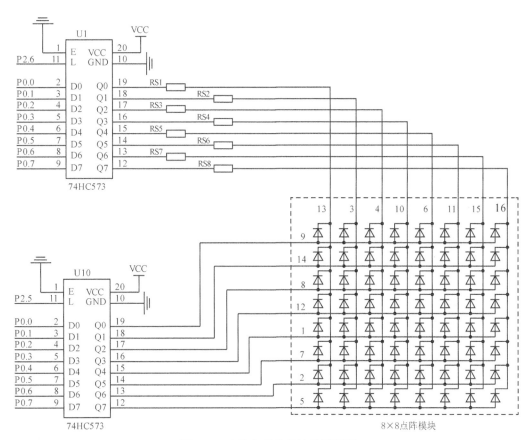

图 16.6 点阵与单片机连接原理图

16.2 点阵的显示原理

点阵模块的显示方式有静态显示和动态显示两种，静态显示就是向点阵的发光二极管连续提供驱动电流，来保持点阵中的发光二极管一直发亮。动态显示用的是扫描显示方法，让点阵每一行轮流显示，每行发光二极管的点亮时间为 1～2 ms，利用人的视觉暂留现象及发光二极管的余辉效应，尽管实际上各个发光二极管并非同时点亮，但只要扫描的速度足够快，给人的印象就是一组稳定的显示数据，不会有闪烁感，动态显示的效果和静态显示是一样的，但是功耗更低。下面来介绍各自的应用方法。

16.2.1 点阵的静态显示

【例 16.1】 点亮 8×8 点阵中的第一个发光二极管。

根据点阵与单片机连接原理图（见图 16.6）可知，要点亮点阵的第一个发光二极管，那么需要给点阵的 13 脚一个低电平，再给点阵的 9 脚一个高电平，此时第一个发光二极管就可以亮起来了。来写个程序试试，程序代码如下：

```c
#include<reg52.h>
#define  uint  unsigned  int
#define  uchar  unsigned  char
sbit  h_diola=P2^5;        //对控制点阵行选的74HC573（U10）锁存端进行位定义
sbit  l_dula=P2^6;         //对控制点阵列选的74HC573（U1）锁存端进行位定义
sbit  wela=P2^7;

void  main()
{
     P0=0xff;      //关闭数码管
     wela=1;
     wela=0;

     P0=0xfe;      //给点阵的13脚一个低电平
     l_dula=1;
     l_dula=0;

     P0=0x01;      //给点阵的9脚一个高电平
     h_diola=1;
     h_diola=0;

     while(1);     //程序在此停下
}
```

由于点阵的列选和数码管的段选共同使用一个 74HC573 进行控制，因此在编写程序时，为了防止操作点阵时对数码管产生影响，我们在程序一开始时，先把数码管显示关闭。把程序代码编译后下载到开发板上，此时点阵第一个发光二极管就亮起来了，其显示效果如图 16.7 所示。

图 16.7 实验效果

【例 16.2】 点亮 8×8 点阵中的全部发光二极管。

我们要让全部的发光二极管都亮起来，怎么办呢？通过图 16.6 可以看出，把所有的列加上低电平，所有的行加上高电平，它就全亮了。我们把例 16.1 的程序代码修改一下，修改后的程序代码如下：

```
#include<reg52.h>
#define  uint  unsigned  int
#define  uchar  unsigned  char
sbit  h_diola=P2^5;
sbit  l_dula=P2^6;
sbit  wela=P2^7;

void  main()
{
    P0=0xff;         //关闭数码管
    wela=1;
    wela=0;

    P0=0x00;         //给点阵所有的列加上低电平
    l_dula=1;
    l_dula=0;

    P0=0xff;         //给点阵所有的行加上高电平
    h_diola=1;
    h_diola=0;

    while(1);        //程序在此停下
}
```

把程序代码编译后下载到开发板上，此时我们会看到单片机按程序要求把点阵所有的发光二极管点亮了。其显示效果如图 16.8 所示。

以上的两个实验中，被点亮的发光二极管都有持续的电流通过，这种显示方式为静态显示。

16.2.2 点阵的动态显示

【**例 16.3**】 同样是把点阵所有的发光二极管点亮，我们也可以用动态扫描的方法，把它全部点亮。我们先点亮一行，然后每一行依次快速扫描，也可以做到点亮全部发光二极管。程序代码如下：

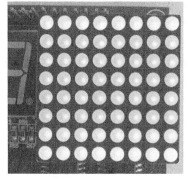

图 16.8 实验效果

```
#include<reg52.h>
#define  uint  unsigned  int
#define  uchar  unsigned  char
sbit  h_diola=P2^5;              //对控制点阵行选的 74HC573（U10）锁存端进行位定义
sbit  l_dula=P2^6;               //对控制点阵列选的 74HC573（U1）锁存端进行位定义
sbit  wela=P2^7;
uchar  code  h_table[]={0x01,0x02,0x04,0x08,0x10,0x20,0x40,0x80};  //点阵行选编码
```

```
delay(uint  t)    //延时函数
{
     while(t--);
}


void  main()      //主函数
{
     uchar  i;
     P0=0xff;
     wela=1;
     wela=0;        //  关闭数码管
     while(1)
     {
          for(i=0;i<8;i++) //用一个 for 循环, 从第 1 行到第 8 行, 按顺序进行扫描
          {
               P0=0x00;      //给点阵所有的列加上低电平
               l_dula=1;
               l_dula=0;

               P0=h_table[i];      //依次送入行选编码
               h_diola=1;
               h_diola=0;

               delay(200);          //  延时约 2ms

               P0=0x00;             //点阵清屏
               h_diola=1;
               h_diola=0;
          }
          i=0;       //把 i 清零, 让 for 语句接着进行下一次的循环

     }
}
```

"uchar code h_table[]={0x01,0x02,0x04,0x08,0x10,0x20,0x40,0x80};" 为点亮每一行的编码, 依次对应点阵的 1～8 行。比如要第 1 行亮, 那么单片机 P0.0 位应该为 1, 其他位为 0, 这时 P0 口对应的数就是 0000 0001, 转换成 16 进制数就为 0x01; 如果点亮的是第 2 行, 那么 P0.1 位应该为 1, 其他位为 0, 这时 P0 口对应的数就是 0000 0010, 转换成 16 进制数就为 0x02。其他行的编码类似。

把程序代码编译后下载到开发板上, 我们会看到单片机将按程序要求把点阵所有的发光二极管点亮了, 其显示效果如图 16.9 所示。

【例 16.4】 让点阵显示一个心形, 如图 16.10 所示, 白色方格表示小灯是亮的, 黑色方格表示小灯是灭的, 由白色方格来组成一个心形。

图 16.9 实验效果

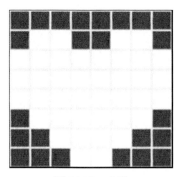

图 16.10 心形

现在点阵列上的发光二极管，有些是亮的，有些是灭的，不是全都被点亮了，因此这个时候，列选就不能全为 0（黑色方格表示不亮为 1，白色方格表示亮为 0，从左往右依次对应 P0.0～P0.7 口）。那么点阵第 1 行所有的列都要全为 1 它才会不亮，即 P0 口的值就是 0xff；第 2 行的列选值为 1001 1001（注意，从左往右依次对应 P0.0～P0.7 口），换成 16 进制数为 0x99。按此方法换算即可得到每一行（共 8 行）对应的列选编码。用数组表示为：

```
uchar  code  l_table[]={0xff,0x99,0x00,0x00,0x00,0x81,0xc3,0xe7};
```

程序代码如下：

```
#include<reg52.h>
#define  uint  unsigned  int
#define  uchar  unsigned  char
sbit  h_diola=P2^5;        //对控制点阵行选的74HC573（U10）锁存端进行位定义
sbit  l_dula=P2^6;         //对控制点阵列选的74HC573（U1）锁存端进行位定义
sbit  wela=P2^7;
uchar  code  l_table[]={0xff,0x99,0x00,0x00,0x00,0x81,0xc3,0xe7};//列选编码（显示心形）
uchar  code  h_table[]={0x01,0x02,0x04,0x08,0x10,0x20,0x40,0x80};        //行选编码

delay(uint  t)       //延时函数
{
     while(t--);
}

void  main()        //主函数
{
     uchar  i;
     P0=0xff;    //关闭数码管
     wela=1;
     wela=0;
     while(1)
     {
     for(i=0;i<8;i++)               //用一个for循环，从第1行到第8行，按顺序进行扫描
         {
             P0=l_table[i];    //依次送入列选编码
```

```
            l_dula=1;
            l_dula=0;

            P0=h_table[i];   //依次送入行选编码
            h_diola=1;
            h_diola=0;

            delay(200);      //延时约 2ms

            P0=0X00;         //点阵清屏
            h_diola=1;
            h_diola=0;
        }
        i=0;                 //把 i 清零，让 for 语句接着进行下一次循环
    }
}
```

把程序代码编译后下载到开发板上，我们会看到点阵按程序要求显示出一个心形图案，其显示效果如图 16.11 所示。

通过以上两个实验，我们理解了点阵动态扫描的显示方法。即让点阵每一行轮流显示，每行发光二极管的点亮时间为 1～2 ms。利用人的视觉暂留现象及发光二极管的余辉效应，尽管实际上各个发光二极管并非同时点亮，但只要扫描的速度足够快，给人的印象就是一组稳定的显示数据。

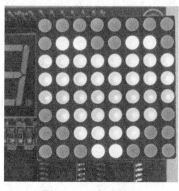

图 16.11   实验效果

16.3   点阵取模软件介绍

现在给大家介绍一个点阵取模软件，图 16.12 为该软件的操作界面，界面非常简洁。左侧是菜单栏，每一个菜单里面有子菜单，右侧是工作区。

图 16.12   进入点阵取模软件的操作界面

16.3.1 使用演示

这个软件用起来非常简单。下面用取模软件来获取例 16.4 中显示心形的列选编码"0xff,0x99,0x00,0x00,0x00,0x81,0xc3,0xe7",其操作步骤如下。

（1）新建一个图像，单击【基本操作】菜单中的【新建图像】选项，此时会弹出一个对话框，如图 16.13 所示。

在弹出的对话框里，设置宽度和高度这两个参数。宽度表示显示的图像有多少列，高度表示显示的图像有多少行。现在我们是用 8×8 的点阵显示，那么我们就改为 8 列、8 行，如图 16.14 所示，然后单击【确定】。

（2）把得到的图像放大。打开【模拟动画】菜单，连续单击【放大格点】图标，将图像放到最大，如图 16.15 所示，白色的方格就是我们设置的图像。

图 16.13　设置图像大小

图 16.14　设置为 8×8

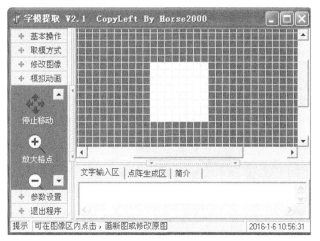

图 16.15　图像放大

（3）把心形画出来，左键单击白色的格点（单击后白色会变为黑色），图 16.16 为画好的心形。

（4）图像反显，由于图中黑色的点表示灯是灭的，白色的点才是亮的，那么要显示心形，就要把图像反显一下，让黑的变成白的，白的变成黑的。单击【修改图像】菜单中的【黑白反显图像】图标，此时图像就反显过来了，如图 16.17 所示。

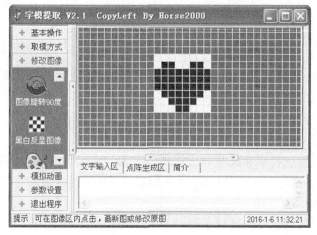

图 16.16   画出心形

图 16.17   图像反显

（5）参数设置，单击【参数设置】菜单中的【其他选项】图标，选中【横向取模】和【字节倒序】，其他选项默认，如图 16.18 所示，然后单击【确定】。

图 16.18   参数设置

（6）进入取模方式，单击【取模方式】菜单中的【C51 格式】，此时在点阵生成区就得到了该图形的列选编码，如图 16.19 所示。

可以看出，取模软件得出的编码和例 16.4 中的列选编码是一样的。因此，以后要显示什么内容，用取模软件来获取列选的编码就行了，这样就能大大减小编程的工作量。

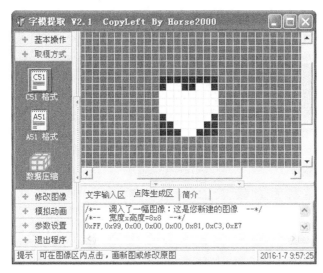

图 16.19 生成编码

16.3.2 术语介绍

常见术语如下所示。

- 横向取模，是指对图像按行来取模（即从第 1 行依次到最后 1 行），生成的编码 "0xff,0x99,0x00,0x00,0x00,0x81,0xc3,0xe7" 依次对应 1～8 行。比如第 1 个数 0xff 对应的是第 1 行的 8 位 1111 1111，第 2 个数 0x99 对应的是第 2 行的 8 位 1001 1001。
- 纵向取模，是指对图像按列来取模（即从第 1 列依次到最后 1 列），生成的编码中的每一个 16 进制数，对应每一列的 2 进制数。
- 字节倒序，根据点阵与单片机连接原理图（图 16.6）可知，点阵第 1 列接到的是单片机的 P0 口的最低位，也就是说 P0 口输出的二进制数值，与点阵列选值是倒过来的。比如 P0 输出的数据是 1111 0000，这时，点阵 1～8 列对应的数依次为 0000 1111。

因此，要进行横向取模还是纵向取模，要不要进行字节倒序，是根据你的电路设计和程序要求决定的。

16.3.3 应用举例

【例 16.5】 在点阵上显示 51 字样，如图 16.20 所示。要求用取模软件得到其列选编码。

把显示"51"的列选编码代替例 16.4 中的心形列选编码即可。修改后的程序代码如下：

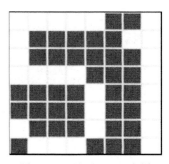

图 16.20 显示"51"字样

```c
#include<reg52.h>
#define  uint  unsigned  int
#define  uchar  unsigned  char
sbit  h_diola=P2^5;       //对控制点阵行选的 74HC573（U10）锁存端进行位定义
sbit  l_dula=P2^6;        //对控制点阵列选的 74HC573（U1）锁存端进行位定义
sbit  wela=P2^7;
```

```
uchar   code   l_table[]={0x60,0x3E,0x7E,0x70,0x6F,0x6F,0x6E,0x71};//列选编码（显示 51）
uchar   code   h_table[]={0x01,0x02,0x04,0x08,0x10,0x20,0x40,0x80}; //行选编码

delay(uint  t)        //延时函数
{
     while(t--);
}


void  main()          //主函数
{
     uchar  i;
     P0=0xff;          //关闭数码管
     wela=1;
     wela=0;
     while(1)
     {
     for(i=0;i<8;i++)                  //用一个 for 循环，从第 1 行到第 8 行，按顺序进行扫描
         {
             P0=l_table[i];      //依次送入列选编码
             l_dula=1;
             l_dula=0;

             P0=h_table[i];      //依次送入行选编码
             h_diola=1;
             h_diola=0;

             delay(200);         //   延时约 2ms

             P0=0X00;            //点阵清屏
             h_diola=1;
             h_diola=0;
         }
         i=0;                    //把 i 清零，让 for 语句接着进行下一次的循环
     }
}
```

把程序代码编译后下载到开发板上，其显示效果如图 16.21 所示，这时 51 就显示出来了。我们只需把列选的编码替换一下就可以，非常简单。

大家可能想显示一些汉字，对于 8×8 的点阵，由于它比较小，只能显示一些笔画比较少的汉字，如果要显示复杂一点的汉字，就要用到 16×16 或者 32×32 的点阵，甚至更大的点阵。但是不管是 16×16 还是 32×32 的点阵，它们都是由 8×8 点阵组成的，它们的原理是一样的，因此，我们学会了 8×8 的点阵，其他的不管是多大的点阵，我们也照样会用。到现在，我们已经学会了显示静态的字

图 16.21   例 16.5 显示 "51" 字样

或者图像。但常见到的是一组会移动的字或者图像，即动态显示，这该怎样显示呢？举例介绍。

【例 16.6】 显示"我爱 51"这样的一幅图像，如图 16.22 所示，让它向上移动地显示出来。

首先要明确一个概念。动画都是由一张一张图像组成的，和电影放映机播放原理类似，让胶片的每一张静止画面连续地在银幕上映现出来，借助人的视觉暂留，在人的视觉上造成了景物运动的效果。明白了这个道理，动态地向上移动、显示出这幅图像就不难了。

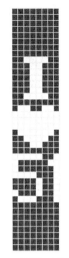

由于使用的是 8×8 的点阵，那么：第 1 张显示的图像为第 1 行到第 8 行，第 2 张显示的图像为第 2 行到第 9 行，第 3 张显示的图像为第 3 行到第 10 行，第 4 张显示的图像为第 4 行到第 11 行，这样按顺序向下显示，直到最后一张图像，一共用 33 张图像。然后返回来，从第一张图像开始显示，这样不断循环，我们就得到了一幅向上移动的图像。

图 16.22 图像"我爱 51"

使用取模软件建立显示图像（注：图像大小为 8×40），得出列选编码为："0xff, 0xff, 0xff, 0xff, 0xff, 0xff, 0xff, 0xff, 0xc3, 0xe7, 0xe7, 0xe7, 0xe7, 0xe7, 0xc3, 0xff, 0x99, 0x00, 0x00, 0x00, 0x81, 0xc3, 0xe7, 0xff, 0x60, 0x3e, 0x7e, 0x70, 0x6f, 0x6f, 0x6e, 0x71, 0xff, 0xff, 0xff, 0xff, 0xff, 0xff, 0xff, 0xff"。

程序代码如下：

```c
#include<reg52.h>
#define  uint  unsigned  int
#define  uchar  unsigned  char
sbit  h_diola=P2^5;        //对控制点阵行选的 74HC573（U10）锁存端进行位定义
sbit  l_dula=P2^6;         //对控制点阵列选的 74HC573（U1）锁存端进行位定义
sbit  wela=P2^7;
uchar  code  l_table[]={0xff,0xff,0xff,0xff,0xff,0xff,0xff,0xff,0xc3,0xe7,0xe7,
                        0xe7,0xe7,0xe7,0xc3,0xff,0x99,0x00,0x00,0x00,0x81,0xc3,
                        0xe7,0xff,0x60,0x3e,0x7e,0x70,0x6f,0x6f,0x6e,0x71,0xff,
                        0xff,0xff,0xff,0xff,0xff,0xff};//列选编码（显示"我爱51"）
uchar  code  h_table[]={0x01,0x02,0x04,0x08,0x10,0x20,0x40,0x80};   //行选编码

delay(uint  t)      //延时函数
{
    while(t--);
}

void  main()        //主函数
{
    uchar  i,j,k,z;
    P0=0xff;        //关闭数码管
    wela=1;
    wela=0;
    while(1)
    {
```

```
z=50;
while(z--)              //让每张图像多扫描几次
{
for(i=0;i<8;i++)       //用一个 for 循环, 从第 1 行到第 8 行, 按顺序进行扫描
    {
            P0=l_table[j++];        //依次送入列选编码
            l_dula=1;
            l_dula=0;

            P0=h_table[i];          //依次送入行选编码
            h_diola=1;
            h_diola=0;

            delay(200);      //延时约 2ms

            P0=0X00;         //点阵清屏
            h_diola=1;
            h_diola=0;
    }
j=k;
i=0;                       //扫描完每张图像, 让 i 归零
}
k++;                       //每显示完一张图像, k 自身加 1
i=0;
if(k>32)                   //如果扫描完第 33 张图像, k 归零
    {
            k=0;
    }
j=k;                       //让 j 等于 k, 让 for 语句接着进行下一张图片扫描
}
}
```

把程序代码编译后下载到开发板上, 我们会看到图像从下往上移动地显示出来, 改变 z 的值就可以改变它的移动速度。

16.4 课后作业

1. 了解点阵的显示原理和点阵动画显示原理。
2. 学会使用取模软件。
3. 用点阵做一个 9 到 0 的倒计时牌显示。
4. 独立完成点阵显示 I❤51 向左移动的程序。

加油

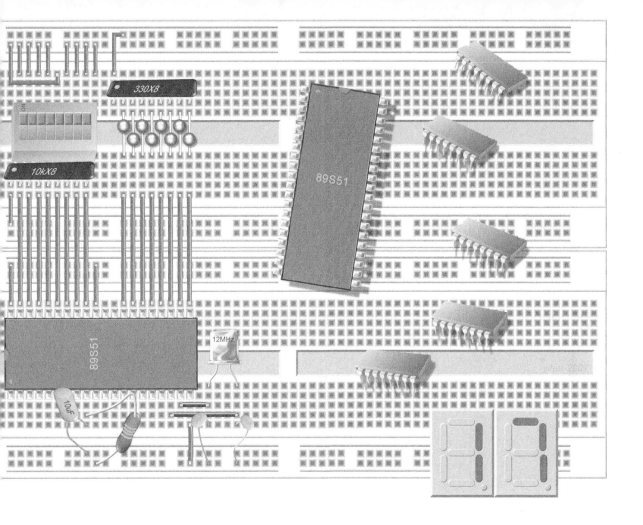

第17章 DS1302 实时时钟与 SPI 通信原理

从近代的机械时钟，到现在的电子表及数字时钟，为了准确地测量和记录时间，人们一直在努力改进着计时工具。钟表的数字化，大力推动了计时的精确性和可靠性。

在单片机构成的装置中，很多采用单片机的中断服务来实现，这种方式一方面需要采用计数器，占用硬件资源，另一方面需要设置中断、查询等，同样耗费单片机的资源，而且某些测控系统可能不允许这样做。有的则使用并行接口的时钟芯片，如 MC146818、DS12C887 等，它们虽然能满足单片机系统对时钟的要求，但是这些芯片与单片机接口复杂，占用地址、数据总线多，芯片体积大，占用空间多，给其他设计带来诸多不便。因此，本章选用简单的三线串行接口时钟芯片 DS1302，来介绍如何与单片机构成一个数字时钟电路。

DS1302 实时时钟与
SPI 接口通信原理

17.1 DS1302 简介

17.1.1 功能特点

DS1302 是美国 DALLAS 公司推出的一种高性能、低功耗的实时时钟芯片，内部带有 31 字节静态 RAM，采用 SPI 三线接口与 CPU 进行同步通信，并可一次传送多个字节的时钟信号和 RAM 数据。实时时钟可提供秒、分、时、日、星期、月和年，当一个月小于 31 天时可以自动调整，且具有闰年补偿功能。

17.1.2 封装及引脚

DS1302 有两种封装，如图 17.1 所示，分别是 DIP 直插封装和 SO 贴片封装。贴片封装有宽度是 5.2832mm（208 mils）和 3.81mm（150 mils）两种，市面上最常见到的是宽度为 3.81mm（150 mils）的贴片封装，在 YL51 开发板上用的也是这种。

图 17.1　DS1302 封装图

引脚介绍如下所示。

第 1 脚 VCC2：主电源，工作电压宽达 2.0～5.5 V。

第 2 脚 X1、第 3 脚 X2：接 32.768 kHz 晶振（晶振负载电容为 6pF）。

第 4 脚 GND：电源地。

第 5 脚 CE：相当于片选信号，在读、写数据期间，必须为高电平。

第 6 脚 I/O：双向数据口。

第 7 脚 SCLK：串行时钟输入口。

第 8 脚 VCC1：备用电源，在不使用时留空即可。当采用双电源供电（主电源 VCC2 和备用电源 VCC1）时，若 VCC2>VCC1+0.2 V 时，由 VCC2 向 DS1302 供电；若 VCC2< VCC1 时，由 VCC1 向 DS1302 供电。

17.1.3 DS1302 的主要性能指标

DS1302 的主要性能指标如下所示。

（1）DS1302 实时时钟可以对年、月、日、星期、时、分、秒进行计时，且具有闰年补偿功能，芯片使用时间到 2100 年。

（2）内部含有 31 个字节静态 RAM，可提供用户访问。

（3）采用 SPI 串行数据传送方式，使得管脚数量最少。

（4）工作电压范围宽：2.0～5.5 V。

（5）2.0V 时，工作电流小于 300 nA。

（6）时钟或 RAM 数据的读/写有两种传送方式：单字节传送和多字节传送方式。

（7）采用 8 脚 DIP 封装或 SO 封装。

（8）与 TTL 兼容，VCC=5 V。

（9）可选工业级温度范围：−40～+85℃。

（10）具有涓流充电能力。

（11）可采用主电源和备份电源双电源进行供电。

17.1.4 DS1302 与单片机连接电路

图 17.2 所示为 DS1302 与单片机的连接电路。

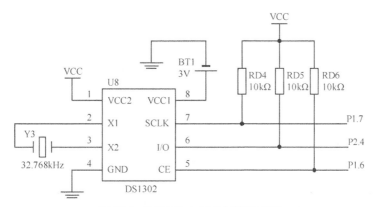

图 17.2　DS1302 与单片机连接电路

VCC2 接开发板 5 V 电源，GND 接电源地。VCCl 留空，这个备用电源一般选用 3 V 的钮扣电池，在 YL51 开发板的背面，预留有接口。

X1、X2 外接一个 32.768 kHz 的时钟晶振。注意，晶振负载电容必须为 6 pF，这是由 DS1302 内部的振荡电路所决定的，芯片在设计的时候已经指定要跟负载电容是 6 pF 的晶振进行匹配，振荡电路不再需要外接任何的电阻或电容进行匹配，直接接上一个晶振就可以。如果选用的不是负载电容为 6 pF 的时钟晶振，那么芯片就有可能会出现走时不准，或者是干脆不能工作，因此，在设计电路的时候，要注意这一点。

RD4、RD5、RD6 均为 10 kΩ的上拉电阻，其主要作用是增强信号的稳定性。在有些电路中也可以把它们省略掉，但为了增强电路的稳定性，还是加上为好。

SCLK 接到了单片机的 P1.7 口，I/O 接到了单片机的 P2.4 口，CE 接到了单片机的 P1.6 口，DS1302 芯片就是通过这 3 条线采用 SPI 通信协议与单片机进行通信。

17.2　DS1302 的寄存器及片内 RAM

在操作这个芯片之前，先来了解一下这个芯片都有哪些寄存器。DS1302 有 12 个寄存器，其中有 7 个寄存器与日历、时钟相关，此外，还有控制寄存器、写保护寄存器、充电寄存器、时钟突发寄存器及临时性存放数据的 RAM 寄存器。下面分别对其进行介绍。

17.2.1　与日历、时钟相关寄存器

与日历、时钟相关寄存器有 7 个，如表 17.1 所示。

表 17.1　7 个与日历、时钟相关的寄存器

名　称	控制命令		取值范围	各位内容：数据以 BCD 码形式存取							
	读	写		D7	D6	D5	D4	D3	D2	D1	D0
秒寄存器	81H	80H	00～59	CH	秒的十位			秒的个位			
分寄存器	83H	82H	00～59	0	分的十位			分的个位			
时寄存器	85H	84H	1～12 或 0～23	12/24	0	A/P	HR	小时的个位			
日寄存器	87H	86H	1～28、29、30、31	0	0	日的十位		日的个位			
月寄存器	89H	88H	1～12	0	0	0	1 或 0	月的个位			
周寄存器	8BH	8AH	1～7	0	0	0	0	0	星期几		
年寄存器	8DH	8CH	00～99	年的十位				年的个位			

表中的每一个寄存器都有相应的读/写控制命令（这些控制命令由专用寄存器进行管理），也有相应的取值范围，它们存储的内容都是以 BCD 码形式进行存储。

- 秒寄存器：读写控制命令为 81H、80H，取值范围是 00～59。其最高位 CH 是一个时钟停止标志位。如果时钟电路有备用电源供电，上电后，它要先检测一下 CH 位，如果这一位是 0，那说明时钟在系统掉电后，由于备用电源的供给，时钟是正常运行的；如果这一位是 1，那么说明时钟在系统掉电后，时钟部分已停止工作了。因此，可以通过 CH 位判断时钟在单片机系统掉电后是否持续运行。剩下的 7 位，高 3 位是秒的十位，低 4 位是秒的个位，这是由于 DS1302 内部数据是以 BCD 码形式存放，而秒的十位最大数是 5，所以 3 个二进制位就够了，秒的个位最大数为 9，所以采用 4 个二进制位存放。
- 分寄存器：读写控制命令为 83H、82H，取值范围是 00～59。D7 位没意义，固定为 0。剩下的 7 位中，D6、D5、D4 位是分钟的十位，低 4 位是分钟的个位。
- 时寄存器：读写控制命令为 85H、84H，取值范围是 1～12 或 0～23。D7 位为 12 小时制/24 小时制的选择位，当为 1 时选 12 小时制，当为 0 时选 24 小时制。当 12 小时制时，D5 位为 1 是上午，D5 位为 0 是下午，D4 为小时的十位；当 24 小时制时，D5、D4 位为小时的十位；不管是 12 小时制还是 24 小时制，低 4 位都是小时的个位。
- 日寄存器：读写控制命令为 87H、86H，取值范围是 1～28、29、30、31。高 2 位固定是 0，D5 和 D4 是日期的十位，低 4 位是日期的个位。
- 月寄存器：读写控制命令为 89H、88H，取值范围是 1～12。高 3 位固定是 0，D4 位是月的十位，低 4 位是月的个位。
- 周寄存器：读写控制命令为 8BH、8AH，取值范围是 1～7。高 5 位固定是 0，低 3 位是星期几。
- 年寄存器：读写控命制令为 8DH、8CH，取值范围是 00～99。高 4 位是年的十位，低 4 位是年的个位。这里需要特别注意，这里的 00 到 99 年指的是 2000 年到 2099 年。

17.2.2 BCD 码简介

在数字系统中，各种数据都需要转换为二进制代码才能进行处理，而人们习惯于使用十进制数，所以在数字系统的输入输出中仍采用十进制数，这样就产生了把十进制数中的每一位数用二进制代码来表示的方法。这种用于表示十进制数的二进制代码称为二—十进制代码（Binary Coded Decimal），简称 BCD 码。

由于十进制数有 0、1、2、…、9 共 10 个数码，因此，至少需要 4 位二进制码来表示 1 位十进制数。

例如，十进制数 96 对应的 BCD 码为 1001 0110。

反过来，对于一个字节的 BCD 码，可以表示一个两位数的十进制数。因此，BCD 编码形式能使二进制和十进制之间的转换得以快速进行。

17.2.3 控制寄存器

控制寄存器用于存放 DS1302 的控制命令，它用于对 DS1302 的读写过程进行控制。其命令字格式如表 17.2 所示。

表 17.2　　　　　　　　　　　　DS1302 命令字格式

D7	D6	D5	D4	D3	D2	D1	D0
1	RAM/$\overline{CK}$	A4	A3	A2	A1	A0	R/$\overline{W}$

DS1302 命令字格式一共有 8 位，也就是一条控制命令为一个字节（共 8 位），其中：

- D7 固定为 1，这一位如果是 0 的话，写进去也是无效的；
- D6 为 RAM/$\overline{CK}$ 位，用于选择 RAM 还是选择 CLOCK。如果选择 RAM，那么 D6 位是 1；如果选择 CLOCK，那么 D6 位是 0。本章主要介绍 CLOCK 时钟的使用，它的 RAM 功能没用到。
- D5～D1 为寄存器的 5 位地址位，用于选择进行读写的日历、时钟寄存器或片内 RAM；
- D0 为读/写选择位，如果要写，这一位就是 0，如果要读，这一位就是 1。

表 17.3 为各寄存器及其控制命令对照表。

表 17.3　　　　　　　　　　　　各寄存器及其控制命令对照表

寄存器名称	D7	D6	D5	D4	D3	D2	D1	D0
	1	RAM/$\overline{CK}$	A4	A3	A2	A1	A0	R/$\overline{W}$
秒寄存器	1	0	0	0	0	0	0	1/0
分寄存器	1	0	0	0	0	0	1	1/0
时寄存器	1	0	0	0	0	1	0	1/0
日寄存器	1	0	0	0	0	1	1	1/0
月寄存器	1	0	0	0	1	0	0	1/0
周寄存器	1	0	0	0	1	0	1	1/0
年寄存器	1	0	0	0	1	1	0	1/0
写保护寄存器	1	0	0	0	1	1	1	1/0
充电寄存器	1	0	0	1	0	0	0	1/0
时钟突发秒寄存器	1	0	1	1	1	1	1	1/0

刚才介绍过 D7 位固定为 1，D6 位为 RAM/$\overline{CK}$ 选择位（选择 RAM 时为 1；选择 CLOCK 时为 0），D5～D1 位为寄存器的 5 位地址位，最后一位 D0 为读/写选择位（写为 0，读为 1）。比如，对于秒寄存器，其地址是 00000，如果是读的话，就是 1000 0001，转换成 16 进制数是 81；如果是写的话，就是 1000 0000，转换成 16 进制数是 80，那么秒寄存器的读、写控制命令即为 81H、80H（H 表示 16 进制数）。表 17.1 中的各控制命令，就是根据表 17.3 对应换算来的。

17.2.4　写保护寄存器

写保护寄存器，主要是用来防止对 DS1302 进行误操作，其格式如表 17.4 所示。

表 17.4　　　　　　　　　　　　　　写保护寄存器格式

D7	D6	D5	D4	D3	D2	D1	D0
WP	0	0	0	0	0	0	0

WP 为写保护位，当 WP=0，可以进行写操作，当 WP=1，只能读不能写。当对日历、时钟寄存器或片内 RAM 进行写时 WP 应为 0；当对日历、时钟寄存器或片内 RAM 进行读时 WP 一般置 1。

17.2.5　充电寄存器

充电寄存器用来设置充电电流，其格式如表 17.5 所示。

表 17.5　　　　　　　　　　　　　　充电寄存器格式

D7	D6	D5	D4	D3	D2	D1	D0
TCS	TCS	TCS	TCS	DS	DS	RS	RS

4 位 TCS 为涓流充电的选择位，当它为 1010 时使能涓流充电。两位 DS 为二极管选择位，DS 为 01 选择一个二极管，DS 为 10 选择两个二极管，DS 为 11 或 00 充电器被禁止，与 TCS 无关。两位 RS 用于选择连接在 VCC2 与 VCC1 之间的电阻，RS 为 00，充电器被禁止，与 TCS 无关，电阻选择情况如表 17.6 所示。

表 17.6　　　　　　　　　　RS 位电阻值对照表

RS 位	电 阻 器	阻 值
00	无	无
01	R1	2 kΩ
10	R2	4 kΩ
11	R3	8 kΩ

除以上常用的寄存器外，还有时钟突发寄存器及与 RAM 相关的寄存器等，大家可以自行参阅相关资料进行了解。

17.3　DS1302 数据读写时序及 SPI 通信原理

SPI 总线是 Motorola 公司推出的一种同步串行总线，采用主从通信模式，数据传输速度总体来说比 I^2C 总线要快得多，速度可以高达数 10 Mbit/s。目前 SPI 接口的外设种类很多，如 EEPROM、ADC、DAC、实时时钟、液晶模块、SD 卡、无线通信模块等。SPI 接口有 4 线制的，也有 3 线制的，其中：

- 四线制 SPI，采用 4 根信号线，分别是从机设备选择线（CS）、时钟线（SCLK）、输出数据线（MOSI）和输入数据线（MISO）。其特点是全双工，收发可同时进行。
- 三线制 SPI，采用 3 根信号线，分别是从机设备选择线（CS）、时钟线（SCLK）和数据线（I/O）。其特点是半双工，收发为分时进行。

本章介绍的 DS1302 时钟芯片，采用的是三线制 SPI 接口与单片机进行通信。下面具体介绍一下其通信时序。

17.3.1　单字节写操作

单字节写操作的时序如图 17.3 所示。

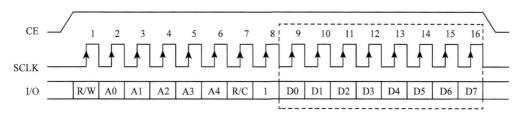

图 17.3　单字节写时序

片选信号 CE（也称 CS），是高电平有效，低电平无效。SCLK 为时钟信号，主机在脉冲上升沿期间从低位开始向从机写入。I/O 为数据线，在传送数据前，主机首先要向从机写入控制命令（指明写入的寄存器地址及后续的操作为写操作，如表 17.3 所示），然后主机再写入一个字节的数据。

17.3.2　单字节读操作

单字节读操作的时序如图 17.4 所示。

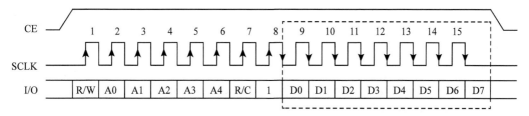

图 17.4　单字节读时序

片选信号 CE（也称 CS），依然是高平电有效，低电平无效。SCLK 为时钟信号，I/O 为数据线，在读取从机的数据前，主机首先向从机写入控制命令（在脉冲上升沿期间从低位开始写入，指明要读取的寄存器地址及后续的操作为读操作，如表 17.3 所示），然后在脉冲的下降沿期间，主机从寄存器中读走数据，读出的数据低位在前高位在后。

17.4   DS1302 实例操作

【例 17.1】 编写程序，将 DS1302 的秒、分、时，在 YL51 开发板的数码管上显示出来。
程序代码如下：

```c
#include<reg52.h>
#include<intrins.h>
#define  uchar  unsigned  char
#define  uint  unsigned  int
sbit  sclk=P1^7;          //DS1302 的 SCLK 时钟线位定义
sbit  io=P2^4;            //DS1302 的 I/O 数据线位定义
sbit  ce=P1^6;            //DS1302 的 CE 片选线位定义
sbit  dula=P2^6;          //数码管段选位定义
sbit  wela=P2^7;          //数码管位选位定义
uchar  code  table_du[]={0x3f,0x06,0x5b,0x4f,0x66,0x6d,0x7d,0x07,0x7f,0x6f,0x77,0x7c,
                         0x39,0x5e,0x79,0x71};        //数据管段选编码
uchar  time_data[]={13,6,4,17,11,58,30};   //设置时间初值（年、周、月、日、时、分、秒）
uchar  write_add[]={0x8c,0x8a,0x88,0x86,
                    0x84,0x82,0x80};   //年、周、月、日、时、分、秒寄存器的写控制命令
uchar  read_add[]={0x8d,0x8b,0x89,0x87,
                   0x85,0x83,0x81};   //年、周、月、日、时、分、秒寄存器的读控制命令
uchar  disp[6];

delay(uchar  x)          //延时函数
{
     uchar  a,b;
     for(a=x;a>0;a--)
          for(b=200;b>0;b--);
}

void  write_ds1302_byte(uchar  add)      //字节写操作函数
{
     uchar  i;
     for(i=0;i<8;i++)          //分 8 次循环，把（add）一位一位地写入
     {
          sclk=0;
          io=add&0x01;  //add 和 0x01 进行按位与，保留最低位。目的是：从低位开始写入
          add=add>>1;    //add 右移一位
          sclk=1;
```

```
        }
}

void  write_ds1302(uchar  add,uchar  dat)        //单字节写操作函数（包含地址和数据）
{
        ce=0;                //刚开始 CE 为低电平
        sclk=0;              //刚开始 SCLK 为低电平
        ce=1;                //CE 变为高电平，允许单片机向 DS1302 中的寄存器写入地址命令和数据
        _nop_();             //稍微延时（一个机器周期）
        write_ds1302_byte(add); //写入控制命令（指明写入的寄存器地址及后续的操作为写操作）
        write_ds1302_byte(dat); //写入一个字节数据
        ce=0;                //地址命令和数据写完之后，把 CE 拉低，防止对写入的数据进行误操作
        _nop_();             //稍微延时
        io=1;                //释放 I/O 数据线
        sclk=1;              //释放 SCLK 时钟线
}

uchar  read_ds1302(uchar  add)        //单字节读操作函数
{
        uchar  i,value;
        ce=0;        //刚开始 CE 为低电平
        sclk=0;      //刚开始 SCLK 为低电平
        ce=1;        //CE 变为高电平，允许单片机向 DS1302 中的寄存器写入地址命令，并读出数据
        _nop_();     //稍微延时（一个机器周期）
        write_ds1302_byte(add); //写入控制命令（指明要读取的寄存器地址及后续的操作为读操作）
        for(i=0;i<8;i++)         //分 8 次循环，把数据一位一位读出
        {
            value=value>>1;       //value 右移一位
            sclk=0;      //把 SCLK 时钟置为低电平，开始读取数据
            if(io)
            {
                value=value|0x80;     //把从 I/O 数据线上读到的值，放到 value 的最高位
            }
            sclk=1;
        }
        ce=0;                //一个字节的数据读完之后，把 CE 拉低
        _nop_();
        sclk=0;              //释放 SCLK 时钟线
        _nop_();
        sclk=1;
        io=1;                //释放 IO 数据线
        return  value;   //返回 value 值
}

void  set_rtc()          //设置时间初值函数
```

```
{
        uchar  i,j,k;
        for(i=0;i<7;i++)        //把数组 time_data[]中的 7 个十进制数转换成 BCD 码
        {
            j=time_data[i]/10;
            k=time_data[i]%10;
            time_data[i]=k+j*16;
        }
        write_ds1302(0x8e,0x00); //往寄存器写之前，要去除写保护（8e 为写保护寄存器的地址）
        for(i=0;i<7;i++)    //分 7 次循环，向年、周、月、日、时、分、秒的寄存器写入时间数据
        {
            write_ds1302(write_add[i],time_data[i]);
        }
        write_ds1302(0x8e,0x80);       //加写保护
}


void  read_rtc()        //读时间函数
{
        uchar  i;
        for(i=0;i<7;i++)       //分 7 次循环，向年、周、月、日、时、分、秒的寄存器读取时间数据
        {
            time_data[i]=read_ds1302(read_add[i]);
        }
}


void  time_pros()       //时间处理函数（把要显示的时分秒 BCD 码转换成十进制数）
{
        disp[0]=time_data[4]/16;         //时的十位数
        disp[1]=time_data[4]%16;         //时的个位数
        disp[2]=time_data[5]/16;         //分的十位数
        disp[3]=time_data[5]%16;         //分的个位数
        disp[4]=time_data[6]/16;         //秒的十位数
        disp[5]=time_data[6]%16;         //秒的个位数
}


void  display()        //数码管显示函数
{
        P0=0xff;
        wela=1;
        wela=0;
        P0=table_du[disp[0]];          //时的十位数
        dula=1;
        dula=0;
        P0=0xfe;        //第 1 个数码管位选
        wela=1;
```

```
wela=0;
delay(3);


P0=0xff;
wela=1;
wela=0;
P0=table_du[disp[1]]|0x80;  //时的个位数，与 0x80 或的目的是让该位数码管显示出小数点
dula=1;
dula=0;
P0=0xfd;        //第 2 个数码管位选
wela=1;
wela=0;
delay(3);


P0=0xff;
wela=1;
wela=0;
P0=table_du[disp[2]];          //分的十位数
dula=1;
dula=0;
P0=0xfb;        //第 3 个数码管位选
wela=1;
wela=0;
delay(3);


P0=0xff;
wela=1;
wela=0;
P0=table_du[disp[3]]|0x80;  //分的个位数，与 0x80 或的目的是让该位数码管显示出小数点
dula=1;
dula=0;
P0=0xf7;        //第 4 个数码管位选
wela=1;
wela=0;
delay(3);


P0=0xff;
wela=1;
wela=0;
P0=table_du[disp[4]];          //秒的十位数
dula=1;
dula=0;
P0=0xef;        //第 5 个数码管位选
wela=1;
wela=0;
```

```
        delay(3);


        P0=0xff;
        wela=1;
        wela=0;
        P0=table_du[disp[5]];          //秒的个位数
        dula=1;
        dula=0;
        P0=0xdf;            //第 6 个数码管位选
        wela=1;
        wela=0;
        delay(3);
    }

void  main()      //主函数
{
        set_rtc();          //对 DS1302 设置时间初值
        while(1)
        {
            read_rtc();        //向 13012 读取时间
            time_pros();       //时间处理
            display();         //时间显示
        }
}
```

把程序代码编译后下载到开发板上，时间显示效果如图 17.5 所示。

图 17.5　实验显示效果

这时，关闭电源重新开电或者按复位键的时候，数码管显示的时间都是从 11 点 58 分 30 秒开始运行。当接上备用电源时，我们希望它在原来设置好的时间一直往下走，不能让单片机每次重新运行程序时，都对 DS1302 重新设置时间。关于这个问题，可以这样解决：在 17.2 节介绍秒寄存器时，有提到秒寄存器最高位 CH 是一个时钟停止标志位，如果 CH 位为 0，表明时钟电路在备用电源的作用下继续运行，那就不需重新设置初始时间了；如果该位为 1，说明时钟电路已停止运行，这时才需重新设置初始时间。那么把 main 函数修改一下，如下所示：

```
void  main()      //主函数
{
    uchar  ch;
```

```
ch=read_ds1302(0x81)>>7;        //读取秒寄存器的值，并保留最高位（0x81为寄存器读地址）
if(ch)            //判断：若ch为0，不设置初值；若ch为1，重新设置初值
{
set_rtc();          //对DS1302设置时间初值
}


while(1)
{
        read_rtc();        //向13012读取时间
        time_pros();       //时间处理
        display();         //时间显示
}
}
```

把修改好的程序编译后重新下载到开发板上，来试一下效果（不用接备用电源也可以试），当按住复位键一段时间松手后，单片机会重新运行程序，但在此期间 DS1302 没有断电，这时数码管显示的时间是一直往下走的。若给 DS1302 接上备用电源，当把开发板电源关闭后，再重新上电，显示的时间也会接着往下走，有条件的话可以自行试一下，开发板背面带有接口。当然，在不接备用电源时，重新上电后，显示的时间就会从 11 点 58 分 30 秒开始运行了。DS1302 实例演示就介绍到这里。

17.5　课后作业

1. 理解 BCD 码的原理以及 SPI 的通信原理。
2. 结合教程阅读 DS1302 的数据手册，学会 DS1302 的读写操作。
3. 尝试编写，可以用按键改变 DS1302 的对时数据，实现 1602 液晶显示带按键功能的万年历程序。

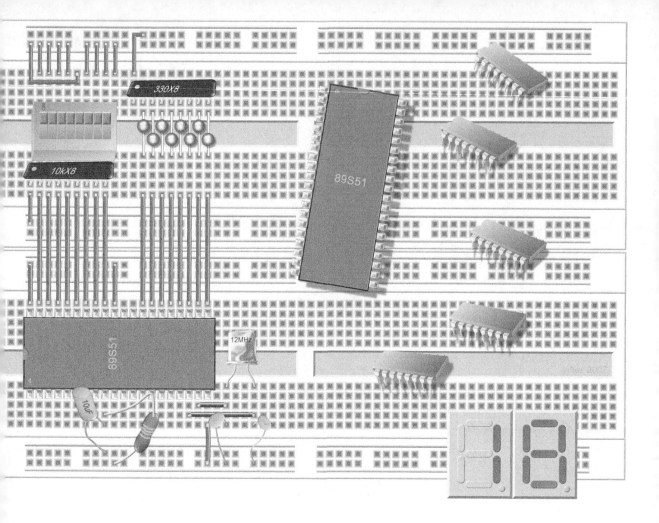

第18章　蜂鸣器与继电器驱动原理及应用

　　本章主要介绍蜂鸣器的种类、发声原理以及继电器的控制方法。关于继电器，我们主要通过两个例子来讲解它的控制方法，一个是用单个按键对继电器进行开关控制；另一个是用遥控器对继电器进行遥控，从而实现对家用电器的开关控制。

蜂鸣器与继电器驱动
原理及应用举例

18.1 蜂鸣器简介

蜂鸣器是一种一体化结构的电子讯响器，它广泛应用于计算机、打印机、电子玩具、仪器仪表和工控设备等电子产品中作发声或报警器件，其实物如图 18.1 所示。

（a） （b） （c）

图 18.1 蜂鸣器实物图

18.1.1 蜂鸣器分类

依驱动方式分，蜂鸣器可分为有源蜂鸣器和无源蜂鸣器。大家要注意：这里的"源"不是指电源，而是指内部是否带有振荡源。

有源蜂鸣器的实物如图 18.1（a）所示。底面用封胶填充，前面贴有一张贴纸，上面写有它的型号和极性。带有"+"号的一侧对应引脚表示接电源的正极，如果把这张贴纸拿开，在它的塑料壳上也印有一个"+"号，如图 18.1（b）所示。由于其内部带有震荡源，因此只要一通电就会发声。

无源蜂鸣器的实物如图 18.1（c）所示，其最大的特点是底部可以看见一块小电路板，其两个引脚也有正负之分，在小电路板上印有一个"+"号，一个"−"号，以区分其正负极。由于其内部不带震荡源，因此直接用直流信号驱动是无法令其鸣叫的，必须用 500 Hz～5 kHz 的方波去驱动它。

18.1.2 有源蜂鸣器和无源蜂鸣器的特点

在市面上，有源蜂鸣器往往比无源蜂鸣器的价格高，是因为里面多了个震荡电路。

无源蜂鸣器的特点如下。

（1）优点是价格便宜，声音频率可控，可以发出音乐的 7 个基本音符。

（2）缺点是写程序麻烦。在使用它时，还要写发声程序以产生脉冲波形进行驱动；特别是长时间发声时，它需要占用单片机大量资源，不利于程序整体设计。

有源蜂鸣器的特点如下。

（1）优点是程序控制方便，加电源即发声。

（2）缺点是发声频率固定，只一个单音。因此，如果用它来播放一些歌曲，发声效果就不是很好，但是，对于单片机来说，通常是将它作为报警提示音使用，因此在工程应用中，也大多选择使用有源的蜂鸣器。像 YL51 开发板配带的蜂鸣器就是有源蜂鸣器。

18.1.3　蜂鸣器选用基本要点

蜂鸣器选用的基本要点如下所示。

（1）工作电压，常见的蜂鸣器工作电压有 1.5 V、3 V、5 V、9 V、12 V 等。

（2）工作电流，常见的蜂鸣器工作电流约为几十 mA。

（3）外形尺寸，如直径和高度等。

（4）封装类型，如贴片式、引线式、直插式等。

（5）工作频率。

（6）其他特殊要求，如防水、防尘。

18.1.4　驱动电路

由于单片机 I/O 口输出电流不足以驱动蜂鸣器发声，因此需接入放大电路，如图 18.2 所示为蜂鸣器在 YL51 开发板上的驱动电路原理图。

电路使用了一个 PNP 型三极管 S8550 和 2 个电阻组成一个放大电路，对蜂鸣器进行驱动。当单片机 P2.3 口输出低电平时，三极管开始导通，这时蜂鸣器的负极相当于接地，有源蜂鸣器就开始响了。若 P2.3 口输出为高电平，这时三极管就不导通了，此时蜂鸣器也不响。之前介绍过，单片机的 I/O 口输出默认值都是高电平，因此，蜂鸣器在不受程序控制时是不会响的。如果想让它响，就让 P2.3 口输出一个低电平，对于有源蜂鸣器的控制就这么简单。

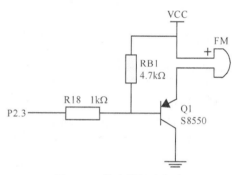

图 18.2　蜂鸣器驱动电路

如果用的是无源蜂鸣器，那么在电路设计的时候，还要注意一个问题：必须在蜂鸣器的正负极之间反向并接一个二极管，因为无源蜂鸣器内部实际上就是一个线圈，相当于一个电感，通过其线圈的电流产生变化时，它同时会产生一个反向电压。当接三极管的一端产生一个高电压时，要给它一条回路，进行放电，不然这个高电压可能会把三极管击穿。如果用的是有源蜂鸣器，这个问题就不需要考虑，因为它带的震荡电路已经处理好了这个问题。

18.2　蜂鸣器应用实例

【例 18.1】编写程序，让蜂鸣器响起。程序代码如下：

```
#include <reg52.h>
sbit  fm=P2^3;        //蜂鸣器位定义


void  main()
{
     fm=0;
```

```
        while(1);
    }
```

这个程序非常简单，单片机 P2.3 口输出低电平，有源蜂鸣器就响了。只要开发板一上电，蜂鸣器就不停地响。

【例 18.2】 通常在作为报警信号的时候，蜂鸣器会间断地响起，让蜂鸣器每间隔 1 s 响一次。程序代码如下：

```
#include  <reg52.h>
#define  uint  unsigned  int
#define  uchar  unsigned  char
sbit  fm=P2^3;

void  delay()          //延时函数
{
    uchar  i;
    uint  ms=1000;
    while(ms--)
    {
        for(i=0;i<120;i++);
    }
}

void  main()          //主函数
{
    while(1)
    {
        fm=0;
        delay();          //约 1 s 延时
        fm=1;
        delay();
    }
}
```

只要让单片机 P2.3 口间断地输出高、低电平，蜂鸣器就会间断地响起。把程序编译后下载到开发板上，此时蜂鸣器就按程序要求响起。

18.3 继电器简介

继电器是一种电子控制器件，它带有控制系统（又称输入回路）和被控制系统（又称输出回路）。它实际上是用较小的电流、较低的电压去控制较大的电流、较高的电压的一种"自动开关"。它广泛应用于遥控、遥测、通讯、自动控制、机电一体化及电力电子设备中，是最重要的控制元件之一。图 18.3 所示为各种各样的继电器实物图。

图18.3 各种继电器实物图

18.3.1 继电器工作原理

继电器一般由铁芯、线圈、衔铁、触点、弹簧片等组成，其内部结构如图18.4所示。线圈是用来产生磁力线的，铁芯在这里的作用是增强磁力线。当线圈有电流通过时，就会产生磁场，然后就把衔铁吸下来，此时衔铁会和常开触点相接通；当线圈没有电流通过时，由于弹簧的作用，衔铁会和常闭触点相接通，这是继电器的基本工作原理，非常简单，就像一个开关一样。

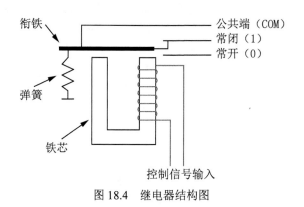

图18.4 继电器结构图

18.3.2 继电器常用参数

继电器常用参数如下所示。

（1）额定工作电压：是指继电器正常工作时线圈所需要的电压。不同型号的继电器，其工作电压不同。

（2）额定工作电流：指继电器正常工作时线圈所需要的电流，有时也会以直流电阻值或者功率的形式给出。

（3）吸合电流：是指继电器能够产生吸合动作的最小电流。在正常使用时，给定的电流必须略大于吸合电流，这样继电器才能稳定地工作。而对于线圈所加的工作电压，一般不要超过额定工作电压的 1.5 倍，否则会产生较大的电流而把线圈烧毁。

（4）释放电流：是指继电器产生释放动作的最大电流。当继电器吸合状态的电流减小到一定程度时，继电器就会恢复到未通电的释放状态。这时的电流远远小于吸合电流。

（5）触点负荷：是指继电器允许加载的最大电压和电流。它决定了继电器能控制的电压和电流的大小，使用时不能超过此值，否则很容易损坏继电器的触点。

图 18.5　YL51 开发板带的继电器实物图

其中，额定工作电压、触点负荷这两个参数，大多数继电器在其外壳上有标注，如果没有可以查看它的器件手册。图 18.5 所示为 YL-51 开发板上带的继电器，其额定工作电压为 DC5V，AC 表示交流电，DC 表示直流电。若触点通过的是交流电，其最大电流是 3 A、最大电压是 250 V。若触点通过的是直流电，其最大电流为 3 A、最高电压是 30 V。在使用时，需要在它允许的范围内使用，否则可能会把继电器的触点损坏，甚至烧毁。

18.3.3　继电器的控制电路

由于单片机 I/O 口输出电流不足以驱动继电器，因此需接入放大电路，图 18.6 所示为典型的继电器驱动电路图。电路中的二极管（D1）用于吸收继电器断电时产生的反向电动势，保护三极管（Q1）不被高压击穿。J02 为继电器输出端口（即：公共端引脚 COM、常闭引脚 1、常开引脚 0）。当单片机 P0.6 口输出高电平时，继电器常开触点闭合，J02_1 和 J02_3 导通；当单片机 P0.6 口输出低电平时，常开触点断开，常闭触点闭合，J02_1 和 J02_2 导通。

本书配套的开发板采用的是 ULN2003 芯片中的一路，如图 18.7 所示，其内部电路工作原理和图 18.6 所示电路是一样的。其中 J01 为信号输入端口，在实验时，P0.6 与 RL 用跳线帽接通。

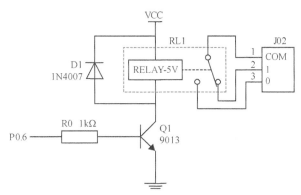

图 18.6　典型的继电器驱动电路

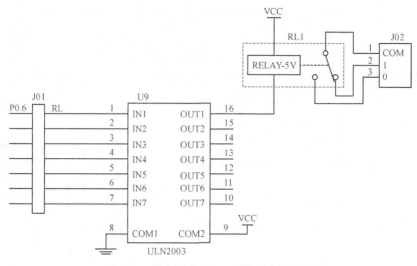

图 18.7   继电器在 YL51 开发板上的驱动

18.4   继电器应用实例

【例 18.3】 编写程序，用 S2 按键实现对继电器的吸合、断开控制。程序代码如下：

```
#include<reg52.h>
#define   uint   unsigned   int
#define   uchar  unsigned   char
sbit   key=P3^4;          //S2 按键位定义
sbit   relay=P0^6;        //继电器控制口位定义

void  delay(uint  ms)                  //延时函数
{
    uchar  i;
    while(ms--)
    {
        for(i=0;i<120;i++);
    }
}

void  main()          //主函数
{
    relay=0;
    key=1;
    while  (1)
    {
        if(!key)
        {
```

```
                    delay(50);
                    if(!key)
                    {
                        while(!key);
                        relay=!relay;
                    }
                }
        }
}
```

把程序代码编译后下载到开发板上，用跳线帽把 J01 接线端的 P06 与 RL 接通。当按下 S2 按键并松手后，大家留心听，继电器会发出吸合的响声，同时旁边的 LED 指示灯也会亮起；再次按 S2 按键，继电器吸合触点就断开了。

【例 18.4】 我们也可以用遥控器实现对继电器的控制，下面用遥控器中的"键 1"实现对继电器的吸合和断开控制，同时蜂鸣器会发出按键按下提示音。程序代码如下：

```
#include<reg52.h>
#define  uint  unsigned  int
#define  uchar  unsigned  char
sbit  ir=P3^2;          //红外接收头位定义
sbit  relay=P0^6;       //继电器控制口位定义
sbit  fm=P2^3;          //蜂鸣器控制口位定义
uchar  irtime;
bit  irprosok,irok;
uchar  ircode[4];
uchar  irdata[33];
uchar  startflag;
uchar  bitnum;

void  delay()           //延时函数
{
    uchar  i;
    uint  ms=1000;
    while(ms--)
    {
        for(i=0;i<120;i++);
    }
}

void  timer0init(void)    //定时器 0 工作方式 2 初始化，间隔 0.256ms 中断一次
{
    TMOD=0x02;          //定时器 0 工作方式 2，TH0 是重装值，TL0 是初值
    TH0=0x00;           //重装值
    TL0=0x00;           //初值
    ET0=1;              //开中断
```

```
        TR0=1;
}


void  tim0_isr  (void)  interrupt  1  using  1      //定时器0中断服务函数
{
   irtime++;          //用于计数2个下降沿之间的时间
}


void  int0init(void)    //外部中断0初始化
{
 IT0  =  1;          //指定外部中断0下降沿触发，INT0  (P3.2)
 EX0  =  1;          //使能外部中断
 EA  =  1;           //开总中断
}


void  int0  ()  interrupt  0          //外部中断0服务函数
{
if(startflag)
 {
  if(irtime>32&&irtime<63)
     {
         bitnum=0;
     }
     irdata[bitnum]=irtime;
     irtime=0;
     bitnum++;
     if(bitnum==33)
        {
         bitnum=0;
         irok=1;
        }
 }
else
 {
 irtime=0;
 startflag=1;
 }
}


void  irpros(void)          //红外码值处理函数
{
      uchar  mun,k,i,j;
      k=1;
      for(j=0;j<4;j++)
        {
```

```
                    for(i=0;i<8;i++)
                    {
                        mun=mun>>1;
                        if(irdata[k]>6)
                        {
                            mun=mun  |  0x80;
                        }
                            k++;
                    }
                    ircode[j]=mun;
            }
        irprosok=1;
}


void  ir_work(void)        //红外键值处理函数
{
        switch(ircode[2])    //判断操作码(第 3 个数码值)
                {
                    case  0x0c:relay=!relay;fm=0;delay();fm=1;break;  //继电器取反一次
                    default:break;
                    }
                    irprosok=0;      //处理完成标志
    }


void  main(void)    //主函数
{
  int0init();        //外部中断初始化
  timer0init();      //定时器初始化
  relay=0;
  while(1)          //主循环
    {
      if(irok==1)    //如果红外编码接收好了
        {
          irpros(); //进行红外码值处理
           irok=0;
        }
        if(irprosok==1)        //如果红外码值处理好后
            {
            ir_work();        //进行工作处理
            }
    }
}
```

把程序代码编译后下载到开发板上,并用跳线帽把 J01 接线端的 P06 与 RL 接通。当每按下遥控器中的"键 1",此时蜂鸣器会响一声,同时继电器触点会吸合或断开一次。大家要注

意，按其他按键继电器是没有反应的。实际上要改用其他按键控制也不难，把"case
0x0c:relay=!relay;"中的 0x0c 改为你想用的按键对应的操作码就可以。每个按键的操作码怎么
知道呢？这个可以通过红外解码程序来读取，这个程序在第 13 章里有介绍。

　　在掌握了继电器的工作原理和控制方法之后，接下来介绍用遥控器控制继电器触点的开
合从而控制电灯亮灭的例子，实验原理如图 18.8 所示。大家可以自己去做实验，不过一定要
注意安全，家用电是 220 V 的，还是要一定的电工操作安全知识，才可以去操作。现在使用
的遥控器共有 21 个按键，那么可以用遥控器来控制 21 个继电器，继电器可以自己增加（开
发板上只带有一个，大家学会了一个，要增加多少个都是可以的）。如果把家用电器的电源线
接到继电器的输出端来，那么就可以用遥控器对家用电器进行开关电控制了。

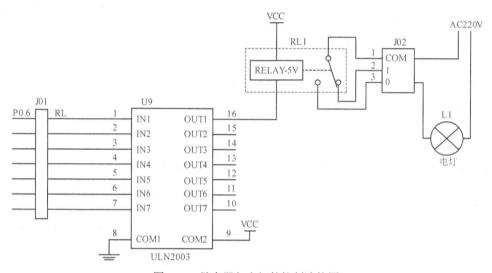

图 18.8　继电器与电灯的控制连接图

18.5　　　　　　　　　　课后作业

1. 了解蜂鸣器的种类及发声原理，学会用单片机对其编程控制。
2. 了解继电器结构，学会用单片机对其编程控制。

加油

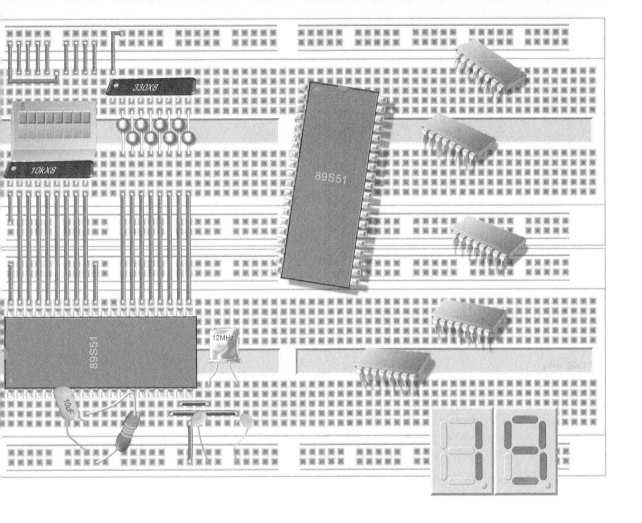

第 19 章　PWM 脉宽调制与直流电机调速

　　PWM 控制技术以其控制简单、灵活且动态响应好等优点，成为电力电子技术中应用最为广泛的控制方式之一。本章主要介绍 PWM 的基本调制原理，以及如何实现 PWM 对直流电机的调速控制，让读者对 PWM 有一个更直观的认识。

PWM 脉冲宽度调制
与智能小车 PWM 直
流电机调速

19.1 PWM 简介

　　PWM 是脉冲宽度调制的简称，它是英文 Pulse Width Modulation 缩写。PWM 是让微处理器（CPU）输出一系列占空比不同的矩形脉冲，来达到一个等效的模拟波形，从而实现微处理器对模拟电路的控制。

　　比如，单片机的输出，它要么是个高电平，要么就是个低电平，这个高电平或者是低电平，我们只能用它实现小灯点亮或者是小灯熄灭的功能。但是，如果采用 PWM 调制的方法输出一组随时间不断变化的电平，就可以实现改变小灯的亮度，让小灯由暗慢慢变亮，或者是由亮慢慢变暗。

　　PWM 调制广泛应用在测量、通信、功率控制与变换的许多领域中。其优点是从微处理器到被控系统的信号都是数字形式，无需进行数模转换。

19.1.1 脉冲宽度调制（PWM）原理

　　脉冲宽度调制（PWM）原理：在不改变脉冲方波周期的前提下，通过调整其每个脉冲方波的占空比，从而达到等效模拟电压输出的目的。这个怎么理解呢？我们来举个例子，如图 19.1 所示。

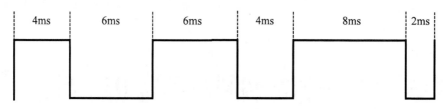

| 4ms | 6ms | 6ms | 4ms | 8ms | 2ms |

图 19.1　PWM 波形

　　这是一个 PWM 脉冲波形，其中，每一个脉冲都是由一个高电平和一个低电平组成。第 1 个脉冲，它高电平持续的时间是 4 ms，低电平持续的时间是 6 ms，那么加起来这个脉冲所用的时间就是 10 ms；第 2 个脉冲，它高电平持续的时间是 6 ms，低电平持续的时间是 4 ms，那么加起来这个脉冲所用的时间也是 10 ms；第 3 个脉冲，它高电平持续的时间是 8 ms，低电平持续的时间是 2 ms，那么加起来这个脉冲所用的时间也是 10 ms。也就是说每一个脉冲的周期时间是不变的，我们只是通过改变每一个脉冲的高电平所占用的时间，来达到等效模拟电压输出的目的，这种调制方法叫 PWM 脉冲宽度调制。

19.1.2 占空比的概念

　　占空比是指高电平在一个周期之内所占的时间比率。图 19.1 所示的波形，其第一个脉冲，它高电平所占的时间是 4 ms，脉冲的周期时间是 10 ms，那么第一个脉冲的占空比就是 4/10=0.4（即 40%），这个是占空比的概念。那么我们就很容易算出第二个脉冲的占空比是 60%，第三个脉冲的占空比是 80%，相同周期的脉冲，占空比不同，它所具有的能量是不一样的。占空比越大，高电平持续时间越长，所带的能量就越大。

19.2 PWM 应用实例

PWM 的原理很简单，但它的用处非常多，本节举两个例子。一个是控制发光二极管的亮度，另一个是对智能小车常用到的直流电机进行 PWM 调速。

【例 19.1】 让单片机 P1.0 口输出一个 PWM 波形，控制 D1 发光二极管由亮到暗进行变化。程序代码如下：

```c
#include<reg52.h>
#define  uint  unsigned  int
#define  uchar  unsigned  char
sbit  pwm=P1^0;
uint  cycle,high,low;
void  delay(uint  t)          //延时函数
{
    while(t--);
}


void  main  (void)
{
    cycle=800;
    while  (1)
     {
            for(high=1;high<=cycle;high++)   //连续输出一串占空比不同的脉冲波形
            {
                    pwm=1;                    //输出高电平
                    delay(high);              //高电平持续时间
                    pwm=0;                    //输出低电平
                    low=cycle-high;
                    delay(low);               //低电平持续时间
            }
            high=1;
            delay(60000);
     }
}
```

19.2.1 直流电机介绍

直流电动机是将直流电能转换为机械能的电动机，广泛应用于家用电器、仪器仪表、自动化控制、机器人等领域。按其结构及工作原理可划分为有刷直流电动机和无刷直流电动机。常见的直流电机如图 19.2 和图 19.3 所示。

图 19.2　有刷直流电动机　　　　图 19.3　无刷直流电动机

1. 直流电机基本工作原理

图 19.4 所示的是一台直流电机的简单模型。N 和 S 是一对固定的磁极，可以是电磁铁，也可以是永久磁铁。磁极之间有一个可以转动的电枢线圈 abcd，线圈的两端分别接到相互绝缘的两个半圆形铜片上（半圆形铜片也称换向片，它们组合在一起称为换向器），在每个半圆铜片上又分别放置一个固定不动的电刷 A 和 B，来实现与半圆铜片滑动接触，线圈 abcd 通过换向器和电刷与外部电路连接。

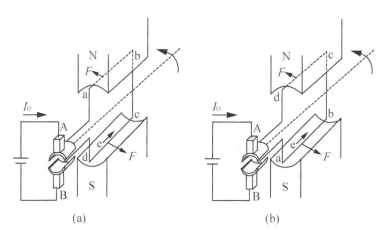

图 19.4　直流电动机工作原理

如图 19.4（a）所示，当外部直流电源加于电刷 A（正极）和 B（负极）上，则线圈 abcd 中流过电流。在导体 ab 中，电流由 a 指向 b，在导体 cd 中，电流由 c 指向 d。导体 ab 和 cd 分别处于 N、S 极磁场中，受到电磁力的作用。用左手定则可知导体 ab 和 cd 均受到电磁力的作用，且形成的转矩方向一致，这个转矩称为电磁转矩，为逆时针方向。这样，电枢就顺着逆时针方向旋转。当电枢旋转 180°，如图 19.4（b）所示，导体 cd 转到 N 极下，ab 转到 S 极下，由于电流仍从电刷 A 流入，使 cd 中的电流变为由 d 流向 c，而 ab 中的电流由 b 流向 a，从电刷 B 流出，用左手定则判别可知，电磁转矩的方向仍是逆时针方向。

由此可见，加于直流电动机的直流电源，借助于换向器和电刷的作用，使直流电动机电枢线圈中流过的电流，方向是交变的，从而使电枢产生的电磁转矩的方向恒定不变，确保直流电动机朝确定的方向连续旋转。

当然，在实际的直流电动机中，电机中不仅只有一个电枢线圈，在电枢圆周上会均匀地嵌放许多线圈,此时,相应的换向器会由许多换向片组成,使电枢线圈所产生的总的电磁转矩足够大并且比较均匀,这就是直流电动机的基本工作原理。

2. 直流电机的主要参数

直流电机的主要参数如下。

- 额定功率:在额定电流和电压下,电机的负载能力。它是量化电动机拖动负载能力最重要的指标,也是电机选型时必须提供的参数。
- 额定电压:能长期运行的最高电压。
- 额定电流:能长期运行的最大电流。
- 额定转速:单位时间内电机的转动速度。单位为 r/min,即每分钟转数。
- 励磁电流:施加到电极线圈上的电流。

19.2.2 直流电机 PWM 调速原理

1. 直流电机与单片机的硬件连接

图 19.5 所示为直流电机在 YL-51 开发板上的电路原理图。直流电机使用达林顿反向驱动器 ULN2003 中的一路进行驱动,直流电机的一端接+5 V 电源,另一端连接到 ULN2003 的 OUT7 引脚,ULN2003 的 IN7 引脚与单片机的 P0.0 引脚相连(需用跳线帽把 J01 接线端的 P00 与 PWM 接通),通过控制单片机的 P0.0 引脚输出 PWM 信号,即可控制直流电机的转速和启停。

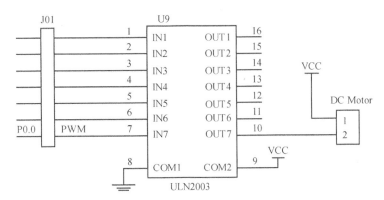

图 19.5　直流电机在 YL-51 开发板上的电路原理图

2. 直流电机应用程序设计

我们在设计直流电机的调速方案时,首先要考虑的是 PWM 方波的频率问题。由于直流电机是一个感性负载,电感对电流的突变有抑制的作用。如果设定 PWM 方波的频率过高,就会使电感的抑制作用过于明显,从而造成直流电机的驱动能力不足,所以不能将频率设定过高。因此,在这个实验里将选用 60 Hz 左右这样一个 PWM 方波来驱动直流电机。

如图 19.6 所示,在程序上我们把每一个脉冲看成是由均匀分布的 32 份高低电平组成的,每 1 份对应的时间为 0.5 ms(用定时器 T0 产生)。定义一个变量 PWM 来计算定时器中断的次数,比如在前 8 次中断期间,让 PWM 控制的 I/O 口输出高电平。从第 9 次中断到第 32 次中断期间,让 PWM 控制的 I/O 口输出低电平,这样就得到了一个周期为 16 ms 的脉冲波形。利用 PWM 的计数值做为高电平输出时间参考值,就可以产生需要的占空比。

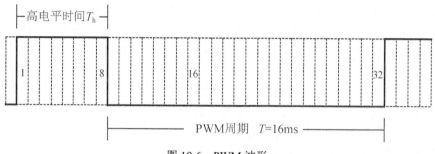

图 19.6　PWM 波形

【例 19.2】　用两个独立按键，S2 按键让 PWM 的值增加，S3 按键让 PWM 的值减小，从而改变单片机输出不同占空比的 PWM 波形，来实现对直流电机的加速和减速控制。同时，当 PWM 的值加到最大时，让蜂鸣器发出报警声，提示 PWM 的值已经是加到最大了；当 PWM 的值减到最小时，也让蜂鸣器发出报警声，提示 PWM 的值已经是最小了。程序代码如下：

```c
#include  <reg52.h>
#define  uchar  unsigned  char
#define  uint  unsigned  int


sbit  S2=P3^4;        //S2 按键位定义
sbit  S3=P3^5;        //S3 按键位定义
sbit  fm=P2^3;        //蜂鸣器位定义
uchar  pwm,num;       //定义两个变量

void  delay(uint  ms)     //延时函数
{
    uchar  i;
    while(ms--)
    {
        for(i=0;i<120;i++);
    }
}


void  bee()        //蜂鸣器报警提示音函数
{
    fm=0;
    delay(100);
    fm=1;
    delay(100);
}


void  keyscan()        //按键处理函数
```

```
{
        if(S2==0)      //S2 按键检测处理
        {
                delay(50);       //按键消抖
                if(S2==0)
                {
                        if(pwm<32)
                        {
                                pwm++;               //如果 PWM 值小于 32，加速键 S2 按下，速度标记加 1
                                delay(100);
                        }
                        else
                        {
                                bee();            //如果 PWM 值不小于 32，蜂鸣器发出报警声
                        }
                }
        }
        if(S3==0)      //S3 按键检测处理
        {
                delay(50);          //按键消抖
                if(S3==0)
                {
                        if(pwm>1)
                        {
                                pwm--;          //如果 PWM 值大于 1，减速键 S3 按下，速度标记减 1
                                delay(100);
                        }
                        else
                        {
                                bee();             //如果 PWM 值不大于 1，蜂鸣器发出报警声
                        }
                }
        }
}

void  init_t0()      //定时器 0 初始化
{
        TMOD=0x01;
        TH0=(65536-500)/256;               //装初值， 0.5 ms 中断一次
        TL0=(65536-500)%256;
        EA=1;
        ET0=1;
```

```
        TR0=1;
}


void  t0()  interrupt  1      //定时器 0 的中断服务函数
{
        TR0=0;      //关闭定时器 0
        TH0=(65536-500)/256;      //重新装初值
        TL0=(65536-500)%256;
        num++;      //定时器 0 每进入中断一次（即每间隔 0.5 ms）mum 自身加 1
        if(num>32)
        {
                num=0;      //如果 num 的值大于 32，归 0
        }
        if(num<=pwm)
        {
                P0=0x00;      //如果 num 的值小于等于 PWM 的值，P0 输出低电平
        }
        else
        {
                P0=0xff;      //否则，P0 输出高电平
        }
        TR0=1;      //启用定时器 0
}


void  main()      //主函数
{
        init_t0();  //定时器 0 初始化
        num=0;      //给 num 赋初值 0
        pwm=16;      //给 pwm 赋初值 16
        while(1)
        {
                keyscan();      //按键检测
        }
}
```

　　在做这个实验之前，我们先把程序下载到开发板上，然后再连接直流电机，因为这个直流电机瞬间启动的用电量比较大，可能会对计算机的 USB 口带来一定的干扰，影响程序的正常下载。程序下载到开发板后，我们也可以用带 USB 口的手机充电器给开发板供电。图 19.7 所示为直流电机和 YL51 开发板连接图。

图 19.7 直流电机和 YL-51 开发板连接图

19.3 课后作业

1．理解 PWM 脉冲调制原理。

2．使用 PWM 脉冲控制 LED 小灯亮暗变化，做出呼吸灯的效果。即渐亮再渐暗再渐亮再渐暗……如此往复，利用 LED 的余辉和人眼的暂留效应，看上去就和人的呼吸一样。

3．理解直流电机驱动方法，学会用单片机对其编程控制。

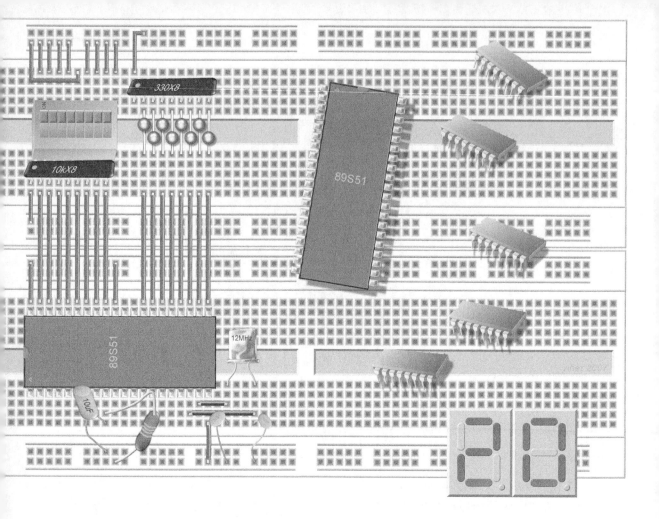

第20章 单片机系统设计——多功能万年历

前面的 1~19 章，给大家介绍了单片机的基础知识以及单片机 C 语言基础知识，并讲解了常见的模块及编程方法。本章节应用前面所学知识来设计一个多功能的万年历，以讲授单片机系统开发的流程及方法。单片机应用系统是指以单片机为核心，配以一定的外围电路和软件，能够实现某种功能的系统。其中，硬件是基础，软件是在硬件的基础上对其进行合理的调配和使用，从而达到设计目的。单片机应用系统的一般设计步骤可以分为：总体设计（项目功能需求）、硬件规划（原理图构建）、软件设计（程序代码设计）、软硬件调试和优化等几个阶段。

20.1　项目功能概述

　　本设计是一个基于STC89C52RC单片机的日历显示系统，该系统能显示年、月、日、时、分、秒，以及温度、星期等信息，并具有调整时间，温度采集，闹钟及个性化的闹铃等功能。系统所用的时钟日历芯片为DS1302，具有高性能、低功耗和接口简单的特点。此万年历具有读取方便、显示直观、功能多样、电路简洁和成本低廉等诸多优点，可以广泛应用在生活、学习和工作等任何领域，具有广阔的市场前景。

　　项目功能：使用YL51开发板上的资源及配件进行设计，要求如下。

　　（1）采用LCD1602液晶显示，显示项目有年、月、日、星期、时、分、秒，带闹钟功能，带温度显示。

　　（2）采用时钟芯片DS1302，走时非常精确。可自行连接3V纽扣电池，断电后重新上电无需重新设置时间，由电池提供电源使时钟芯片继续计时。

　　（3）采用DS18b20温度传感器，温度精确显示到0.1度。

　　（4）带闹钟，且闹钟时间可调，具有掉电闹钟时间保存功能（AT24C02保存设置闹钟时间），并可设置闹钟开关功能。

　　（5）4个按键操作：设置时间、加、减、设置闹钟时间及闹钟开关。

20.2　原理图构建

　　按照项目设计的要求，本设计将由单片机最小系统、LCD1602液晶显示模块、DS18B20温度采集模块、DS1302时钟电路、I^2C存储器（AT24C02保存设置闹钟时间）、蜂鸣器电路、键盘接口模块组成。它们的电路原理图如图20.1～图20.7所示。

　　单片机最小系统如图20.1所示，P0口带10 kΩ上拉电阻。

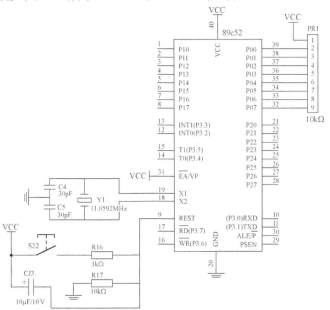

图20.1　单片机最小系统（P0口带上拉电阻）

1602 液晶显示电路和 DS18B20 温度传感器如图 20.2 和图 20.3 所示。

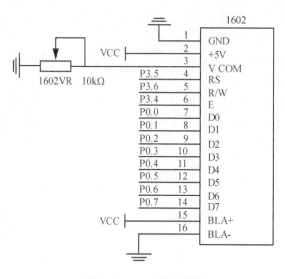

图 20.2 1602 液晶电路

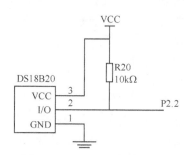

图 20.3 DS18B20 温度传感器

DS1302 时钟电路、I^{2}C 存储器电路和蜂鸣器电路分别如图 20.4～图 20.6 所示。

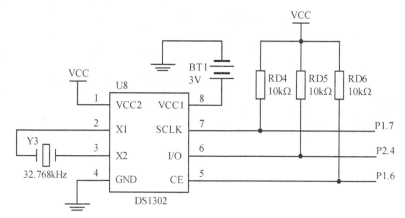

图 20.4 DS1302 时钟电路

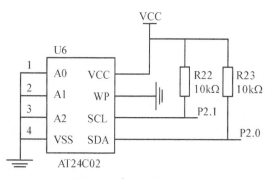

图 20.5 I^{2}C 存储器电路

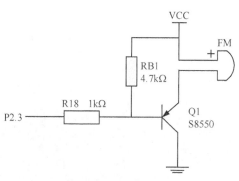

图 20.6 蜂鸣器电路

键盘接口原理图如图 20.7 所示。

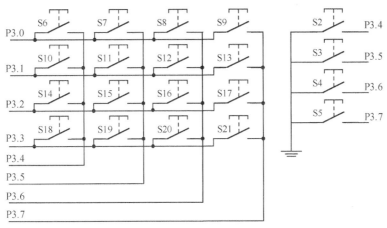

图 20.7 键盘接口原理图

在图 20.7 中，左边为 4×4 矩阵键盘，右边为 4 个独立按键。在本设计中，我们只需用到 4 个按键。为了使程序编写更加简单，我们偏向于使用独立按键进行检测。但由于独立按键中的 P3.5、P3.6、P3.4 引脚同时连接着 1602 液晶的第 4 脚 RS、第 5 脚 R/W、第 6 脚 E 使能端，为了确保检测按键时不影响到 1602 液晶的正常显示，我们需要选择与 1602 液晶没有关联的按键进行使用。那么在程序上我们可以把 P3.7 引脚一直置为低电平，把矩阵键盘中的 S9 按键、S13 按键、S17 按键、S21 按键分解成独立键盘使用，其按键检测原理和由硬件直接接地是一样的，都是检测到低电平时认为该按键被按下。

20.3 程序代码设计

如果一个项目需要的部件有很多，同时实现的功能也很多，那么为了方便程序的编写和维护，我们通常采用模块化的方式进行编程。大家可以先根据项目需求和硬件原理图尝试自行编写程序，不要指望这样的代码能一次就写好，可能需要反复地修改和调试才能找到合适的解决方法。当遇到困难时再参考本例中的源代码。在本程序中，程序代码分为 main.c 文件、i2c.c 文件、i2c.h 头文件，3 个文件的代码如下。

main.c 文件程序代码如下所示：

```c
#include  <reg52.h>
#include  <intrins.h>
#include  "i2c.h"          //包含 i2c.h 头文件，注意自建的头文件是用双引号
#define  uchar  unsigned  char
#define  uint  unsigned  int
bit  ds18b20_flag;      //DS18B20 标记位
uchar  code  table1[]="20    -    -    ";        //液晶一直显示的字符，共 10 个字符位
uchar  code  table2[]="  :    :        ";        //共 12 个字符位
uchar  code  table3[]="Alarm  set:";
uchar  miao,fen,shi,nian,yue,ri,week,wendu_shi,wendu_ge,wendu_shu,variate,alarm_shi,
```

```
                 alarm_fen,alarm_miao;
uchar    flag=1,count=0,flag_up=0,flag_down=0,flag_alarm=0,alarm_on,
                 alarm_count=0,done=0;        //变量声明并赋初值
uint     temp,wendu;


/*************************** 定义 IO ***************************/
sbit    ds1302_sclk=  P1^7;          //DS1302 的 SCLK 时钟线位定义
sbit    ds1302_io  =  P2^4;          //DS1302 的 I/O 数据线位定义
sbit    ds1302_ce  =  P1^6;          //DS1302 的 CE 片选线位定义
sbit    ds  =  P2^2;                 //DS18B20 的数据引脚位定义
sbit    fm  =  P2^3;                 //蜂鸣器位定义
sbit    rd=P3^7;
sbit    dula=P2^6;                   //数码管段选
sbit    wela=P2^7;                   //数码管位选
sbit    lcd1602_rs  =  P3^5;         //位定义 1602 液晶数据命令选择端
sbit    lcd1602_rw  =  P3^6;         //位定义 1602 液晶读写选择端
sbit    lcd1602_en  =  P3^4;         //位定义 1602 液晶使能端
sbit    set  =  P3^0;                //定义 S9 按键为时间设置选择键
sbit    up  =  P3^1;                 //定义 S13 按键为增加键
sbit    down=  P3^2;                 //定义 S17 按键为减小键
sbit    nao  =  P3^3;                //定义 S21 按键为闹钟设置选择键


/*********************** 2个延时函数 ***********************/
void  delay(uchar  x)
{
     uchar  y,z;
     for(z=x;z>0;z--)
           for(y=110;y>0;y--);
}


void  delayus(uint  t)        //微秒级的延时函数
{
     while(t--);
}


/********************** 与 ds18b20 相关的函数 **********************/

void  ds18b20_reset()              //DS18B20 初始化
{
     ds=1;
     delayus(5);
     ds=0;
     delayus(80);
     ds=1;
     delayus(14);
```

```
        if(ds==0)
                ds18b20_flag=1;           //ds18b20_flag 等于 1 表示 DS18B20 存在
        else
                ds18b20_flag=0;           //ds18b20_flag 等于 0 表示 DS18B20 不存在
        delayus(20);
}

bit   ds_read_bit()            //读时隙（即位读取）函数
{
        bit   dat;
        ds=0;
        _nop_();
        _nop_();
        ds=1;
        _nop_();
        dat=ds;
        delayus(10);
        return   dat;
}


void   ds_write_ds1302_byte(uchar   dat)          //DS18B20 写一字节
{
        uchar   i;
        for(i=0;i<8;i++)                //循环 8 次
        {
                ds=0;
                _nop_();
                ds=dat&0x01;            //dat 与 0x01 按位与，目的是先传送 dat 的最低位
                delayus(6);
                ds=1;
                dat=dat>>1;             //让 dat 右移一位，准备下一位的写入
        }
        delayus(6);
}


uchar   ds_read_byte()          //DS18B20 读一字节
{
        uchar   i,j,k;
        for(i=0;i<8;i++)          //循环 8 次
        {
                j=ds_read_bit();          //读到的值赋给 j
                k=(j<<7)|(k>>1);
        }
        return   k;      //把读到的 k 值返回
}
```

```
uint  read_temperature()          //DS18B20 读温度
{
      uchar   a,b;
      ds18b20_reset();                    //单总线初始化
      ds_write_ds1302_byte(0xcc);        //跳过读序号、列号的操作
      ds_write_ds1302_byte(0x44);        //启动温度转换
      delayus(150);
      ds18b20_reset();                   //单总线初始化
      ds_write_ds1302_byte(0xcc);   //发送跳过 ROM 指令，板上只接一个 DS18B20，不需匹配
      ds_write_ds1302_byte(0xbe);   //读取温度值，即读暂存器（代码为 BEH）
      delayus(150);
      a=ds_read_byte();              //调用读一个字节的函数，把读到的低 8 位赋值给 a
      b=ds_read_byte();             //把读到的低 8 位赋值给 b
      temp=b;
      temp=temp<<8;
      temp=temp|a;                  //把高 8 位 b 和低 8 位 a，组成 16 位数据赋给 temp 保存
      temp=temp*0.0625*10+0.5;
      return   temp;               //返回 temp 值
}


/***********************与 DS1302 相关函数***********************/

void  write_ds1302_byte(uchar  dat)        //DS1302 写一字节
{
      uchar   i;
      for(i=0;i<8;i++)          //分 8 次循环，把（add）一位一位地写入
      {
          ds1302_sclk=0;
          ds1302_io  =dat&0x01;  //dat 和 0x01 进行按位与，保留最低位。即从低位开始写入
          dat=dat>>1;       //add 右移一位
          ds1302_sclk=1;
      }
}

void  ds1302_write(uchar   add,uchar   date)      //单字节写操作函数（包含地址和数据）
{
      ds1302_ce=0;
      ds1302_sclk=0;
      ds1302_ce=1;      //CE 变为高电平，允许单片机向 DS1302 中的寄存器写入地址命令和数据
      _nop_();
      write_ds1302_byte(add);      //写入控制命令（指明写入的寄存器地址及后续为写操作）
      write_ds1302_byte(date);       //写入一个字节数据
      ds1302_ce=0;          //地址命令和数据写完之后，把 CE 拉低，防止对写入的数据进行误操作
      _nop_();
```

```
        ds1302_io  =1;           //释放 I/O 数据线
        ds1302_sclk=1;           //释放 SCLK 时钟线
}

uchar  ds1302_read(uchar  add)    //单字节读操作函数
{
        uchar  i,value;
        ds1302_ce=0;
        ds1302_sclk=0;
        ds1302_ce=1;     //CE 变为高电平，单片机向 DS1302 中的寄存器写入地址命令，并读出数据
        _nop_();         //稍微延时（一个机器周期）
        write_ds1302_byte(add);    //写入控制命令（指明要读取的寄存器地址及后续为读操作）
        for(i=0;i<8;i++)    //分 8 次循环，把数据一位一位地读出
        {
                value=value>>1;          //value 右移一位
                    ds1302_sclk=0;       //把 SCLK 时钟置为低电平，开始读取数据
                if(ds1302_io)
                {
                        value=value|0x80;    //把从 I/O 数据线上读到的值放到 value 的最高位
                }
                ds1302_sclk=1;
        }
        ds1302_ce=0;             //一个字节的数据读完之后，把 CE 拉低
        _nop_();
        ds1302_sclk=0;           //释放 SCLK 时钟线
        _nop_();
        ds1302_sclk=1;
        ds1302_io=1;             //释放 I/O 数据线
        return  value;           //把 value 值返回
}

void  set_rtc()                  //DS1302 时间初始化函数
{
        ds1302_ce=0;
        ds1302_sclk=1;
        ds1302_write(0x8e,0x00);               //写允许
        ds1302_write(0x80,0x58);               //秒设置
        ds1302_write(0x82,0x56);               //分设置
        ds1302_write(0x84,0x23);               //时设置
        ds1302_write(0x86,0x21);               //日设置
        ds1302_write(0x88,0x12);               //月设置
        ds1302_write(0x8a,0x02);               //周设置
        ds1302_write(0x8c,0x10);               //年设置
        ds1302_write(0x90,0xa5);               //充电
        ds1302_write(0x8e,0x80);               //写保护
```

```
}

/***************************与 LCD1602 相关函数***************************/

void   lcd_write_com(uchar  com)        //写命令函数
{
     lcd1602_rs=0;      //数据命令选择端，写命令时设为 0
     lcd1602_rw=0;      //读写选择端，写时设为 0
     lcd1602_en=0;
     P0=com;            //将要写的命令送到数据总线上
     lcd1602_en=1;      //使能端电平变换，形成一个高脉冲，将命令写入到液晶控制器
     delay(5);          //延时
     lcd1602_en=0;
}

void   lcd_write_date(uchar  date)        //写数据函数
{
     lcd1602_rs=1;      //数据命令选择端，写数据时设为 1
     lcd1602_rw=0;      //读写选择端，写时设为 0
     lcd1602_en=0;
     P0=date;           //将要写的数据送到数据总线上
     lcd1602_en=1;      //使能端电平变换，形成一个高脉冲将命令写入到液晶控制器
     delay(5);          //延时
     lcd1602_en=0;
}

void   lcd1602_init()                              //LCD1602 初始化函数
{
     uchar  lcdnum;
     lcd_write_com(0x38);
     lcd_write_com(0x0c);
     lcd_write_com(0x06);
     lcd_write_com(0x01);
     lcd_write_com(0x80);                          //写第一行数据
     for(lcdnum=0;lcdnum<8;lcdnum++)
     {
          lcd_write_date(table1[lcdnum]);
          delay(2);
     }
     lcd_write_com(0x80+0x40);                     //写第二行数据
     for(lcdnum=0;lcdnum<13;lcdnum++)
     {
          lcd_write_date(table2[lcdnum]);
          delay(2);
     }
```

```
}

/***************************显示部分****************************/

void  write_time1(uchar  add,uchar  date)              //日期送显示
{
     uchar  shi,ge;
     shi=date/10;
     ge=date%10;
     lcd_write_com(0x80+add);
     lcd_write_date(0x30+shi);
     lcd_write_date(0x30+ge);
}


void  write_time2(uchar  add,uchar  date)              //时间送显示
{
     uchar  shi,ge;
     shi=date/10;
     ge=date%10;
     lcd_write_com(0x80+0x40+add);
     lcd_write_date(0x30+shi);
     lcd_write_date(0x30+ge);
}


uchar  bcd_decimal(uchar  bcd)                         //BCD 转换十进制
{
     uchar  decimal;
     decimal=bcd>>4;
     decimal=decimal*10+(bcd&=0x0f);
     return  decimal;
}

void  wendu_decimal(uint  dat)                         //温度转换后送 LCD1602 显示
{
     wendu_shi=dat/100;                           //取十位
     wendu_ge  =dat%100/10;                       //取个位
     wendu_shu=dat%100%10;                        //取小数
     lcd_write_com(0x80+0x40+10);                 //送显示
     lcd_write_date(0x30+wendu_shi);
     lcd_write_date(0x30+wendu_ge);
     lcd_write_date(0x2e);
     lcd_write_date(0x30+wendu_shu);
     lcd_write_date(0xdf);                        //温度符号
     lcd_write_date(0x43);
}
```

```c
void  write_week(uchar  we)                        //星期送显示
{
      lcd_write_com(0x80+0x0d);
      switch(we)
      {
          case  1:  lcd_write_date('M');
                    lcd_write_date('O');
                    lcd_write_date('N');
                      break;
          case  2:  lcd_write_date('T');
                    lcd_write_date('U');
                    lcd_write_date('E');
                      break;
          case  3:  lcd_write_date('W');
                    lcd_write_date('E');
                    lcd_write_date('D');
                      break;
          case  4:  lcd_write_date('T');
                    lcd_write_date('H');
                    lcd_write_date('U');
                      break;
          case  5:  lcd_write_date('F');
                    lcd_write_date('R');
                    lcd_write_date('T');
                      break;
          case  6:  lcd_write_date('S');
                    lcd_write_date('A');
                    lcd_write_date('T');
                      break;
          case  7:  lcd_write_date('S');
                    lcd_write_date('U');
                    lcd_write_date('N');
                      break;
      }
}


/***************************按键处理*****************************/

uchar  key_bcd(uchar  key_decimal)                 //转成 DS1302 所需的 BCD 码
{
      uchar  temp;
      temp=(((key_decimal/10)&0x0f)<<4)|(key_decimal%10);
      return  temp;
}
```

```
void   key_up_down()              //加减键处理函数
{
      if(up==0)          //加键处理
      {
            delay(50);
            flag_up=1;              //"加"更新标志位
            while(!up);
            switch(count)
            {
                case  1:
                        miao++;
                        if(miao>59)
                            miao=0;
                        break;
                case  2:
                        fen++;
                        if(fen>59)
                            fen=0;
                        break;
                case  3:
                        shi++;
                        if(shi>23)
                            shi=0;
                        break;
                case  4:
                        week++;
                        if(week>7)
                            week=1;
                        break;
                case  5:
                        ri++;
                        if(ri>31)
                            ri=1;
                        break;
                case  6:
                        yue++;
                        if(yue>12)
                            yue=1;
                        break;
                case  7:
                        nian++;
                        if(nian>99)
                            nian=0;
                        break;
```

```
            }
    }
if(down==0)              //减键处理
{
        delay(50);
        flag_down=1;                    //"减"更新标志位
        while(!down);
        switch(count)
        {
            case  1:
                    miao--;
                    if(miao==255)
                        miao=59;
                    break;
            case  2:
                    fen--;
                    if(fen==255)
                        fen=59;
                    break;
            case  3:
                    shi--;
                    if(miao==255)
                        shi=23;
                    break;
            case  4:
                    week--;
                    if(week<1)
                        week=7;
                    break;
            case  5:
                    ri--;
                    if(ri<1)
                        ri=31;
                    break;
            case  6:
                    yue--;
                    if(yue<1)
                        yue=12;
                    break;
            case  7:
                    nian--;
                    if(nian==255)
                        nian=99;
                    break;
        }
```

```
        }
    }

/************************ AT24C02 处理函数 **************************/

void  alarm_ring()
{
    if(alarm_on==1)                   //alarm_on=1 为闹钟有效
    {
         if(shi==alarm_shi  &&  fen==alarm_fen  &&  miao==alarm_miao)
        flag_alarm=1;                 //闹钟时间到，闹钟标志位置1
    }
    if(flag_alarm==1)
    {
        uchar   i,j,t;
        t=30;
        for(i=0;i<200;i++)
        {
         fm=~fm;            //蜂鸣器响
        for(j=0;j<t;j++);
        }

        if(set==0  ||  up==0  ||  down==0  ||  nao==0)//闹钟响时，按任意键取消闹钟
        {
            delay(50);  //延时
            if(set==0 || up==0 || down==0 || nao==0)//再次确认是否有键按下
            {
                while(!set);
                while(!up);
                while(!down);
                while(!nao);
                flag_alarm=0;
                fm=1;                  //蜂鸣器停止响
            }
        }
    }
}

void  c02_init()       //AT24C02 初始化函数
{
    c_init();
    alarm_shi=c02_read_add(1);                  //读取闹钟的时
    delay(200);
    alarm_fen=c02_read_add(2);                  //读取闹钟的分
    delay(200);
```

```
    alarm_miao=c02_read_add(3);          //读取闹钟的秒
    delay(200);
    alarm_on  =c02_read_add(4);          //读取闹钟开关值，为 0 时关，为 1 时开
    delay(200);
}


void  alarm_huan()              //闹钟设置界面
{
    uchar  num;
    lcd_write_com(0x01);
    lcd_write_com(0x80);
    for(num=0;num<10;num++)              //写第一行数据
    {
        lcd_write_date(table3[num]);
        delay(2);
    }
    lcd_write_com(0x0F);                 //显示光标并闪烁
    write_time2(4,alarm_shi);
    lcd_write_date(0x3a);
    write_time2(7,alarm_fen);
    lcd_write_date(0x3a);
    write_time2(10,alarm_miao);
    if(alarm_on==0)
    {
        lcd_write_com(0x80+0x40+13);
        lcd_write_date('O');
        lcd_write_date('F');
        lcd_write_date('F');
    }
    if(alarm_on==1)
    {
        lcd_write_com(0x80+0x40+13);
        lcd_write_date(' ');
        lcd_write_date('O');
        lcd_write_date('N');
    }
}


void  key_set_alarm()         //时间设置键 set 和闹钟设置键 nao 的扫描函数
{
    if(set==0  &&  alarm_count==0  &&  flag_alarm==0)
    {
        delay(50);
        if(set==0)
        {
```

```
                    while(!set);      //等待 set 键释放
                    count++;          //按一下 set, count 加 1, 进入时间调速扫描程序
                    lcd_write_com(0x0f);       //让 1602 液晶显示光标并闪烁
                    if(flag==1)
                        {
                              done=1;
                              flag=0;
                              ds1302_write(0x8e,0x00);          //写允许
                              ds1302_write(0x80,key_bcd(miao)|0x80);//BIT7 为 1, 晶振停止工作
                              ds1302_write(0x8e,0x80);              //写保护
                        }
                }
        }
        if(nao==0  &&  count==0  &&  flag_alarm==0)
        {
              delay(50);
              if(nao==0)
              {
                    while(!nao);            //等待 nao 键释放
                    alarm_count++;
                    if(flag==1)
                    {
                        done=1;
                        flag=0;
                        alarm_huan();       //进入闹钟设置界面
                    }
              }
        }
}

void  keyjpress()            //按键处理
{
      key_set_alarm();
      if(count!=0)                   //count 不为 0, 进入时间调整扫描
      {

              switch(count)
              {
              case  1:do
                      {
                              lcd_write_com(0x80+0x40+7);          //调整秒
                              key_up_down();
                              if(flag_up  ||  flag_down)
                              {
                                    flag_up=0;
```

```
                              flag_down=0;
                              ds1302_write(0x8e,0x00);
                              ds1302_write(0x80,key_bcd(miao) | 0x80);
                              ds1302_write(0x8e,0x80);
                              write_time2(6,miao);
                              lcd_write_com(0x80+0x40+7);//重新定位数据指针，保
                                                        //持在秒的位置，即液晶
                                                        //的第2行第8个字处

                         }
                    }
                while(count==2);
                break;
         case  2:do
              {
                    lcd_write_com(0x80+0x40+4);              //调整分
                    key_up_down();
                    if(flag_up || flag_down)
                    {
                         flag_up=0;
                         flag_down=0;
                         ds1302_write(0x8e,0x00);
                         ds1302_write(0x82,key_bcd(fen));
                         ds1302_write(0x8e,0x80);
                         write_time2(3,fen);
                         lcd_write_com(0x80+0x40+4);
                    }
              }
            while(count==3);
            break;
         case  3:do
              {
                    lcd_write_com(0x80+0x40+1);              //调整时
                    key_up_down();
                    if(flag_up || flag_down)
                    {
                         flag_up=0;
                         flag_down=0;
                         ds1302_write(0x8e,0x00);
                         ds1302_write(0x84,key_bcd(shi));
                         ds1302_write(0x8e,0x80);
                         write_time2(0,shi);
                         lcd_write_com(0x80+0x40+1);
                    }
              }
            while(count==4);
```

```
                        break;
            case 4:  do
                    {
                            lcd_write_com(0x80+0x0e);          //调整星期
                            key_up_down();
                            if(flag_up  ||  flag_down)
                            {
                                flag_up=0;
                                flag_down=0;
                                ds1302_write(0x8e,0x00);
                                ds1302_write(0x8a,key_bcd(week));
                                ds1302_write(0x8e,0x80);
                                write_week(week);
                                lcd_write_com(0x80+0x0e);
                            }
                    }
                    while(count==5);
                    break;
            case 5:do
                    {
                            lcd_write_com(0x80+9);             //调整日
                            key_up_down();
                            if(flag_up  ||  flag_down)
                            {
                                flag_up=0;
                                flag_down=0;
                                ds1302_write(0x8e,0x00);
                                ds1302_write(0x86,key_bcd(ri));
                                ds1302_write(0x8e,0x80);
                                write_time1(8,ri);
                                lcd_write_com(0x80+9);
                            }
                    }
                    while(count==6);
                    break;
            case 6:do
                    {
                            lcd_write_com(0x80+6);             //调整月
                            key_up_down();
                            if(flag_up  ||  flag_down)
                            {
                                flag_up=0;
                                flag_down=0;
                                ds1302_write(0x8e,0x00);
                                ds1302_write(0x88,key_bcd(yue));
```

```
                                 ds1302_write(0x8e,0x80);
                                 write_time1(5,yue);
                                 lcd_write_com(0x80+6);
                             }
                         }
                     while(count==7);
                     break;
          case   7:
                     lcd_write_com(0x80+3);              //调整年
                     key_up_down();
                     if(flag_up  ||  flag_down)
                     {
                         flag_up=0;
                         flag_down=0;
                         ds1302_write(0x8e,0x00);
                         ds1302_write(0x8c,key_bcd(nian));
                         ds1302_write(0x8e,0x80);
                         write_time1(2,nian);
                         lcd_write_com(0x80+3);
                     }
                 break;
          case   8:
                     lcd_write_com(0x0c);          //调整结束, 关闭显示光标
                      flag=1;
                      done=0;
                     count=0;
                     ds1302_write(0x8e,0x00);
                     ds1302_write(0x80,key_bcd(miao)&0x7f);
                                                //BIT7 为 0 时, 晶振开始工作
                     ds1302_write(0x8e,0x80);
                     break;
          default:break;
        }
}
if(alarm_count!=0)                 //闹钟按键扫描
{
    switch(alarm_count)
    {
        case   1:
                   lcd_write_com(0x80+0x40+15);
                   if(up==0)
                   {
                       delay(50);
                       if(up==0)
                       {
```

```
                                while(!up);
                                alarm_on=1;     //开闹钟
                                lcd_write_com(0x80+0x40+13);
                                lcd_write_date(' ');
                                lcd_write_date('O');
                                lcd_write_date('N');
                                c02_write_add(4,alarm_on);
                                delay(200);
                                lcd_write_com(0x80+0x40+15);
                        }
                }
                if(down==0)
                {
                        if(down==0);
                        {
                        while(!down);
                        alarm_on=0;                 //关闹钟
                        lcd_write_com(0x80+0x40+13);
                        lcd_write_date('O');
                        lcd_write_date('F');
                        lcd_write_date('F');
                        c02_write_add(4,alarm_on);
                        delay(200);
                        lcd_write_com(0x80+0x40+15);
                }
            }
            break;
    case 2:
            lcd_write_com(0x80+0x40+11);                 //设置闹钟的秒
            if(up==0  || down==0)
            {
                    delay(50);
                    if(up==0)
                    {
                            while(!up);
                            alarm_miao++;
                            if(alarm_miao>59)
                                    alarm_miao=0;
                    }
                    if(down==0)
                    {
                            while(!down);
                            alarm_miao--;
                            if(alarm_miao==255)
                                    alarm_miao=59;
```

```
                              }
                              write_time2(10,alarm_miao);
                              lcd_write_com(0x80+0x40+11);
                              c02_write_add(3,alarm_miao);
                              delay(200);
                          }
                          break;
                  case  3:
                          lcd_write_com(0x80+0x40+8);            //设置闹钟的分
                          if(up==0  ||  down==0)
                          {
                              delay(50);
                              if(up==0)
                              {
                                  while(!up);
                                  alarm_fen++;
                                  if(alarm_fen>59)
                                      alarm_fen=0;
                              }
                              if(down==0)
                              {
                                  while(!down);
                                  alarm_fen--;
                                  if(alarm_fen==255)
                                      alarm_fen=59;
                              }
                              write_time2(7,alarm_fen);
                              lcd_write_com(0x80+0x40+8);
                              c02_write_add(2,alarm_fen);
                              delay(200);
                          }
                          break;

                  case  4:
                          lcd_write_com(0x80+0x40+5);            //设置闹钟的时
                          if(up==0  ||  down==0)
                          {
                              delay(50);
                              if(up==0)
                              {
                                  while(!up);
                                  alarm_shi++;
                                  if(alarm_shi>23)
                                      alarm_shi=0;
                              }
```

```
                                 if(down==0)
                                 {
                                     while(!down);
                                     alarm_shi--;
                                     if(alarm_shi==255)
                                     alarm_shi=23;
                                 }
                                 write_time2(4,alarm_shi);
                                 lcd_write_com(0x80+0x40+5);
                                 c02_write_add(1,alarm_shi);
                                 delay(200);
                             }
                             break;
                 case  5:
                             alarm_count=0;              //退出闹钟设置
                             lcd1602_init();
                             flag=1;
                             done=0;
                             break;

            }
        }
}


void  xianshi()         //1602显示函数
{
    //读秒分、时、日、星期、月、年
    miao=bcd_decimal(ds1302_read(0x81));
    fen =bcd_decimal(ds1302_read(0x83));
    shi =bcd_decimal(ds1302_read(0x85));
    ri  =bcd_decimal(ds1302_read(0x87));
    yue =bcd_decimal(ds1302_read(0x89));
    nian=bcd_decimal(ds1302_read(0x8d));
    week=bcd_decimal(ds1302_read(0x8b));
    //送液晶显示
    write_time2(6,miao);
    write_time2(3,fen);
    write_time2(0,shi);
    write_time1(8,ri);
    write_time1(5,yue);
    write_time1(2,nian);
    write_week(week);
    //读温度
    wendu=read_temperature();
    //温度显示
    wendu_decimal(wendu);
```

```
}

main()      //主函数
{
    uchar  ch;
    lcd1602_en=0;           //关闭1602液晶使能，防止1602数据端影响单片机P0口输出
    wela=1;
    P0=0xff;
    wela=0;                 //关闭数码管位选，防止操作1602液晶时数码管出现乱码
    rd=0;                   //把矩阵按键第4列置低，以分解出4个独立按键
    lcd1602_init();         //1602液晶初始化
    ds18b20_reset();        //18B20温度传感器初始化
    c02_init();             //AT24C02初始化
    ch=ds1302_read(0x81)>>7;        //读取DS1302时钟的秒寄存器的值，并保留最高位
    if(ch)                  //判断：若ch为0，不设置初值；若ch为1，重新设置初值
    {
    set_rtc();              //对DS1302设置时间初值
    }
    while(1)
    {
        if(done==1)
        {
            keyjpress();
        }
        if(done==0)
        {
            xianshi();                      //取得并显示日历、时间、温度
            key_set_alarm();
            alarm_ring();
        }
    }
}
```

i2c.c文件程序代码具体如下。

```
#include  "i2c.h"          //包含i2c.h头文件，注意自建的头文件是用双引号
void  c02_delay()          //微秒级延时函数
{  ;;  }

void  start()              //起始信号
{
    sda=1;
    c02_delay();
    scl=1;
    c02_delay();
    sda=0;
```

```
        c02_delay();
}


void   stop()          //终止信号
{
        sda=0;
        c02_delay();
        scl=1;
        c02_delay();
        sda=1;
        c02_delay();
}


void   respons()          //应答信号
{
        uchar   i;
        scl=1;
        c02_delay();
        while((sda==1)&&(i<250))i++;          //如 sda=0 或 i>250, 跳出
        scl=0;
        c02_delay();
}


void   c_init()             //I²C 初始化
{
        sda=1;
        c02_delay();
        scl=1;
        c02_delay();
}


void   c02_write_byte(uchar   date)          //写入一个字节到 I²C 总线
{
        uchar   i,temp;
        temp=date;
        for(i=0;i<8;i++)
        {
                temp=temp<<1;
                scl=0;
                c02_delay();
                sda=CY;
                c02_delay();
                scl=1;
                c02_delay();
```

```
        }
        scl=0;
        c02_delay();
        sda=1;
        c02_delay();
}

uchar  c02_read_byte()          //从 I²C 读一个字节
{
        uchar  i,k;
        scl=0;
        c02_delay();
        sda=1;
        c02_delay();
        for(i=0;i<8;i++)
        {
                scl=1;
                c02_delay();
                k=(k<<1)|sda;
                scl=0;
                c02_delay();
        }
        return  k;
}

void  c02_write_add(uchar  address,uchar  date)          //AT24C02 按字节写入函数
{
        start();
        c02_write_byte(0xa0);
        respons();
        c02_write_byte(address);
        respons();
        c02_write_byte(date);
        respons();
        stop();
}

uchar  c02_read_add(uchar  address)          //对 AT24C02 随机读函数
{
        uchar  date;
        start();
        c02_write_byte(0xa0);
        respons();
        c02_write_byte(address);
```

```
        respons();
        start();
        c02_write_byte(0xa1);
        respons();
        date=c02_read_byte();
        stop();
        return   date;
}
```

i2c.c 文件中包含的程序代码，在前面已详细介绍。

i2c.h 头文件代码要完全参照模块化编程所需格式书写。

```
#ifndef    __I2C_H__              //文件名全部都大写，首尾各添加 1 个下划线 "__"
#define    __I2C_H__
#include  <reg52.h>
#define  uchar  unsigned  char
#define  uint  unsigned  int
sbit   sda  =  P2^0;          //24C02 芯片 SDA 引脚位定义
sbit   scl  =  P2^1;          //24C02 芯片 SCL 引脚位定义
/******************各函数声明********************/
void   c02_delay();
void   start();
void   stop();
void   respons();
void   c_init();
void   c02_write_byte(uchar  date);
uchar  c02_read_byte();
void   c02_write_add(uchar  address,uchar  date);
uchar  c02_read_add(uchar  address);
#endif
```

注意，在 Keil 工程中需要建立 3 个文件，分为是 main.c 文件、i2c.c 文件和 i2c.h 头文件。在这 3 个文件中编写相应的程序代码，并保存到当前工程中。然后将 main.c 文件和 i2c.c 文件添加到工程之中，而 i2c.h 头文件不需要添加到工程里面，它和 reg52.h 头文件一样，在编译后会自动加入到工程中。图 20.8 所示为时钟正常运行时的显示状态。

按键操作说明如下所示。

（1）S9 按键：调整时间日期键，该按键用于对秒、分、时、星期、日、月、年进行选中操作。每按一次 S9 按键，依次选中一个时间或日期，当其中一个被选中的时候，可以（按 S13 键和 S17 键）进行时间或日期的调整，直到"年"。再按一次 S9 按键退出设置界面。

（2）S13 按键：时间、日期增加操作和闹钟打开键。

（3）S17 按键：时间、日期减少操作和闹钟关闭键。

（4）S21 按键：调整闹钟键，该按键用于对闹钟开关（ON/OFF）、秒、分、时进行选中操作，当其中一个被选中的时候，可以（按 S13 键和 S17 键）进行调整，直到"时"。再按一次退出设置界面。

注意：全新的 AT24C02 芯片或已被写入过数据时，我们在程序中读出来的数据可能会是一个不确定的数字或者乱码（如显示"I5"），因此开发板第一次设置闹钟时显示的数字是不确实的。但当我们按 S13 按键加数时，若是乱码可能会归零，若是数字会往上加。我们通过按键调节过一次时间后，就算开发板断电或者重新下载单片机的程序，数据也会保存原来的状态。图 20.9 所示为设置闹钟时显示的状态。

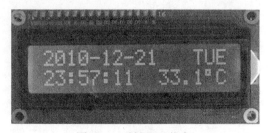

图 20.8　时钟显示状态

图 20.9　设置闹钟时显示状态

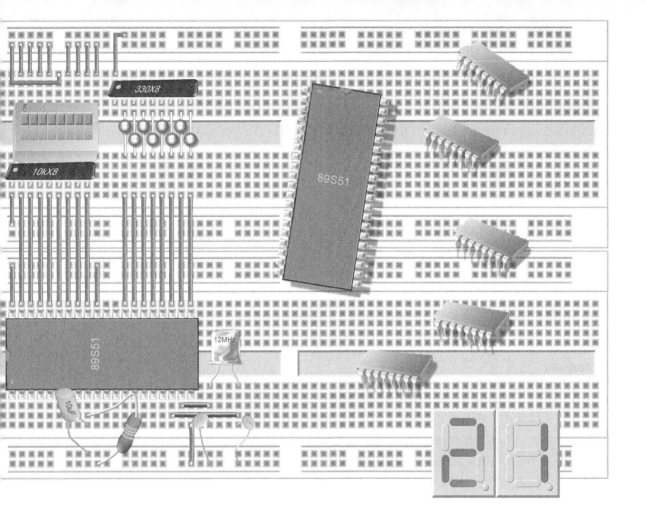

第 21 章　常用电子制作工具

　　要成为一个真正的电子设计高手，一定会经历制作各种各样电路板的过程。一套得心应手的工具，在制作电路或者研制样机时会让你事半功倍，本章为大家介绍在电子制作中常用到的制作工具。

焊接工具及材料

21.1.1 电烙铁

常用电烙铁分为外热式电烙铁和内热式电烙铁两种，如图 21.1 和图 21.2 所示。

- 外热式电烙铁是指电烙铁的电热丝在外部发热，烙铁头为实心杆状，发热丝绕在一根中间有孔的铁管上，里外用云母片绝缘，烙铁头插在中间孔里，热量从外面传到里面的烙铁头。其优点是烙铁头使用寿命较长，功率较大，有 20 W、30 W、35 W、45 W、50 W、75 W、100 W 等多种规格，大功率的电烙铁通常是外热式的。但由于发热丝在烙铁头的外面，有大部分的热量散发到外部空间，所以加热效率低，热利用率较低，一般要预热 6～7min 才能焊接。

- 内热式电烙铁是指电烙铁的电热丝在内部发热，烙铁头为空心筒状，发热丝绕在一根陶瓷棒上面，外面再套上陶瓷管绝缘，烙铁头套在陶瓷管外面，热量从内部传到外部的烙铁头上。其优点是电烙铁发热快、热利用率高且重量轻，比如焊接普通的电路板，内热式 20 W 左右的就可以了，外热式却要 35 W 左右的。

总体来说，由于发热丝的结构和材料不同，两种电烙铁各有优缺点，内热式电烙铁升温快，不会产生感应电，但发热丝寿命较短；外热式电烙铁寿命相对较长，但容易产生感应电，容易损坏精密的电子元件，焊接精密元件时最好在烙铁外壳接一根地线以接地。

图 21.1   外热式电烙铁   图 21.2   内热式电烙铁

1. 电烙铁的选购

电烙铁的功率越大，热量越大，烙铁头的温度也就越高。一般来说，电烙铁的选择即是电烙铁功率的选择。电烙铁的功率应由焊接点的大小决定，焊点的面积越大，焊点的散热速度也就越快，所选用的电烙铁功率也应大一些。以下列举一些给大家作为参考。

- 焊接小瓦数的阻容元件、晶体管、集成电路、印制电路板的焊盘或塑料导线时，宜采用 30～45 W 的外热式或 20 W 的内热式电烙铁。选用 20 W 内热式电烙铁最好。

- 焊接一般结构产品的焊接点，如线环、线爪、散热片、接地焊片等时，宜采用 75～100 W 电烙铁。

- 对于大型焊点，如焊金属机架接片、焊片等，宜采用 100~200 W 的电烙铁。

2. 使用注意事项

- 新买的电烙铁在使用之前必须给它粘上一层锡（给烙铁通电，然后在烙铁加热到一定温度的时候用锡线靠近烙铁头），这样可以防止烙铁头高温时暴露在空气中，使烙铁头不易氧化。

- 电烙铁通电后温度高达 250℃ 以上，不用时应放在烙铁架上，较长时间不用时应切断电源，防止高温"烧死"烙铁头（被氧化）。

- 不要对电烙铁猛力敲打，以免震断电烙铁内部电热丝或引线而产生故障。

- 电烙铁使用一段时间后，可能在烙铁头部留有锡垢，在烙铁加热的情况下，可以用湿布轻擦。如有出现凹坑或氧化块，可以用细微锉刀修复或者直接更换烙铁头。

21.1.2　焊锡丝

焊锡丝又称焊锡线、锡线、锡丝。其实物如图 21.3 所示。焊锡丝由锡合金和助焊剂两部分组成。

按锡合金材料来分类，焊锡丝可分为有铅焊锡丝和无铅焊锡丝。有铅焊锡丝是指合金材料由锡和铅组成，锡铅比例不同，其熔点和焊接时所需要的温度也不同。无铅焊锡丝是指合金材料中没有铅，常见的有纯锡焊锡丝、锡铜合金焊锡丝、锡银铜合金焊锡丝、锡铋合金焊锡丝、锡镍合金焊锡丝及特殊含锡合金材质的焊锡丝。

图 21.3　焊锡丝

助焊剂的作用是提高焊锡丝在焊接过程中的辅热传导，去除氧化，降低被焊接材质表面张力，去除被焊接材质表面油污，增大焊接面积。在手工焊接电子元件时，一般采用内含松香助焊剂的焊锡丝，这种焊锡丝，熔点较低，可焊性好，使用极为方便。

常见的焊锡丝线径有 0.6 mm、0.8 mm、1.0 mm 三种，有铅焊锡丝规格（按锡铅比例）常见的有锡 60/铅 40、锡 55/铅 45、锡 50/铅 50、锡 45/铅 55、锡 40/铅 60、锡 35/铅 65、锡 30/铅 70，含锡量越高，其熔点就越低，当然价格也就越高。在我们电子制作中，通常选择含锡量大于 40% 的锡丝，在焊接时锡丝易熔化、可焊性好、焊点光滑、有光泽、方便焊接。

21.1.3　辅助焊接工具

在焊接中，我们经常需要一些辅助工具来协助焊接。图 21.4 所示为镊子，图 21.5 所示为吸锡器，图 21.6 所示为斜口钳，图 21.7 所示为电烙铁支架。这些是焊接中常用到的辅助工具。

图 21.4　镊子

图 21.5　吸锡器

图 21.6　斜口钳

图 21.7　电烙铁支架（带海棉贴）

21.2　测量工具

21.2.1　万用表

1. 万用表简介

万用表又被称为多用表、三用表、复用表，是一种多功能、多量程、便于携带的电子仪表。它可以测量直流电压、直流电流、交流电压、交流电流、电阻、电路通断、二极管的正向压降、三极管的放大倍数等，部分电压表还可以测电容量、电感量等物理量。

万用表由表头、测量线路、转换开关以及测试表笔等组成。万用表按显示方式分为指针式万用表和数字式万用表。指针式万用表的测量值由表头指针指示读取，其实物如图 21.8 所示。数字式万用表的测量值由液晶显示屏直接以数字的形式显示，其实物如图 21.9 和图 21.10 所示。

数字式万用表按其测量档位来划分，可分为普通数字万用表（手动量程数字万用表）和自动量程数字万用表。具有自动量程的万用表，只要选择电压、电流、电阻等档位，测量时万用表会根据测量的具体数值自动切换量程，相比手动转换量程的万用表，其测量过程更为方便，不必担心用错量程而损坏万用表。但两者对比之下（相同级别的表），手动量程数字万用表的精度较高，测量速度较快。

图 21.8　指针万用表

图 21.9　普通数字万用表

图 21.10　自动量程万用表

2. 万用表使用方法

随着科技的发展，数字式测量仪表已成为主流，有取代模拟式仪表的趋势。与模拟式仪表相比，数字式仪表灵敏度高、准确度高、显示清晰、使用更简单。下面以最常见的普通数字万用表为例，简单介绍其使用方法和注意事项。

在使用前，应认真阅读万用表的使用说明书，熟悉电源开关、量程旋钮、插孔、特殊插口等。如图 21.11～图 21.13 所示。

图 21.11　量程旋钮

在图 21.11 中量程旋钮有多个档位：电阻（Ω）、直流电压（V⎓）、交流电压（V～）、火线识别（TEST）、交流电流（A～）、直流电流（A⎓）、电容量（F）、三极管电流放大倍数（HFE）、二极管、电路通断。其中，有的档位不分量程，有的档位包含多个程量。在测量时，我们可以根据需要把量程旋钮调整到相应的位置。下面给大家介绍一些常用档位的使用方法。

图 21.12　表笔

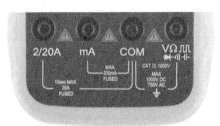
图 21.13　表笔插孔

（1）电阻的测量。

测量步骤如下。

首先红表笔插入 VΩ 孔，黑表笔插入 COM 孔，量程旋钮打到"Ω"量程档适当位置，分别用红表笔和黑表笔接到电阻两端金属部分，读出显示屏上显示的数据。

注意事项如下。

- 量程的选择和转换。如果被测电阻值超出所选择量程的最大值，显示"1"表示超过量程，此时应换用较大的量程，反之，量程选大了的话，显示屏上会显示一个接近于"0"的数，此时应换用较小的量程。

- 显示屏上显示的数字再加上对应档位的单位才是它的正确读数。要提醒的是在"200"档时单位是"Ω"，在"2～200 k"档时单位是"kΩ"，在"2～200 M"档时单位是"MΩ"。

- 测量大于 1 MΩ 或更高的电阻，要几秒钟后读数才能稳定，属正常现象。当没有连接好时，例如开路情况，仪表会显示"1"。

- 当检查被测线路的阻抗时，要保证移开被测线路中的所有电源，并将所有电容放电。被测线路中，如有电源和储能元件，会影响线路阻抗测量的正确性。

（2）直流电压的测量。

测量步骤如下。

红表笔插入 VΩ 孔，黑表笔插入 COM 孔，量程旋钮打到"V⎓"适当位置，读出显示屏上显示的数据。

注意事项如下。

- 先把量程旋钮打到比估计值大的量程档（注意：直流电压档是 V⎓），接着把红表笔和黑表笔分别接到被测电源的两端，保持接触稳定后，从显示屏上读取数值。

- 若显示为"1."，则表明量程太小，需要加大量程后再测量。

- 若在数值左边出现"−"，则表明表笔极性与实际电源极性相反，此时红表笔接的是负极。

（3）交流电压的测量。

测量步骤如下。

红表笔插入 VΩ 孔，黑表笔插入 COM 孔，量程旋钮打到"V～"适当位置，读出显示屏上显示的数据。

注意事项如下。

- 先把量程旋钮打到比估计值大的量程档（注意：交流电压档是 V～）。

- 交流电压无正负之分，测量方法跟直流电压测量方法相同。

- 无论测交流电压还是直流电压，都要注意人身安全，不要随便用手触摸表笔的金属部分。

（4）电流的测量（直流、交流）。

测量步骤如下。

红表笔插入 mA 或者 2/20 A 孔，黑表笔插入 COM 孔，量程旋钮打到"A⎓"或"A～"（注意：直流电流档是 A⎓，交流电流档是 A～），选择合适的量程，断开被测线路，将数字万用表串联入被测线路中，让电流从被测线路的一端流入红表笔，经万用表黑表笔流出，再流入被测线路的另一端。数据稳定后，读出显示屏上显示的数据。

注意事项如下。

- 估计电路中电流的大小。若测量大于 200 mA 的电流，则要将红表笔插入"2/20 A"

插孔，并将旋钮打到"20 A"档；若测量小于 200 mA 的电流，则将红表笔插入"mA"插孔，将旋钮打到 200 mA 以内的合适量程。

- 将万用表串联接入电路中，保持数据稳定，即可读数。若显示为"1."，那么就要加大量程；如果在数值左边出现"−"，则表明电流从黑表笔流进万用表。
- 电流测量完毕后应将红笔插回"VΩ"孔，若忘记这一步而直接去测量电压，而万用表没带有保护电路时，万用表容易被损坏。

（5）二极管和电路通断的测量。

① 测量步骤如下。

红表笔插入 VΩ 孔，黑表笔插入 COM 孔，量程旋钮打到二极管、通断档。这个档位可以用来测量二极管的好坏和电路的通断。

② 注意事项如下。

- 当所测的电阻值小于一定值时蜂鸣器会响，可以根据蜂鸣器是否鸣叫而迅速判断电路中是否有短路。
- 当用来测量二极管时，用红表笔接二极管的正极，黑表笔接负极，这时会显示二极管的正向压降。肖特基二极管的压降是 0.2 V 左右，普通硅整流管（如 1N4000、1N5400 系列等）约为 0.7 V，发光二极管约为 1.8～2.3 V。再调换表笔，显示屏显示"1."则为正常，因为二极管的反向电阻很大，否则此管已被击穿。

以上是万用表常用到的测量档位，更多其他档位的使用方法，大家可以自行查看万用表的使用手册。

21.2.2 示波器

1. 示波器简介

示波器是一种用途十分广泛的电子测量仪器。它能把肉眼看不见的电信号变换成看得见的图像，便于人们研究各种电现象的变化过程。利用示波器能观察各种不同信号幅度随时间变化的波形曲线，还可以用它测试各种不同的电量，如电压、电流、频率、相位差等。其实物如图 21.14 所示。

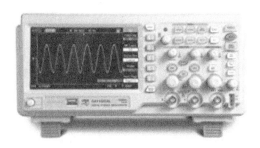

图 21.14　示波器、示波器探头

示波器可分为两大类：模拟示波器和数字示波器。模拟示波器是将被测信号以连续方式在屏幕上显示出来。而数字示波器首先将被测信号抽样和量化，变为二进制信号存储起来，再从存储器中读取信号的离散值，通过算法将离散的被测信号以连续的形式在屏幕上显示出来。

模拟示波器和数字示波器各有特点，对于大多数电路的测量，无论是模拟示波器还是数字示波器都是可以胜任的，但对于一些特定的应用，用户可以按需求进行选择。模拟示波器具有实时、无采样、反应速度快、分辨率高等优点。模拟示波器可以把波形看得更清楚更细致，细微变化都可以感知，但是存储能力差，数据量太大，扩展性不好，它很难连接到计算机上分析数据。数字示波器由于采样的原因，会把被测信号中的一些毛刺过滤掉了，所以显示出来的波形可能会失真，但对于测量数字信号，即对逻辑电路的测量就很适用，具有波形触发、存储、显示、测量、波形数据分析处理、方便与计算机连接等独特优点。随着科技的发展，数字示波器的整体性能已逐步超越模拟示波器，它的应用日益普及。

2．示波器的主要技术指标

在选择示波器时，主要考虑其是否能够真实地显示被测信号，即显示信号与被测信号的一致性。示波器的性能很大程度上影响到其显示信号的真实性，下面是其主要性能指标介绍。

- 带宽指输入不同频率的等幅正弦波信号，当示波器读到的幅度随频率变化下降到实际幅度的 70.7%时（即−3 dB）时，此时的频率为示波器的带宽。它反映示波器能测试的最高频率范围，比如：100 M 带宽的示波器，只能测试 100 MHz 以下的频率信号。
- 采样率指数字示波器对信号采样的频率，表示为样点数每秒。示波器的采样率越快，所显示的波形的分辨率和清晰度就越高，重要信息和事件丢失的概率就越小，信号重建时也就越真实。
- 存储深度指示波器所能存储的采样点的量度。如果需要不间断地捕捉一个脉冲串，则要求示波器有足够的内存以便捕捉整个事件。将所要捕捉的时间长度除以精确重现信号所需的取样速度，可以计算出所要求的存储深度，也称记录长度。
- 上升时间为脉冲幅度从 10%上升到 90%所需的时间，它反映了数字示波器垂直系统的瞬态特性。数字示波器必须要有足够快的上升时间，才能准确地捕获快速变换的信号细节。数字示波器的上升时间越快，对信号的快速变换的捕获也就越准确。
- 频率响应为当输入不同频率的等幅正弦波信号时的响应性能，它包含示波器读取的正弦波信号从几赫兹（或直流）开始一直到示波器无法显示幅度的频率为止，这段频率范围内的幅度响应。

3．示波器使用方法

虽然示波器的品牌、型号繁多，但其基本组成和功能却大同小异。本章为大家介绍通用数字示波器的使用方法。图 21.15 所示为示波器的操作面板，以下为面板按钮介绍。

- CURSORS（光标）：激活光标。
- ACQUIRE（采样）：采样设置。
- SAVE/RECALL（存储/调出）：存储和调出波形。
- MESSURE（测量）：执行自动化的波形测量。
- DISPLAY（显示）：改变波形外观和显示屏。
- UTILITY（工具）：激活系统工具功能。
- DEFAULT SETUP（默认设置）：恢复出厂设置。
- HELP（帮助）：激活帮助系统。
- SINGLE（单序）：单扫描触发。

- AUTO（自动设置）：自动设置垂直、水平和触发系统，并以最佳效果显示信号。
- RUN/STOP（运行/停止）：停止和重新启动捕获。
- PRINT（打印设置）：打印机设置。
- VERTICAL POSITION（垂直位置）：调节所选波形的垂直位置。
- CH1（通道 1）：显示/关闭 CH1 通道波形。
- CH2（通道 2）：显示/关闭 CH2 通道波形。
- VOLTS/DIV（垂直刻度）：调整所选波形的垂直刻度系数。
- MATH（运算菜单）：显示所选运算类型、波形。
- REF：波形存储和对照功能。
- HORIZONTAL POSITION（水平位置）：使显示波形水平位移。
- HORI MENU（水平视窗菜单）：调节水平视窗及释抑电平。释抑电平的作用是确保扫描回程完成后才开始新的扫描正程。）
- SEC/DIV（水平刻度）：调整所选波形的水平刻度系数。
- TRIG MENU（触发菜单）：调节触发功能。
- SET TO 50%：设置触发电平至 50%。
- FORCE TRIG（强制触发）：强制进行一次立即触发事件。
- TRIGGER LEVEL（触发电平）：调节触发电平。
- EXT TRIG（外部触发）：外部触发输入。
- 1 kHz_GND（探头校正口）：调节探头补偿。

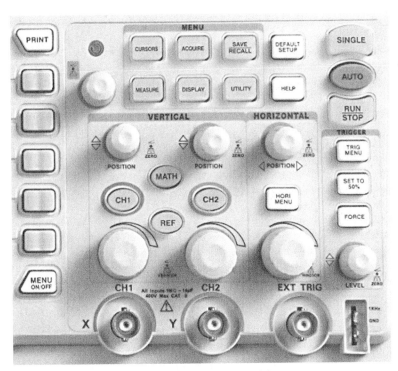

图 21.15 示波器操作面板

图 21.16 所示为示波器探头结构示意图。

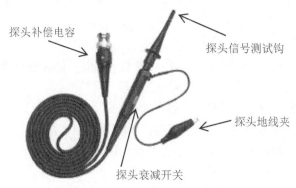

探头补偿电容

探头信号测试钩

探头地线夹

探头衰减开关

图 21.16　示波器探头结构示意图

（1）示波器基本运用。

对于基本操作应用，示波器按钮虽多，但所涉及的按钮仅有自动设置（AUTO）、运行/停止（RUN/STOP）、垂直刻度（VOLTS/DIV）、水平刻度（SEC/DIV）4 个按钮。基本运用过程如下。

① 打开电源，等待示波器自检开机。

② 将示波器探头连接至被测信号源，比如连接到探头校正口（1 kHz_GND）。

③ 按下【AUTO】按钮，在显示屏上会显示一个方形波（约 5 V，1 kHz）。

④ 调整【VOLT/DIV】按钮可改变垂直刻度系数，调整【SEC/DIV】按钮可改变水平刻度系数，按下【RUN/STOP】可切换动态、静态波形。

（2）示波器探头校正。

测量前，如果是第一次使用示波器探头或者是长时间不使用时，在使用之前应该先对探头进行阻抗匹配调节，通常在探头的一端（靠近示波器）有一个可调电容，用来调节示波器探头的阻抗匹配，因为在阻抗不匹配时，测量到的波形将会变形。调节示波器探头阻抗匹配的方法如下。

① 在探头上将衰减开关设定到 10×，并将探头连接到示波器的通道 1 上；然后把探头信号测试钩连接到示波器探头校正口中的"1 kHz"处，探头地线夹连接到示波器探头校正口中的"GND"处。

② 按下【CH 1 菜单】，依次选择"探头"→"电压"→"衰减"选项并选择 10×。然后按下【自动设置（AUTO）】按钮。

③ 检查示波器所显示波形的形状，正确波形应如图 21.17（a）所示。

④ 若出现图 21.17（b）或者图 21.17（c）所示波形，请用小螺丝刀来调整探头补偿电容，直至波形补偿正确。

　　（a）补偿正确　　　　　　　（b）补偿不足　　　　　　　（c）过度补偿

图 21.17　示波器探头校正波形

（3）电压测量。

使用示波器进行电压测量，其步骤如下。

① 按下【CURSOR】按钮，查看"Cursor"菜单。

② 按下"类型"→"幅度"。

③ 按下"信源"→"CH1"。

④ 转动【多用途旋钮】，将光标 1 置于第一个测量点。

⑤ 转动【多用途旋钮】，将光标 2 置于第二个测量点。

⑥ 如图 21.18 所示，显示窗口右侧"增量"为光标 1、2 的相对电压宽度；"光标 1""光标 2"为光标相对于原点的电压值。

（4）时间测量。

使用示波器进行时间测量，其步骤如下。

① 按下【CURSOR】按钮，查看"Cursor"菜单。

② 按下"类型"→"时间"。

③ 按下"信源"→"CH1"。

④ 转动【多用途旋钮】，将光标置于第一个测量点。

⑤ 转动【多用途旋钮】，将光标置于第二个测量点。

⑥ 如图 21.19 所示，显示窗口右侧"增量"为光标 1、2 的相对时间宽度；"光标 1""光标 2"为光标相对于原点的时间值。

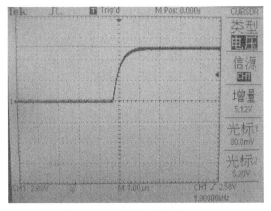

图 21.18　波形电压测量

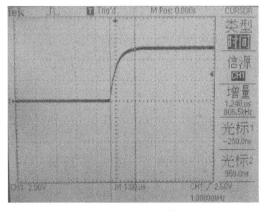

图 21.19　波形时间测量

以上是示波器的基本应用方法，更多的使用说明请大家自行查看示波器的使用手册。大家要想熟练地使用示波器，还需多动手实践操作。

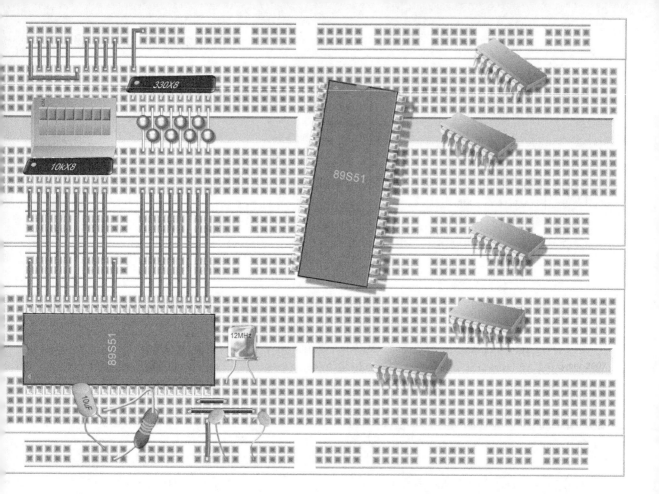

附录

附录1 C语言优先级详细列表

C 语言运算符优先级详细列表，下面表中有些运算符是不常用到的，在这里就不作一一介绍了，大家了解即可。

优先级	运算符	名称或含义	使 用 形 式	方 向	说 明
1	[]	数组下标	数组名[常量表达式]	左到右	
	()	圆括号	（表达式）/函数名(形参表)		
	.	成员选择（对象）	对象.成员名		
	→	成员选择（指针）	对象指针->成员名		
2	-	负号运算符	– 表达式	右到左	单目运算符
	(类型)	强制类型转换	(数据类型)表达式		
	++	自增运算符	++变量名/变量名++		单目运算符
	– –	自减运算符	– – 变量名/变量名 – –		单目运算符
	*	取值运算符	*指针变量		单目运算符
	&	取地址运算符	&变量名		单目运算符
	!	逻辑非运算符	!表达式		单目运算符
	～	按位取反运算符	～表达式		单目运算符
	sizeof	长度运算符	sizeof(表达式)		
3	/	除	表达式/表达式	左到右	双目运算符
	*	乘	表达式*表达式		双目运算符
	%	余数（取模）	整型表达式/整型表达式		双目运算符
4	+	加	表达式+表达式	左到右	双目运算符
	−	减	表达式–表达式		双目运算符
5	<<	左移	变量<<表达式	左到右	双目运算符
	>>	右移	变量>>表达式		双目运算符
6	>	大于	表达式>表达式	左到右	双目运算符
	>=	大于等于	表达式>=表达式		双目运算符
	<	小于	表达式<表达式		双目运算符
	<=	小于等于	表达式<=表达式		双目运算符

续表

优先级	运算符	名称或含义	使用形式	方　向	说　明
7	==	等于	表达式==表达式	左到右	双目运算符
	!=	不等于	表达式!= 表达式		双目运算符
8	&	按位与	表达式&表达式	左到右	双目运算符
9	^	按位异或	表达式^表达式	左到右	双目运算符
10	|	按位或	表达式|表达式	左到右	双目运算符
11	&&	逻辑与	表达式&&表达式	左到右	双目运算符
12	||	逻辑或	表达式||表达式	左到右	双目运算符
13	?:	条件运算符	表达式1? 表达式2: 表达式3	右到左	三目运算符
14	=	赋值运算符	变量=表达式	右到左	
	/=	除后赋值	变量/=表达式		
	*=	乘后赋值	变量*=表达式		
	%=	取模后赋值	变量%=表达式		
	+=	加后赋值	变量+=表达式		
	– =	减后赋值	变量–=表达式		
	<<=	左移后赋值	变量<<=表达式		
	>>=	右移后赋值	变量>>=表达式		
	&=	按位与后赋值	变量&=表达式		
	^=	按位异或后赋值	变量^=表达式		
	|=	按位或后赋值	变量|=表达式		
15	,	逗号运算符	表达式,表达式,…	左到右	从左向右顺序运算

附录 2　ASCII 表

Lower 4-bit (D0 to D3) of Character Code (Hexadecimal)

Higher 4-bit (D4 to D7) of Character Code (Hexadecimal)

加油

参考文献

[1] 胡汉才. 单片机原理及系统设计[M]. 北京：清华大学出版社，2002.

[2] 谭浩强. C 程序设计[M]. 北京：清华大学出版社，1991.

[3] 宏晶科技. STC Microcontroller Handbook[S]，2007.

[4] 周兴华. 手把手教你学单片机[M]. 北京：北京航空航天大学出版社，2005.

[5] 张志良. 单片机原理与控制技术[M]. 北京：机械工业出版社，2001.

[6] 张毅刚. 新编 MCS-51 系列单片机应用设计[M]. 哈尔滨：哈尔滨工业大学出版社，2003.